Indra Starke-Ottich und Georg Zizka

WILDNIS IN FRANKFURT

SENCKENBERG

WILDNIS IN FRANKFURT

Indra Starke-Ottich und Georg Zizka

SENCKENBERG GESELLSCHAFT FÜR NATURFORSCHUNG

Liebe Freundinnen und Freunde der Stadtnatur,

was verbindet den Hauptfriedhof mit dem Frankfurter Kreuz? Wie viel Urwald steckt noch in dem Wäldchen hinter der Tankstelle der A 648 Richtung Wiesbaden? Und was wächst da alles am Bordstein direkt vor meiner Tür? Der nun vorliegende vierte Band der „Senckenberger*innen" zur Frankfurter Stadtnatur ist spannender als jeder Reiseführer. Herr Prof. Zizka, Frau Dr. Starke-Ottich und ihr Team lassen uns Frankfurt mit ganz neuen Augen sehen.

Das Zauberwort heißt: Wildnis wagen. Seit ich vor zehn Jahren Umweltdezernentin wurde, hat sich ein bemerkenswerter Kulturwandel vollzogen. Ich vermute, dass das Bienensterben bei vielen Bürger*innen zu einem neuen Blick auf die Stadtnatur geführt hat. Heute wird jede Wildblumenwiese mit Beifall begrüßt. Wir können mit dem Umweltamt und der FES auf „Krautschau" gehen, ohne dass es Proteste gegen die Stadtreinigung hagelt. Und ganz Frankfurt freut sich schon auf die neue Auenlandschaft im Fechenheimer Mainbogen, unser größtes Naturschutzprojekt seit dem Alten Flugplatz.

Mit dem Senckenberg-Institut und dem Netzwerk Bio Frankfurt beherbergt unsere Stadt eine einzigartige Kompetenz in Sachen Biodiversität. Wir profitieren nicht nur von dem herausragenden Fachwissen der Forscher*innen, sondern auch von ihrer Erfahrung, wie man Menschen für die Natur interessiert.

Die vielfältigen Themen dieses Bandes zeigen, mit welch frischem, neugierigen Blick Herr Prof. Zizka, Frau Dr. Starke-Ottich und ihr Team die großen und kleinen Naturwunder Frankfurts aufspüren. Ihnen gelingt eine wunderbare Balance zwischen Wissenschaftlichkeit und Begeisterung. Ich finde es toll, wie sie uns die Vielfalt der Natur – auch an ungewöhnlichen Orten – nahebringen. Wenn ich wieder einmal am Frankfurter Kreuz vorbeikomme, werde ich jetzt immer an die Heide-Nelke und Verkannte Grashüpfer denken.

Ihre

Rosemarie Heilig
Dezernentin für Klima, Umwelt und Frauen

Geschätzte Leserinnen und Leser,

„Wildnis in Frankfurt" klingt sehr mutig, scheint aber noch immer ein Widerspruch zu sein. Natürlich können wir keine großen, unberührten Gebiete in einer Großstadt erwarten. Das vorliegende Senckenberg-Buch macht aber deutlich, dass es sehr wohl Flächen unterschiedlicher Größe in einer Weltstadt wie Frankfurt gibt, in denen naturnahe Prozesse und Entwicklungen noch ablaufen können. Diese Flächen beherbergen eine Vielzahl von Arten, und sie verdienen wegen der Möglichkeiten der unmittelbaren Naturerfahrung und vielfältiger weiterer Ökosystemleistungen unser Interesse und hohe Wertschätzung. Bereits heute leben über 77 % der Bevölkerung in Deutschland in Städten, Tendenz steigend. Vielfältige Stadtnatur und ein gerechter, einfacher Zugang zu ihr sind daher für fast vier Fünftel der Bevölkerung wichtige Anliegen. In der Flächenkonkurrenz um Freiräume, besonders in Großstädten, zählt Stadtnatur aber häufig noch immer zu den Verlierern.

Doch es zeichnet sich endlich ein Umdenken ab – und das vorliegende Buch trägt sehr dazu bei. Ebenso wandelt sich die Einstellung gegenüber „unordentlicher" Natur. So ist mittlerweile allgemein anerkannt, um wie viel wertvoller und wohltuender eine üppige, nur wenige Male gemähte Wiese im Vergleich zu einem kurzen, artenarmen Scherrasen ist. Und es gibt weitere, typische städtische (Lebens)Räume, in denen wir mehr Natur wagen und auf diese Weise alle profitieren können – z. B. die Baumscheiben.

Senckenberg erforscht Bio- und Geodiversität weltweit, hat aber von den Anfängen an immer auch einen Schwerpunkt in der Dokumentation, der Analyse und der Erhaltung der regionalen Vielfalt gehabt. So untersuchen und dokumentieren wir seit über 35 Jahren im Auftrag und in Zusammenarbeit mit der Stadt die Vielfalt der Natur in der Stadt Frankfurt. Das vorliegende Buch steht in dieser Tradition und stellt eindrucksvoll weniger bekannte „Wildnisgebiete" ganz unterschiedlicher Größe, ihre Leistungen für den urbanen Raum und ihre mögliche Rolle in der Zukunft vor. Ich bin überzeugt, dass es dazu beiträgt, Stadtnatur und ihre Vielfalt und Entwicklungsmöglichkeiten noch stärker in das öffentliche Interesse zu rücken. Dem Umweltamt der Stadt Frankfurt danke ich für die langjährige und bereichernde Zusammenarbeit und den engagierten Autoren für dieses wunderbare Werk!

Prof. Dr. Klement Tockner
Generaldirektor der Senckenberg Gesellschaft für Naturforschung

VORWORTE 4

WARUM WILDNIS IN DER STADT? 8
Georg Zizka, Indra Starke-Ottich

NEUE WILDNIS – ALTE WILDNIS 14
Die Renaturierung des Fechenheimer Mainbogens 16
Marleen Steinbeisser, Dirk Bönsel, Indra Starke-Ottich, Andreas Malten, Georg Zizka
Der Biegwald – ein Relikt ursprünglicher Wildnis mitten in der Stadt 28
Fabian Schrauth, Indra Starke-Ottich, Georg Zizka
Nicht wild, aber trotzdem wertvoll? 42
Die alte Kulturlandschaft Sossenheimer Unterfeld
Jonas Sommer, Indra Starke-Ottich, Dirk Bönsel, Fabian Schrauth, Georg Zizka

ZWISCHEN RUHE UND LÄRM 56
Wildes Leben am Frankfurter Hauptfriedhof 58
Janina Püschel, Indra Starke-Ottich, Georg Zizka
Frankfurter Kreuz – europäischer Knotenpunkt und 70
unbekannter Hotspot der Diversität
Dirk Bönsel, Andreas Malten, Indra Starke-Ottich, Georg Zizka

WILDE NACHBARN 84
Vertikale Wildnis – Efeu an Mauern und seine Bewohner 86
Indra Starke-Ottich
Heimliche Nachbarn – Fledermäuse in Frankfurt 103
Indra Starke-Ottich, Fabian Schrauth, Janina Püschel

WILDNISELEMENTE IM SIEDLUNGSBEREICH 116
Die übersehene Stadtnatur – Vegetation der Pflasterfugen 118
Franziska Walther, Indra Starke-Ottich, Georg Zizka
Baumscheiben – ein unterschätzter städtischer Lebensraum 132
Georg Zizka, Indra Starke-Ottich, Dirk Bönsel
„Wild gewordene" Pflanzen in Frankfurt: der Götterbaum 138
Georg Zizka, Indra Starke-Ottich, Dirk Bönsel, Fabian Schrauth

STÄDTE WAGEN WILDNIS 146

Pflanzenvielfalt der Frankfurter Wildnisflächen 148
Indra Starke-Ottich, Georg Zizka

Vögel in der Wildnis 160
Indra Starke-Ottich, Andreas Malten, Fabian Schrauth

Wildbienen in der Wildnis 170
Indra Starke-Ottich, Stefan Tischendorf

Heuschrecken in der Wildnis 182
Andreas C. Lange, Andreas Malten, Lydia Pichotta, Indra Starke-Ottich

Was fliegt denn da? Insektenvielfalt in der Wildnis 190
Indra Starke-Ottich, Andreas Malten, Andreas C. Lange, Lydia Pichotta

Erkenntnisse aus fünf Projektjahren „Städte wagen Wildnis" 201
Indra Starke-Ottich, Andreas Malten, Georg Zizka

ZUKUNFT DER STADTWILDNIS 210
Georg Zizka, Indra Starke-Ottich, Thomas Hartmanshenn

LITERATUR 218
DANKSAGUNG 227
GLOSSAR 228
ABKÜRZUNGEN 233
ANHANG: ARTENLISTEN 234
ABBILDUNGSNACHWEIS 295
IMPRESSUM 296

WARUM WILDNIS IN DER

Georg Zizka, Indra Starke-Ottich

STADT?

Im Begriff „Wildnis" schwingt für viele Menschen die Assoziation von Unordnung, Unwegsamkeit, Unberechenbarkeit oder, ganz allgemein, das Fehlen einer irgendwie gearteten Ordnung mit. Und mit dem subjektiven Verständnis gehen entsprechend unterschiedliche Wertungen einher. Bezogen auf die Natur wird der Begriff „Wildnis" (oder auch „Wildnisgebiete") meist für Gebiete verwendet, die keiner Nutzung oder Pflege durch den Menschen unterliegen und in denen die natürlichen Prozesse vom Menschen unbeeinflusst ablaufen können (Abb. 1). Beispielsweise ist eines der Ziele der „Nationalen Biodiversitätsstrategie" für Deutschland (BMU 2007), dass Wildnisgebiete, in denen sich die Natur ungestört entwickeln kann, bis 2020 mindestens 2% der Landesfläche umfassen (aktuell sind 0,6% erreicht; BfN 2022) und dabei eine Mindestgröße von jeweils 500 bis 1.000 ha (BMU/BfN 2018) haben sollen. Was den Einfluss des Menschen angeht, müssen heute allerdings Abstriche gemacht werden, denn z. B. erhöhter Stickstoffeintrag aus der Luft oder Klimawandel sind menschengemacht und wirken sich überall aus.

Abb. 1: Wildnis am Fuße des Monte Scherbelino.

Ein Hauch von Wildnis für Stadtmenschen

Doch wie sieht Wildnis in der Stadt aus? In urbanen Lebensräumen, die wegen der dichten Besiedlung und der hohen Flächenkonkurrenz sicher keine großen, vom Menschen unbeeinflussten Flächen bereitstellen können (Abb. 2)? Wenn man das Zulassen natürlicher Prozesse – zumindest für einen gewissen Zeitraum – als entscheidendes Kriterium akzeptiert, so ist auch im städtischen Raum „Wildnis" auf Flächen unterschiedlicher Geschichte und Größe möglich, darunter selbst kleinflächige, mit zum Teil nur kurzzeitig ungestörten Prozessen, die Kowarik (2015) als „Wildniselemente" bezeichnet. Warum aber sollte man bei der herrschenden extremen Flächenkonkurrenz in Großstädten Wildnisflächen einrichten bzw. erhalten und dort natürliche Prozesse zulassen, also der (Stadt-)Natur weiteren Entwicklungsraum geben?

Hier werden verschiedene Argumente ins Feld geführt. Das wichtigste ist die Bereitstellung besonderer „kultureller Dienstleistungen" durch Wildnisflächen, insbesondere die Erfahrung eines Aspektes von Natur, der ansonsten kaum zugänglich ist: Die gesetzmäßige Entwicklung von Lebensräumen ohne lenkenden Einfluss des Menschen – in Bezug auf die Vegetation als Sukzession bezeichnet – ist ein Charakteristikum des Lebendigen, die der Städter vor Ort kaum beobachten kann, auch nicht im landwirtschaftlich genutzten Umland oder unseren forstlich genutzten Wäldern. Naturschutzgebiete erlauben dies oft ebenfalls nicht, einmal wegen der eingeschränkten Zugänglichkeit, zum anderen aber auch, weil sie vielfach Kulturlandschaften schützen, für deren Erhaltung kontinuierliche Eingriffe des Menschen nötig sind, z. B. Halbtrockenrasen oder Heidevegetation. Dieses Argument der besonderen kulturellen Ökosystemleistungen von Wildnisflächen gewinnt zusätzliche Bedeutung vor dem Hintergrund des hohen und noch steigenden Anteils der Bevölkerung, die in Städten lebt, in Deutschland etwa 75 % der Einwohner. Außerdem entstehen bei ungestörter Entwicklung auf vom Menschen gemachten Standorten charakteristische, stadtspezifische Biotope, z. B. auf Brachen, Baumscheiben oder in Pflasterritzen, die zwar in der Regel nur wenige seltene und geschützte Arten beherbergen, die aber ein charakteristischer Teil der städtischen Natur sind. Man kann solche Lebensräume als „neue Wildnis" bezeichnen (Kowarik 2013), die auch Gegenstand des Naturschutzes im städtischen Raum sein sollten.

Mehr Wildnis für mehr Artenvielfalt

Ein anderes Argument ist der Beitrag zur Biodiversität durch die Wildnisflächen und die Steigerung der Artenvielfalt durch das Zulassen natürlicher Prozesse. Letzteres gelingt in der Regel für eine gewisse Zeit. Über längere Zeiträume führt eine ungestörte Entwicklung schließlich zu standorttypischen Dominanzgesellschaften, die artenärmer sein können als jüngere Stadien der Entwicklung. Ein gutes Beispiel für eine Steigerung der Artenvielfalt (und auch der kulturellen und regulierenden Ökosystemleistungen) ist die Extensivierung der Pflege von in der Stadt häufig zu findenden Scherrasen, die während der Vegetationsperiode in der Regel im Abstand von wenigen Wochen gemäht werden. Dadurch ist die sehr kurze, dichte und artenarme Vegetation besonders robust gegenüber intensiver Nutzung, z. B. hoher Trittbelastung. Eine Verringerung der Mahdhäufigkeit schränkt diese Nutzung ein, erhöht jedoch die Zahl der Pflanzen- und Tierarten sowie die Biomasse. Mit mehr tierbestäubten Arten verbessert sich auch das Nahrungsangebot für die stark im Rückgang begriffenen Insekten.

Eine zweischürige, d. h. nur zweimal im Jahr gemähte, blühende Wiese beispielsweise auf dem Mittelstreifen einer Straße, ist auch für uns Menschen ein (ästhetischer) Genuss. Allerdings werden solche üppig bewachsenen Grünflächen trotz aufklärender Maßnahmen, etwa dem Anbringen von Hinweistafeln, von manchen Bürgern als ungepflegt und verwahrlost wahrgenommen, was nicht selten zu einer Zunahme der Vermüllung führt (Abb. 3). Veränderungen im Pflegeregime des städtischen Grüns und der Pflanzenzusammensetzung müssen daher auch mit entsprechender Information der Bevölkerung und, idealerweise, neuen ästhetischen Leitbildern einhergehen. Im Falle der extensiv gepflegten Wiesen ist dies inzwischen zumindest teilweise gelungen, hier ist die Bevölkerung durch die breite Diskussion zum Insektensterben und möglichen Schutzmaßnahmen in den letzten Jahren bereits sensibilisiert.

Eine Extensivierung der Pflege von Grünflächen bringt aber nicht nur mehr Biodiversität, sondern kann auch eine Verringerung der Pflegekosten bedeuten. Dies ist ein weiterer wichtiger Aspekt beim Thema „Wildnis in der Stadt". Es entstehen allerdings auch „neue" Kosten durch die notwendigen Informationsprogramme und Öffentlichkeitsarbeit.

Wildnis und Stadtnatur in Frankfurt

Das vorliegende Senckenberg-Buch zur Frankfurter Stadtnatur nimmt Wildnisflächen und Wildniselemente in der Stadt in den Blick und untersucht ihre Bedeutung sowohl für die Biodiversität als auch für die in Frankfurt lebenden Menschen. Ein deutschlandweit außergewöhnliches Projekt ist in diesem Zusammenhang die Renaturierung des Fechenheimer Mainbogens, die 2014 begonnen wurde und erst in einigen Jahren abgeschlossen sein wird. Es sieht die Schaffung ausgedehnter Überschwemmungsflächen vor, auf denen dann der Prozess der Wiederbesiedelung durch Pflanzen und Tiere ungestört ablaufen soll. Diesen neu entstehenden Wildnisflächen gegenüber stehen Reste alter Wildnis wie der Biegwald, ein Überbleibsel der Auwälder an der Nidda. Aufgrund seines alten Baumbestandes beherbergt der Biegwald besondere Tierarten, deshalb ist hier eine darauf abgestimmte, schonende Pflege notwendig.

Abb. 2: Kann es in Frankfurt Wildnis geben? „Wildwuchs" am Riedberg.

Sehr interessante Fälle von Wildnis in der Stadt sind die Bereiche, die wenig wahrgenommen werden und die sich vielfach ungelenkt entwickeln können. Dazu gehören z. B. die rund 31 ha großen, praktisch unzugänglichen Flächen am Frankfurter Kreuz, die kleinen Lebensräume in Pflasterritzen oder die Baumscheiben der Straßenbäume. Hier stellt sich die Frage, wie der Wert dieser Flächen für Stadtnatur, Biodiversität und Bevölkerung gesteigert werden kann. Einen speziellen Fall ungestörter Entwicklung repräsentiert der Götterbaum in Frankfurt, der sich ohne direktes Zutun des Menschen im Stadtgebiet immer weiter ausbreitet. Er ist ein Beispiel für unerwünschte Aspekte der städtischen Wildnis, nämlich die starke Ausbreitung von bestimmten Neophyten, die in Zukunft kontinuierlich beobachtet werden sollten.

Projekt „Städte wagen Wildnis"

Die Aktualität von „Wildnis in der Stadt" zeigt sich auch an der Fülle der Publikationen und Forschungsprojekte zu diesem Thema in den letzten beiden Jahrzehnten. An einem solchen, vom Bundesamt

Abb. 3: Flächen mit geringerer Pflegeintensität werden häufiger als Müllabladeplatz missbraucht, wie hier am Nordpark Bonames.

für Naturschutz (BfN) geförderten Projekt mit dem Titel „Städte wagen Wildnis" beteiligte sich Frankfurt am Main zusammen mit Hannover und Dessau-Roßlau. Zielsetzung des Projektes war es, neue Prinzipien für einen wildnisorientierten Umgang mit städtischen Grünflächen zu entwickeln und neue ästhetische Leitbilder zu etablieren. Biologisch vielfältige und zugleich ästhetisch ansprechende Lebensräume sollten insbesondere durch ihre kulturellen Dienstleistungen zur nachhaltigen Stadtentwicklung beitragen. Die drei Städte, die sich in ihrer Bevölkerungsentwicklung unterscheiden (stark wachsend, moderat wachsend, schrumpfend), richteten in der Projektlaufzeit von 2016 bis 2021 Wildnisflächen ein. Die Projektpartner untersuchten kontinuierlich die Entwicklung der Biodiversität auf diesen Flächen und entwickelten Konzepte zur begleitenden Information der Bürgerinnen und Bürger sowie für eine übergreifende Öffentlichkeitsarbeit. Gegen Ende des Projektes wurden Wahrnehmung und Akzeptanz der Wildnisflächen bewertet. Die Untersuchungen der Flächen zur Biodiversität erfolgten in Frankfurt durch die Arbeitsgruppe Biotopkartierung in der Abteilung Botanik und Molekulare Evolutionsforschung des Senckenberg Forschungsinstitutes und Naturmuseums Frankfurt. In den Kapiteln zur Stadtwildnis werden die Ergebnisse der fünfjährigen Untersuchungen zur Biodiversität auf den beiden Frankfurter Wildnisflächen, Nordpark Bonames und Monte Scherbelino, vorgestellt und Vorschläge für die zukünftige Entwicklung der Stadtwildnis gemacht. Denn das Projekt ist zwar abgeschlossen, doch die Wildnisidee soll sich in Frankfurt weiterentwickeln. Mit dem Alten Flugplatz Kalbach/Bonames hatte Frankfurt schon 2003 sein erstes großes und erfolgreiches Wildnis-Projekt gestartet. Weitere Flächen folgten, nicht zuletzt mit der bereits erwähnten Renaturierung des Fechenheimer Mainbogens.

Die Zukunft der wilden Stadtnatur

Stadtwildnis, Stadtnatur und Wildniselemente im Siedlungsbereich werden mittlerweile zwar häufiger thematisiert, finden aber immer noch nicht die notwendige Berücksichtigung und Gewichtung bei der Stadtplanung. Auch bei den Bürgerinnen und Bürgern gibt es häufig noch Defizite im Hinblick auf Wertschätzung und nachhaltigen Umgang mit den Grün- und Freiflächen im urbanen Raum. Insbesondere die Vermüllung von Flächen, auf denen der Natur mehr Raum zur freien Entwicklung eingeräumt wurde, und die damit verbunden Schadstoffeinträge in den Boden stellen ein wachsendes Problem dar. Wir möchten mit dieser Publikation das Wissen über weniger beachtete, aber wichtige Teile unserer Stadtnatur vergrößern, damit diese in Zukunft eine höhere Wertschätzung und sorgsameren Umgang erfahren. Außerdem hoffen wir, so dazu beizutragen, dass sich „Wildnis" als eines der Leitbilder für Stadtnatur etabliert.

NEUE WILDNIS – ALTE WILDNIS

Vegetationsflächen mit jahrelanger ungestörter Entwicklung können sich stark in ihrer Geschichte unterscheiden, auch und gerade in der Stadt. Die aktuelle Artenzusammensetzung und Strukturierung lässt in der Regel gut erkennen, ob es sich um einen seit vielen Jahrzehnten oder gar Jahrhunderten vorhandenen Vegetationstyp handelt oder eine vergleichsweise junge Entwicklung auf stadttypischen Standorten. So repräsentiert der Alte Flugplatz Bonames mit seinen z. T. fast 10 m hohen Gehölzbeständen ein junges urbanes Gehölz, das erst seit 2003 auf nacktem Betongrus entstanden ist. Die schnell wachsenden Pionierbaumarten – Weiden, Birken, Pappeln – und das Fehlen bestimmter Arten im Unterholz lassen dies sofort erkennen. Eindeutig ein Relikt eines alten Auwaldes entlang der Nidda ist hingegen der Biegwald mit seinen alten Eichen-, Ulmen- und Buchenexemplaren. Nicht nur das Inventar der Pflanzenarten, auch der Bestand an Tieren und Pilzen unterscheidet sich stark. Dank der alten Bäume kann der Biegwald besonders geschützten Tieren, wie z. B. dem Heldbock (*Cerambyx cerdo*), Lebensraum bieten, solange noch genügend alte Eichen vorhanden sind und der Einfluss des Menschen limitiert wird.

Abb. 4: „Neue Wildnis" – Retentionsfläche im Sossenheimer Unterfeld.

Jedes Sukzessionsstadium ist durch eine spezifische Artenzusammensetzung charakterisiert; daher ist es im Sinne der Erhaltung einer hohen Biodiversität wünschenswert, einer möglichst breiten Palette von Sukzessionsstadien im Stadtgebiet Raum zu geben. Vor besonderen Herausforderungen stehen Arten- und Naturschutz bei Lebensräumen, die durch starke, regelmäßig wiederkehrende Störungen auf natürliche Art in ihrem Entwicklungszustand zurückgesetzt werden: Flussufern und Überschwemmungsflächen. Hier fehlen heute in der Regel die Hochwasser, die in früheren Zeiten immer wieder für vegetationslose Pionierflächen sorgten und so die Sukzession zurücksetzten. Soll also langfristig durch Renaturierungen Raum für Pionierarten geschaffen werden, muss der Mensch eingreifen und wieder geeignete Lebensräume herstellen. Dies geschieht aktuell in einem ambitionierten Projekt am Fechenheimer Mainbogen.

Der alten Wildnis der Reliktwälder und der neuen Wildnis der Renaturierungsprojekte steht die traditionelle Kulturlandschaft gegenüber, die seit Jahrhunderten vom Menschen genutzt und gepflegt wird. Wenn dort tradierte Nutzungsformen aufgegeben werden, kann dies mit einem Verlust an wertvollen Strukturen und einem Rückgang der Artenvielfalt einhergehen, wie das Beispiel Sossenheimer Feld zeigt.

DIE RENATURIERUNG DES FECHENHEIMER MAINBOGENS

Marleen Steinbeisser, Dirk Bönsel, Indra Starke-Ottich, Andreas Malten, Georg Zizka

Abb. 5: Luftbilder des Fechenheimer Mainbogens.
Oben links: 1927, oben rechts: 1967, unten links: 2017, unten rechts: 2021, der neu angelegte kleine Nebenarm und der Hessen-Mobil-Teich sind im Süden zu erkennen.

Der Fechenheimer Mainbogen ist ein knapp 90 ha großes natürliches Überschwemmungsgebiet des Mains, das sich vom rechten Mainufer bis zum Ortsrand des Stadtteils Fechenheim erstreckt (Abb. 5). Das Gebiet ist Teil des Landschaftsschutzgebietes „GrünGürtel". Mit einer Höhe von 96,00 bis 97,75 m über NN liegt das flache Gelände nur wenig über dem mittleren Wasserspiegel des Mains (95,35 m). Von starken Hochwässern des Mains wird der Mainbogen überflutet und stellt daher einen wichtigen Retentionsraum dar. Nordöstlich schließt sich auf der Offenbacher Mainseite der Rumpenheimer Mainbogen an. Neben der landwirtschaftlichen Nutzung, insbesondere durch die hessische Staatsdomäne Kinzigheimerhof, und einigen Freizeitgärten hat das Areal eine große Bedeutung als Naherholungsgebiet. Vorherrschende Bodentypen dort sind Auenböden sowie Braun- und Parabraunerden.

Die Biotopkartierung der Stadt Frankfurt dokumentierte die vorhandenen Biotoptypen kontinuierlich im Rahmen der sechs seit 1985 durchgeführten Kartierdurchgänge. Seit dem ersten Kartierdurchgang waren bis 2015 nur wenige Veränderungen festzustellen, die Nutzung der Fläche blieb im Wesentlichen gleich (Abb. 5b und c). Pläne für eine Renaturierung der Mainschleife waren dann der

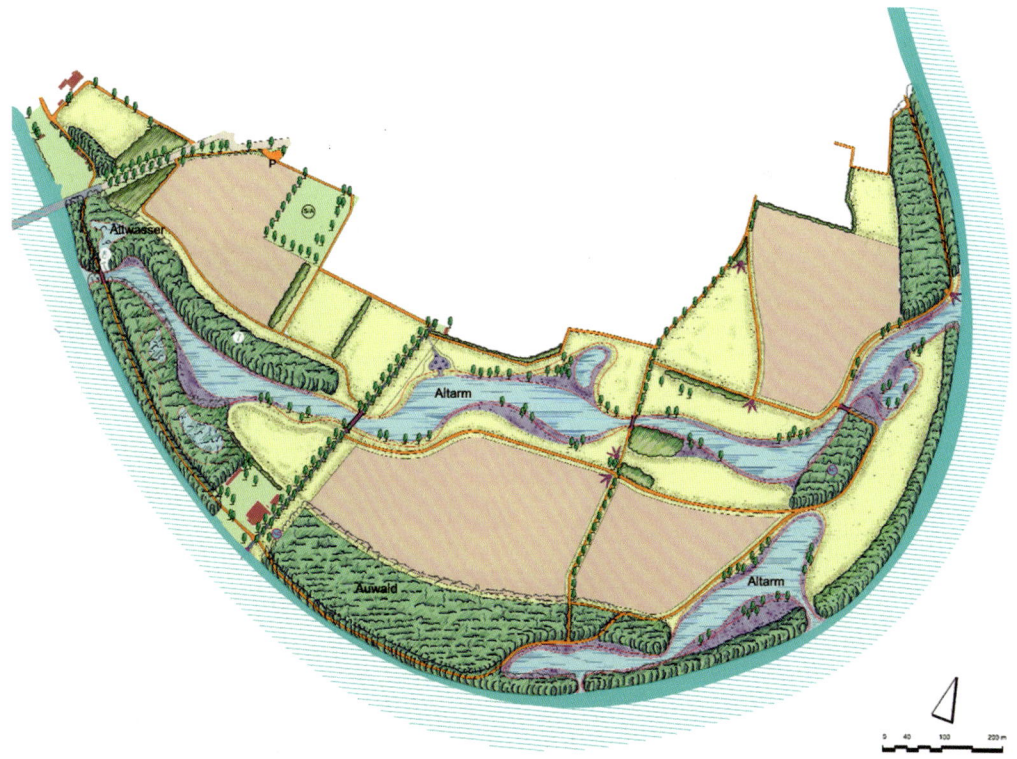

Abb. 6: Plan zur Renaturierung des Fechenheimer Mainbogens, der 2014 der Öffentlichkeit vorgestellt wurde.

Anlass für eine ausführliche Bestandsaufnahme von Lebensräumen, Gefäßpflanzenarten und Avifauna im Jahr 2014 im Rahmen einer Abschlussarbeit (Marleen Steinbeisser, geb. Mika; Mika 2014). Im Frühjahr 2014 wurden die Planungen für die Renaturierung der Öffentlichkeit vorgestellt (Abb. 6); im Winter 2014/2015 folgten erste Maßnahmen zur Umsetzung im westlichsten Teil des Mainbogens nahe der Carl-Ulrich-Brücke und 2019 schließlich die Realisierung des nächsten, wesentlich größeren Abschnitts mit der Schaffung des „Kleinen Nebenarms". Die Ergebnisse der Biotopkartierung zum Lebensraum-, Pflanzenarten- und Vogelarteninventar werden hier vorgestellt, ebenso unsere Untersuchungen zu den Folgen der ersten Eingriffe.

Aktuelle Lebensräume und Artenvielfalt

Die natürlicherweise auf den Überschwemmungsflächen großer Flüsse (Flussauen) zu findende Vegetation ist von den wechselnden Wasserständen geprägt und dem Relief entsprechend zoniert. An gehölzfreie Pionierstandorte schließen sich höher gelegene Waldgesellschaften an, die Weichholz- und die Hartholzaue. Flussauen sind besonders dynamische und artenreiche Lebensräume, die allerdings durch die Begradigung und den Ausbau der Flüsse stark zurückgegangen sind. So gehört auch der Fechenheimer Mainbogen, das letzte verbliebene große Hochwasser-Retentionsgebiet innerhalb der Stadtgrenze, seit 1987 zum Landschaftsschutzgebiet „Hessische Mainauen" (Regierungspräsidium Darmstadt 1987).

Noch vor rund hundert Jahren war der Mainbogen kleinteilig parzelliert und wurde in verschiedenster Weise landwirtschaftlich genutzt (Abb. 5a). Heute wird der größte Teil der Fläche (rund 71 %) intensiv bewirtschaftet (Mais- und Erdbeeranbau, insgesamt ca. 44 ha; Grünland, ca. 22 ha; https://www.frankfurt-greencity.de/berichte-uebersicht/), die Freizeitgärten spielen flächenmäßig kaum eine Rolle. Aus naturschutzfachlicher Sicht sind die

Abb. 7: Feuchte Senken inmitten der landwirtschaftlich genutzten Fläche beherbergen seltene Schlammpionierarten.

Abb. 8: Charakteristisch für die Auwaldbereiche des Fechenheimer Mainbogens sind der hohe Anteil von Altbäumen, stehendem und liegendem Totholz.

das einzige Vorkommen des Ysop-Weiderichs (*Lythrum hyssopifolia*) im Stadtgebiet sowie weiterer seltener Arten wie Gift-Hahnenfuß (*Ranunculus sceleratus*), Blauer Wasser-Ehrenpreis (*Veronica anagallis-aquatica*, Abb. 9) und Niedriges Fingerkraut (*Potentilla supina*). Beide Flächen liegen inmitten der landwirtschaftlichen Nutzflächen, und die besondere Vegetation wird durch die landwirtschaftliche Bearbeitung von Jahr zu Jahr unterschiedlich in ihrer Entwicklung gehemmt.

Eine extensiv genutzte Grünlandfläche (Biotoptyp 7511) westlich der Starkenburger Straße (Abb. 10) fällt wegen ihres Artenreichtums auf; zu erwähnen sind außerdem zwei Naturdenkmäler, ein Vogelschutzgehölz und ein Exemplar eines Spitzahorns (*Acer platanoides*), sowie genetisch bestätigte Vorkommen der Schwarz-Pappel (*Populus nigra*). Abb. 11 zeigt die Verteilung der genannten Lebensräume.

Gehölze, die zusammen mehr als 15 % der Fläche einnehmen, besonders wichtige Lebensräume. Dazu gehören vier große Weichholz-Auwaldbereiche (Biotoptyp 8721; rund 6 % der Fläche) sowie Weiden- und Erlengehölze (Biotoptyp 861). Beide gehören nach Wilmanns (1998) pflanzensoziologisch zur Silber-Weiden-Auwald-Gesellschaft (*Salix alba*-Alno-Ulmion), sind von Arteninventar und -stetigkeit her allerdings nur fragmentarisch ausgebildet. Typisch ist der strukturelle Aufbau der Gehölze (Abb. 8), die Baumschicht erreicht eine Höhe von bis zu 25 m (Mika 2014).

Weitere naturschutzfachlich wichtige Biotoptypen sind Röhrichte (Biotoptyp 611), Feuchtbrachen (Biotoptyp 62) und periodisch trockenfallende Standorte mit Schlammpioniervegetation (Biotoptyp 651; zusammen 0,22 %). Letztere finden sich noch an zwei Standorten. Bemerkenswert ist dort

Abb. 9: Blauer Wasser-Ehrenpreis (*Veronica anagallis-aquatica*) am Fechenheimer Mainbogen.

Abb. 10: Auf der artenreichen Extensiv-Wiese an der Starkenburger Straße ist der Zottige Klappertopf (*Rhinanthus alectorolophus*) zu finden.

Die im Rahmen einer Masterarbeit (Mika 2014) durchgeführte Erfassung des Arteninventars an Gefäßpflanzen dokumentiert 406 Arten. Davon sind 57 Neophyten (14 %), ihr Anteil ist also im Mainbogen geringer als im gesamten Stadtgebiet, dies gilt auch für das Vorkommen invasiver (Abb. 12) und potenziell invasiver Arten (Tab. A1). Die Kartierung der Avifauna ergab 59 Spezies, davon 37 Brutvogel- und 22 Gastvogelarten, viele davon sind nach dem Bundesnaturschutzgesetz streng geschützt oder in eine Gefährdungskategorie der Roten Liste Hessen eingestuft (Tab. A2). Zusammenfassendes Ergebnis der Untersuchungen von Mika (2014): Auch aus Sicht der terrestrischen Biodiversität sind die Entwicklungsmaßnahmen positiv zu bewerten. Die geplanten Veränderungen gehen zu Lasten der landwirtschaftlichen Flächen und betreffen nur in geringem Umfang auch Gehölze. Insgesamt sollen

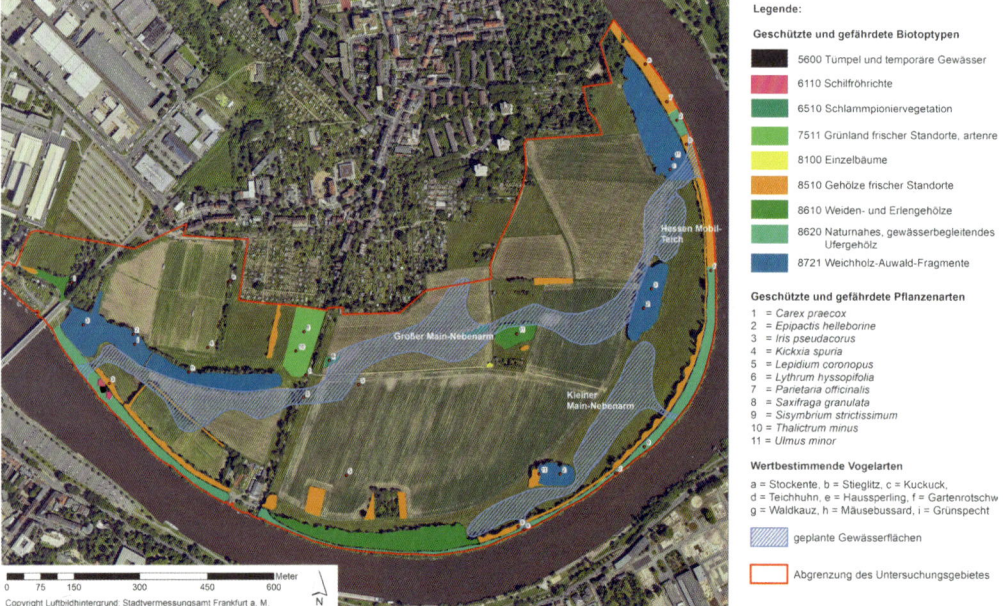

Abb. 11: Naturschutzfachlich besonders wertvolle Lebensräume im Mainbogen und der Verlauf bzw. die Lage der bereits entstandenen und der geplanten Gewässer.

im Rahmen der Renaturierung die Grünland- und die Waldanteile vergrößert werden. Dass die beiden Standorte mit Schlammpioniervegetation (Biotoptyp 651) bei der geplanten Anlage des „Großen Nebenarms" in Mitleidenschaft gezogen werden, ist allerdings problematisch zu sehen.

Renaturierung des Mainbogens: das Vorhaben und aktueller Stand

Vor dem Hintergrund der im Jahr 2000 verabschiedeten Wasserrahmenrichtlinie (2000/60/EG), die die Verbesserung der Gewässerqualität und -struktur, z. B. durch Renaturierung, vorschreibt, wurden 2008 im Auftrag der Stadt Möglichkeiten der Umsetzung in Frankfurt untersucht. Zu den gefundenen Optionen gehörte auch der Fechenheimer Mainbogen. Konzeption und Umsetzung erfolgen durch das Umweltamt in Zusammenarbeit mit der Stadtentwässerung Frankfurt, die Planung durch das Planungsbüro Beuerlein/Baumgartner Landschaftsarchitekten (Abb. 6). In der Sitzung des Fechenheimer Ortsbeirates vom 17.3.2014 wurde

Abb. 13: Lage der im Winter 2014/15 angelegten Stillgewässer und Flutmulden im westlichen Teil des Mainbogens nahe der Carl-Ulrich-Brücke.

das Projekt der Öffentlichkeit vorgestellt. Schon bald darauf, im Winter 2014/15 (erster Spatenstich war am 16.12.2014), erfolgte der erste Schritt, finanziert durch Ökokontomittel der Stadt Frankfurt: Im westlichen Teil des Gebietes nahe der Carl-Ulrich-Brücke und entlang des Mainuferweges

Abb. 12: Gehölz am Fechenheimer Mainbogen mit Saum des invasiven Indischen Springkrautes (*Impatiens glandulifera*).

Abb. 14: Blick in eine neu angelegte, mit Wasserlinsen bedeckte Flutmulde nahe der Carl-Ulrich-Brücke.

wurden drei Stillgewässer und vier Flutmulden (Abb. 13, Abb. 14) angelegt. Die Gesamtfläche dieser Gewässer beträgt rund 3.550 m².

Ab 2016 führte die Biotopkartierung Senckenberg im Auftrag des Umweltamtes ein Monitoring der um die neu angelegten Gewässer entstandenen Sukzessionsflächen durch. Dies ist wichtig als Erfolgskontrolle und um im Falle von Fehlentwicklungen (z. B. durch invasive Neobiota) entsprechende Maßnahmen ergreifen zu können. Zunächst hatten sich typische Feucht- und Frischgrünlandarten sowie Pionierpflanzen staunasser Böden angesiedelt, bis 2019 nahmen die Röhrichtarten deutlich zu (Abb. 15). Einzig die Ufer des Waldgewässers (Gewässer C) waren von Beginn an durch Röhrichtarten und nitrophile Hochstauden geprägt. An Wasserpflanzen fanden sich in den Gewässern A und B Laichkräuer (*Potamogeton* spp.) und Armleuchteralgen (*Chara* spp.). Diese fehlen aber in Gewässer C, dessen Oberfläche von einer dichten Wasserlinsendecke bedeckt ist. In und an den im Sommer trockenfallenden Flutmulden (Gewässer

Abb. 16: Weibchen der Gebänderten Prachtlibelle (*Calopteryx splendens*).

D–G) dominieren Röhrichtarten und nässeliebende Hochstauden. Offene Wasserflächen sind von Wasserlinsen bedeckt (*Lemna minor*, *L. trisulca*, Abb. 14). Insgesamt wurde mit 106 Gefäßpflanzenarten eine hohe Biodiversität festgestellt, darunter mit 11 Arten (10 %) vergleichsweise wenige Neophyten. Unter diesen finden sich erfreulicherweise keine Arten der „Unionsliste" invasiver Neophyten.

Die Untersuchungen zur Fauna beschränkten sich auf Amphibien und Libellen. Bereits 2016 wurden in den jungen Gewässern Grasfrosch (Nordufer Gewässer B) und Teichfrosch (Gewässer A, B und C) nachgewiesen. Insgesamt wurden 14 Libellen-Arten gefunden, überwiegend Pionierarten. Sämtliche Arten gelten in Deutschland als besonders geschützt, aber keine der Arten steht in Hessen oder Deutschland auf der Roten Liste. Typisch für diese noch neuen Gewässer ist das Vorkommen der Feuerlibelle (*Crocothemis erythraea*) an den Gewässern A und B. Zudem treten mit der Gebänderten Prachtlibelle (*Calopteryx splendens*, Abb. 16) und der Blauen Federlibelle (*Platycnemis pennipes*) vereinzelt auch Arten auf, die von den Ufern des Mains aus die Tümpel besiedeln.

Abb. 15: Das Röhricht nimmt zu (Gewässer A 2018).

Folgende Libellen-Arten wurden 2016 an den Kleingewässern gefunden:
- Blaue Federlibelle (*Platycnemis pennipes*)
- Blaugrüne Mosaikjungfer (*Aeshna cyanea*)
- Feuerlibelle (*Crocothemis erythraea*)
- Frühe Adonislibelle (*Pyrrhosoma nymphula*)
- Gebänderte Prachtlibelle (*Calopteryx splendens*)
- Große Heidelibelle (*Sympetrum striolatum*)
- Große Königslibelle (*Anax imperator*)
- Große Pechlibelle (*Ischnura elegans*)
- Großer Blaupfeil (*Orthetrum cancellatum*)
- Herbst-Mosaikjungfer (*Aeshna mixta*)
- Hufeisen-Azurjungfer (*Coenagrion puella*)
- Plattbauch (*Libellula depressa*)
- Vierfleck (*Libellula quadrimaculata*)
- Weidenjungfer (*Chalcolestes viridis*)

Der nächste, wesentlich größere Renaturierungsschritt erfolgte in den Jahren 2019 und 2020 (Abb. 17) mit der Schaffung eines Gewässers mit zwei Verbindungen zum Main („Kleiner Nebenarm", bis zu 70 m breit und 4 m tief, Fläche 3,52 ha) und eines nur durch Grundwasser gespeisten Tümpelgewässers („Hessen-Mobil-Teich", Fläche 0,77 ha). Mit der Anlage des kleinen Nebenarms entstand eine rund 400 m lange Insel. Die Lage der Gewässer machte auch eine etwa 1,2 km lange mainfernere Neuanlage des Leinpfades notwendig. Die Biotopkartierung erstellte im Auftrag der Stadt ein Monitoringkonzept und untersuchte auf dieser Grundlage ab 2020 die Entwicklung an diesen beiden Gewässern (Biotoptypen, Flora, Vögel, Amphibien). Besonderes Augenmerk galt auch hier invasiven Neophyten und der Frage, ob die beiden Gewässer einem Lebensraumtyp nach Anhang I der FFH-Richtlinie entsprechen (und damit einem gesetzlichen Schutz nach § 30 BNatSchG unterliegen). Hierzu wurde eine Bewertung ihres Erhaltungszustandes nach den landesweiten Vorgaben im Rahmen der Hessischen Lebensraum- und Biotopkartierung (HLBK) vorgenommen.

Abb. 17: Die 2019 angelegten Gewässer kleiner Nebenarm und Hessen-Mobil-Teich. Letzterer hat keine Verbindung zum Main, wird aber später Teil des geplanten großen Nebenarms werden (s. auch Abb. 6 und 11).

Schwerpunkte des Monitoringkonzeptes sind:
- jährliches Monitoring der Entwicklung des Pflanzenwuchses in den ersten fünf Jahren
- besondere Beobachtung von Ziel- und Indikatorarten (typische Elemente der Verlandungs- und

Abb. 18: Armleuchteralgen (Characeae) im Hessen-Mobil-Teich.

  Wechselwasserzonen, FFH-LRT-typische Gewässermakrophyten und Armleuchteralgen)
- besondere Beobachtung der Entwicklung invasiver Neophyten und der Gehölze allgemein im Uferbereich
- jährliche Erfassung von Brut- und Gastvögeln sowie der Amphibien in den ersten drei Jahren, danach Erhebung im 2-Jahres-Rhythmus
- bei Auftreten von Pionierarten unter den Amphibien gegebenenfalls Sicherung von geeigneten Habitaten durch Zurücksetzen der Sukzession
- Kontrolle der Auswirkungen von Störungen und Beeinträchtigungen; Prüfung von Maßnahmen zur Besucherlenkung und Minimierung von Störungen.

Fauna und Flora der neuen Gewässer

Schon ein Jahr nach der Anlage umfasste die Flora in und um die beiden Gewässer 141 Gefäßpflanzenarten (vgl. Tab. A3) – zum großen Teil Vertreter der Acker- und Unkrautfluren (41 %), Besiedler von Frisch- und Feuchtgrünland (20 %) sowie Arten von Gewässer- und Verlandungsbiotopen (16 %). Zur letztgenannten Gruppe gehören Großes Nixenkraut (*Najas marina* subsp. *marina*), Ähriges Tausendblatt (*Myriophyllum spicatum*), Schwimmendes Laichkraut (*Potamogeton natans*), Berchtold-Laichkraut (*Potamogeton berchtoldii*) und die Armleuchteralge *Chara globularis* (Abb. 18). Der Anteil von Indigenen, Alt- (Archäophyten) und Neueinwanderern (Neophyten) ist in Abb. 19 dargestellt. Da manche invasive Neophyten auf den offenen Standorten an Gewässern besonders konkurrenzstark sind, wurde dieser Gruppe besondere Aufmerksamkeit geschenkt. Von den insgesamt nachgewiesenen 31 neophytischen Arten sind vier Arten in der Warnliste invasiver Gefäßpflanzen in Deutschland („Schwarze Liste", Nehring et al. 2013) und drei in der Liste potenziell invasiver Arten („Graue Liste", Nehring et al. 2013) aufgeführt.

Besonderes Augenmerk gilt dem Eschen-Ahorn (*Acer negundo*, Abb. 20) und der Kanadischen Pappel (*Populus* x *canadensis*), deren Jungwuchs an beiden Gewässern zu finden ist. Der Jungwuchs beider Arten geht auf Sameneinträge von großen Bäumen aus der Umgebung zurück. Es wäre sinnvoll, diese

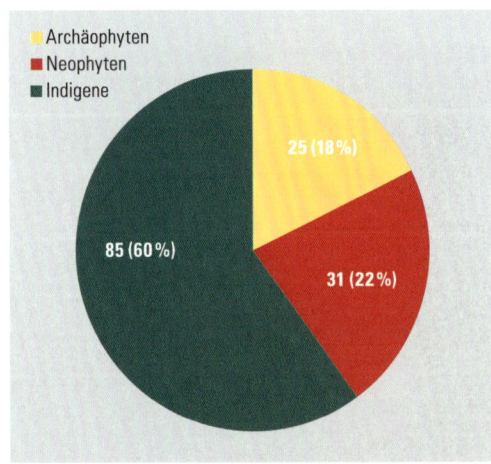

Abb. 19: Einwanderungsgeschichte der Gefäßpflanzen am und im kleinen Nebenarm und Hessen-Mobil-Teich. Angegeben sind Artenzahl und prozentualer Anteil an der Gesamtartenzahl für die drei Gruppen.

Abb. 20: Junger Eschen-Ahorn (*Acer negundo*) am Rand eines Gehölzes nahe dem kleinen Nebenarm. Monitoring und gegebenenfalls Bekämpfung dieser Art sind erforderlich.

vor allem in den ersten Jahren sehr rasch wachsenden Arten zurückzudrängen, um den Neophytenanteil in den entstehenden Ufergehölzen zu reduzieren. Eine weitergehende Maßnahme wäre die Entnahme der als Samenspender fungierenden Altbäume im Gebiet. Nur in Einzelexemplaren gefunden wurden die ebenfalls invasiven Arten Kanadische Goldrute (*Solidago canadensis*) und Götterbaum (*Ailanthus altissima*). Wegen der hohen Regenerationsfähigkeit von Götterbaum-Pflanzen sollte der vereinzelt auftretende Jungwuchs im Rahmen der Pflegemaßnahmen ebenfalls entfernt werden. Die Art wurde auch in die „Unionsliste" besonders problematischer invasiver Arten aufgenommen (Nehring & Skowronek 2020).

Ein anderer Neophyt, der in Frankfurt an vielen Stellen invasiv ist und großflächige, undurchdringliche Bestände bildet, ist die Armenische Brombeere (*Rubus armeniacus*). Sie beeinträchtigt zwar nicht die unmittelbaren Gewässerufer, breitet sich jedoch seit Jahren in den entwässerten Auwaldresten des Fechenheimer Mainbogens massiv aus und bildet an den Gehölz- und Auwaldrändern dichte Bestände, deren Entfernung ebenfalls ratsam ist. 2021 wurden im Uferbereich zahlreiche weitere Neophyten festgestellt, bei denen es sich aber überwiegend um krautige Arten und Besiedler von Pionierflächen handelt (Abb. 21), z. B. Kurzfrüchtiges Weidenröschen (*Epilobium brachycarpum*) und Kanadisches Berufkraut (*Erigeron canadensis*). Diese Arten werden im Laufe

Abb. 21: Uferbereich des Hessen-Mobil-Teichs im Sommer 2021 mit zahlreichen Exemplaren des Kanadischen Berufkrauts (*Erigeron canadensis*).

Abb. 22: Nilgans (*Alopochen aegyptiaca*) mit Jungen.

der natürlichen Sukzession von alleine zurückgehen, eine Bekämpfung erscheint nicht notwendig.

Die faunistischen Untersuchungen ergaben im ersten Jahr zwei Brutvogelarten (Höckerschwan, *Cygnus olor*, und Nilgans, *Alopochen aegyptiaca*, Abb. 22) und elf Gastvogelarten am kleinen Nebenarm; am Hessen-Mobil-Teich waren keine Brutvogelarten, aber sechs Gastvogelarten zu finden. Zu den Gastvögeln gehörte der Flussregenpfeifer (*Charadrius dubius*), der in Hessen als Brutvogel vom Aussterben bedroht ist. Amphibien konnten bis April 2020 keine festgestellt werden, erst bei der Begehung am 8.5.2020 wurden Teichfrösche (*Pelophylax esculentus*) sicher dokumentiert. Mit fortschreitender Entwicklung der Ufervegetation ist die Besiedlung durch weitere Amphibien zu erwarten.

2021 wurden am Hessen-Mobil-Teich erneut Teichfrösche und außerdem Erdkröten (*Bufo bufo*) nachgewiesen (Altert 2021). Der kleine Nebenarm war noch nicht von Amphibien besiedelt. Aufgrund der großen Entfernung zu den wenigen noch bestehenden Vorkommen können Pionierarten wie Kreuzkröte (*Bufo calamita*) und Wechselkröte (*Bufo viridis*) die Gewässer vermutlich nicht erreichen. Der Flussregenpfeifer war 2021 erneut im Gebiet zu Gast, brütete jedoch nicht. Im Spätsommer zeigte sich eindrucksvoll, dass der kleine Nebenarm eine wichtige Funktion als Rast- und Sammelplatz besitzt. Neben seltenen Arten wie dem Flussuferläufer (*Actitis hypoleucos*), der hier Rast machte, sammelten sich Hunderte von Gänsen (Abb. 23). Die neuen Gewässer, insbesondere die beiden zuletzt entstandenen (Abb. 24, Abb. 25), stehen unter starkem Besucherdruck. Zahlreiche Hundehalter nutzen die neu angelegten Gewässer (sowie die Gewässer A und B an der Carl-Ulrich-Brücke) als Badeplatz für ihre Tiere, was im Uferbereich erhebliche Störungen verursacht. Diese führen dazu, dass Bodenbrüter wie der Flussregenpfeifer die Fläche nicht als Brutplatz nutzen, obwohl die Habitatstrukturen sehr gute Bedingungen bieten würden. Möglicherweise wäre eine räumlich und zeitlich begrenzte Einzäunung des Uferbereichs sinnvoll, damit Pionierarten die Uferbereiche in den ersten Jahren ungestört besiedeln können.

Ein weiteres Problem stellt die Eutrophierung dar, die im Sommer zu starkem Algenwachstum führt. Der Nährstoffeintrag stammt zum einen aus den benachbarten, intensiv bewirtschafteten Ackerflächen, zum anderen vom Laubeintrag der angrenzenden Gehölze und dem Kot der Wasservögel. 2020 war die Wasserqualität im Hessen-Mobil-Teich deutlich besser als im kleinen Nebenarm, sie hat sich nach unserer Beobachtung inzwischen aber deutlich verschlechtert (Stand Ende 2021). Die Gewässer werden im Auftrag des Umweltamtes weiter untersucht.

FAZIT

Der allgemeine Rückgang und die Bedrohung von Flussauen, der Umfang der Renaturierungsmaßnahmen, die Vielfalt der entstehenden Lebensräume in einem urbanen Raum und das Zulassen der natürlichen Entwicklungsprozesse machen den geplanten Fechenheimer Mainbogen zu einer wichtigen Bereicherung der Stadtnatur und einem „Freiluftlabor" von breitem wissenschaftlichen Interesse. Verschiedene Arbeitsgruppen des Fachbereichs Biowissenschaften der Frankfurter Goethe-Universität haben sich zusammengefunden, um gemeinsam mit der senckenbergischen Biotopkartierung und dem Umweltamt verschiedene Organismengruppen und Aspekte des Biodiversitätswandels näher zu untersuchen.

Die Realisierung des weitaus größten Teiles des Vorhabens, die Anlage des fast 2 km langen großen Nebenarms, kann vermutlich erst in einigen Jahren in Angriff genommen werden, da das 2015 begonnene Flurbereinigungsverfahren noch nicht abgeschlossen ist. Weit über 100 Grundstückseigentümer sind Teilnehmer dieses Verfahrens, in dem durch Tausch oder Kauf alle umzugestaltenden Flächen in das Eigentum der Stadt Frankfurt überführt werden sollen. Auf den dann vergrößerten naturnahen Bereichen sollen sich am Ende nicht nur die Vegetation frei entwickeln und die Artenvielfalt erhöhen können, gleichzeitig sollen auch Wert und Leistungen des Fechenheimer Mainbogens für Naherholung und Freizeit gesteigert werden.

Abb. 23: Blick auf den kleinen Nebenarm und die Insel im Spätsommer 2021 mit einem kleinen Teil der dort versammelten Gänseschar.

Abb. 24: Blick auf den neu angelegten Hessen-Mobil-Teich, 2019.

Abb. 25: Blick über den neu angelegten kleinen Nebenarm, 2019.

DER BIEGWALD – EIN RELIKT URSPRÜNGLICHER WILDNIS MITTEN IN DER STADT

Fabian Schrauth, Indra Starke-Ottich, Georg Zizka

Abb. 26: Luftbild des Biegwalds in Frankfurt am Main. Rote Linie: Grenze des Untersuchungsgebiets.

Urbane Wälder sind ein charakteristisches Element der Frankfurter Stadtnatur. In der Regel handelt es sich um kleinere und innerhalb des Stadtgebiets isoliert gelegene Waldstücke. Sie werden von der Bevölkerung gerne zur Naherholung aufgesucht und oft als „Naturoasen" in einer stark bebauten und menschlich überprägten Umgebung empfunden. Neben ihrer Bedeutung für die Freizeitgestaltung der Stadtbewohner bieten sie weitere Ökosystemleistungen, denen gerade in Großstädten eine wichtige Bedeutung zukommt. Hierzu zählen ausgleichende Wirkung auf das Stadtklima, Luftfilterung, Regulation des Wasserhaushalts, Lärmreduzierung sowie Möglichkeiten der Naturerfahrung. Darüber hinaus können sie einen wichtigen Beitrag zum Erhalt der Biodiversität leisten (Breuste et al. 2016).

Urbane Wälder können Überreste von ehemals größeren zusammenhängenden Wäldern sein, aber auch aus gezielten Anpflanzungen, Sukzession oder Verwilderungsprozessen hervorgehen. In Frankfurt spielt vor allem der erstgenannte Entstehungsweg eine wichtige Rolle. Gerade nördlich des Mains existieren mit Biegwald, Niedwald, Rebstöcker Wald und Riederwald Flächen, die als Relikte früherer zusammenhängender Waldgebiete die Stadtentwicklung in ihrer Nachbarschaft überdauert haben. Sie entsprechen somit am ehesten „Natur der ersten Art", auch als „alte Wildnis" bezeichnet. Hierunter versteht man noch weitgehend unbeeinflusste Naturbereiche, die zumindest einen Teil ihrer ursprünglichen Eigenschaften bewahrt haben (Kowarik 1992). Dennoch werden auch diese noch recht naturnahen Flächen durch ihre städtische Umgebung beeinflusst, was im Hinblick auf ihren Erhalt und ihre zukünftige Entwicklung zu besonderen Herausforderungen führt.

Bisher lagen in Frankfurt nur wenige Informationen über die Bedeutung urbaner Waldflächen für den Erhalt der Biodiversität und deren Rolle als Habitat für seltene und geschützte Arten vor. Um dies näher zu untersuchen, wurde im Rahmen einer Masterarbeit an der Frankfurter Goethe-Universität in Kooperation mit dem Senckenberg Forschungsinstitut Frankfurt (Schrauth 2020) eine Biodiversitätserfassung im Biegwald durchgeführt.

Ziel der Arbeit war es, eine belastbare Datengrundlage vor allem in Hinblick auf gefährdete und geschützte Arten zu schaffen, die zum Erhalt, zur Optimierung und zur Weiterentwicklung des Gebiets genutzt werden kann. Die Kartierung des aktuellen Biotoptypen-Inventars und die Bewertung des Eichen-Hainbuchenwalds hinsichtlich seines ökologischen Zustands gehörten zu den zentralen Themen. Die im Gebiet vorkommenden Farn- und Samenpflanzen sollten vollständig erfasst und die Pflanzengesellschaften in den Waldbereichen charakterisiert werden. Darüber hinaus sollten die Zusammensetzung der Brutvogelgemeinschaft untersucht und die Verbreitung des Heldbocks (*Cerambyx cerdo*) als einer Leitart Alt- und Totholz bewohnender Insekten ermittelt werden.

Der Biegwald – früher und heute

Der Biegwald befindet sich westlich des Stadtzentrums im Stadtteil Bockenheim an der Grenze zu Rödelheim und umfasst eine Fläche von ca. 19,4 ha. Nach Klausing (1974) wird das Gebiet dem Naturraum Untermainebene zugeordnet. Es liegt wenige Hundert Meter östlich der Nidda und ist an allen Seiten von städtisch geprägten Flächen umgeben. Hierzu zählen Kleingärten, Sportanlagen, ein Wohngebiet und eine S-Bahn-Trasse (Abb. 26).

Im Jahr 1749 bedeckte der Biegwald noch eine Fläche von ca. 79 ha, die jedoch aufgrund von Rodungen bis zum Ende des 19. Jahrhunderts auf eine Größe von 48 Morgen (entspricht ca. 12 ha) reduziert wurde (Budenz 1979). Nach neuen Aufforstungen im Norden des Gebiets und einigen kleineren Veränderungen durch weitere Rodungen und Anpflanzungen erreichte der Biegwald in den 1940er Jahren schließlich seine heutige Ausdehnung.

Aktuell dient der Biegwald hauptsächlich der Erholung und nicht der forstwirtschaftlichen Nutzung. Daher wird er von einem dicht verzweigten Wegenetz sowie einer Straße (Biegweg)

Abb. 27: Baumbestand mit alten Stiel-Eichen (*Quercus robur*) im Biegwald.

durchzogen und umfasst sowohl einen Spielplatz als auch die Außenstelle einer Kindertagesstätte. Neben den Waldflächen wurde im Rahmen der durchgeführten Arbeit auch der im Westen des Biegwalds befindliche Park untersucht, da dieser Bereich früher ebenfalls mit Wald bedeckt war und in Zukunft wieder aufgeforstet werden soll.

Aktuelle Zusammensetzung und Vegetation der Waldbereiche

Die Waldvegetation im Biegwald wurde bei der letztmals 2014 durchgeführten Biotopkartierung der Stadt Frankfurt für das gesamte Gebiet als Sternmieren-Eichen-Hainbuchenwald (Stellario-Carpinetum) ausgewiesen (Biotopkartierung der Stadt Frankfurt am Main 2014). Um diese Einstufung zu aktualisieren und gegebenenfalls Unterschiede zwischen verschiedenen Waldbereichen zu erkennen, fanden im Jahr 2019 auf insgesamt 17 Probeflächen, über die gesamte Waldfläche verteilt, Vegetationsaufnahmen statt. Diese umfassten eine für Untersuchungen in Wäldern typische Größe von 10 x 10 m und wurden als repräsentative Ausschnitte der jeweils vorliegenden Vegetation gewählt.

Die pflanzensoziologische Auswertung der Aufnahmen und eine Erfassung des Artinventars in verschiedenen Waldbereichen (anhand von Bewertungsbögen der Hessischen Lebensraum- und Biotop-Kartierung, HLBK) konnten die Einstufung als Sternmieren-Eichen-Hainbuchenwald (Stellario-Carpinetum) für große Teile des Untersuchungsgebiets bestätigen. Als klassische bestandsbildende Baumarten dominierten in diesen Bereichen Stiel-Eiche (*Quercus robur*, Abb. 27) und Hainbuche (*Carpinus betulus*). Durchsetzt waren die Bestände mit Begleitbaumarten wie Berg-Ulme (*Ulmus glabra*), Flatter-Ulme (*Ulmus laevis*, Abb. 28), Gewöhnliche Esche (*Fraxinus excelsior*), Rot-Buche (*Fagus sylvatica*), Berg-Ahorn (*Acer pseudoplatanus*) und Spitz-Ahorn (*Acer platanoides*). Dies entspricht weitgehend einer standorttypischen Vegetation, da Eichen-Hainbuchenwälder in diesem Naturraum auch ursprünglich im höher liegenden Randbereich von Flussauen auftreten. Besonders hervorzuheben ist das Vorkommen von bis zu 200 Jahre alten Stiel-Eichen (Gruber 2020), die in diesem Alter nur noch sehr selten im Stadtgebiet anzutreffen sind. Darüber hinaus zeichnen sich die Waldbereiche

Abb. 28: Flatter-Ulme (*Ulmus laevis*) mit beginnender Ausbildung von Brettwurzeln.

durch einen hohen und strukturreichen Totholz-Anteil aus. Die Habitatausstattung ist somit für einen städtischen Wald gut ausgeprägt.

Im Nordosten des Biegwalds wurden dagegen weniger typische Artenzusammensetzungen festgestellt, die sich als basale Querco-Fagetea-Gesellschaften charakterisieren ließen. Dies entspricht Laubwald ohne eine charakteristische Artenkombination eines bestimmten Verbands oder einer spezifischen Assoziation. So dominierten im Osten des Biegwalds direkt nördlich des Biegwegs Rot-Buchen und Stiel-Eichen, während im gesamten Nordosten Stiel-Eichen und Spitz-Ahorn bestandsbildend waren, die zudem alle eine ähnliche Höhe und Altersstruktur aufweisen. Dies lässt auf einen stärkeren forstlichen Einfluss in diesen Bereichen schließen.

Frühblüher als weiteres charakteristisches Element

Ein besonders farbenprächtiges Blütenmeer lässt sich im Biegwald bereits im März und April beobachten. Es handelt sich dabei um große Bestände von Frühjahrsgeophyten, die teppichartig weite Bereiche des Waldbodens bedecken (Abb. 29). Diese Arten haben als besondere Überlebensstrategie Zwiebeln, Knollen oder Rhizome entwickelt, in denen sie über Winter Nährstoffe speichern, die es ihnen ermöglichen, bereits im zeitigen Frühjahr Blätter und Blüten auszubilden. Zu dieser Zeit existiert noch kein geschlossenes Blätterdach, sodass sie an Standorten, die im Sommer zu schattig wären, trotzdem ein ausreichendes Lichtangebot

Abb. 29: Frühjahrsaspekt im Biegwald mit Hohlem Lerchensporn (*Corydalis cava*) und Scharbockskraut (*Ficaria verna*).

Abb. 30: Buschwindröschen (*Anemone nemorosa*) sind Teil des Frühjahrsaspekts im Biegwald.

könnte also auch in diesen Teilen ein weitgehend standorttypischer Eichen-Hainbuchenwald wiederhergestellt werden.

Der Biegwald im Wandel – Veränderungen der Flora durch neu einwandernde Arten

Abseits der Vegetationsaufnahmen auf ausgewählten Probeflächen wurde während der gesamten Vegetationsperiode 2019 auch eine vollständige Artenliste der Gefäßpflanzen für das Gesamtgebiet erstellt. Diese umfasste schließlich 259 Pflanzenarten, was auf einer Fläche von weniger als 0,1 % des Stadtgebiets rund 18 % der aktuell in Frankfurt vorkommenden Pflanzenarten entspricht (Bönsel et al. 2019). Hierbei ist zu beachten, dass

vorfinden. Im Biegwald sind gleich mehrere für Eichen-Hainbuchenwälder typische Arten weit verbreitet, die somit als Indikatoren für einen naturnahen Zustand der Waldflächen, also den Erhalt „alter Wildnis", zu bewerten sind. Hierzu zählen der Hohle Lerchensporn (*Corydalis cava*), das Buschwindröschen (*Anemone nemorosa*, Abb. 30), der Bär-Lauch (*Allium ursinum*), das Scharbockskraut (*Ficaria verna*) und der Gewöhnliche Aronstab (*Arum maculatum*). Im Bereich des Parks wurde zudem ein Bestand des Wald-Goldsterns (*Gagea lutea*, Abb. 31) dokumentiert, der in Frankfurt nur selten anzutreffen ist. Bemerkenswert ist, dass es auch im Nordosten des Gebiets keine Unterschiede in der Ausprägung des Geophytenreichtums im Vergleich zu den restlichen Waldflächen gab. Obwohl hier in der Baum- und Strauchschicht keine typische Artenzusammensetzung eines Eichen-Hainbuchenwalds vorlag, entsprechen somit die Bodeneigenschaften offenbar den bevorzugten Wuchsbedingungen von Eichen-Hainbuchenwäldern. Durch eine Anpassung der Baumartenzusammensetzung

Abb. 31: Wald-Gelbstern (*Gagea lutea*) am Fuß der großen Eichen im parkartigen Bereich des Biegwalds.

in den Waldbereichen selbst 145 Arten vorkamen und alle weiteren Arten auf die restlichen Strukturen im Gebiet – den Park, die Spielplätze, die Straßen- und Wegränder – zurückzuführen sind. Da hier oft ganz andere Lebensbedingungen vorherrschen, waren dementsprechend abweichende Artenspektren anzutreffen.

Anhand der Zusammensetzung der Flora zeigt sich, dass der Biegwald nicht mehr uneingeschränkt der Kategorie „alte Wildnis" zuzuordnen ist. Einige Veränderungen im Artenspektrum lassen sich auch mit der städtischen Lage erklären. So setzte sich die Flora im Gesamtgebiet aus 68 % einheimischen Arten und Archäophyten sowie 31 % nicht einheimischen Arten (Neophyten und Kulturpflanzen) zusammen. Bei 1 % der Arten war der Status unklar. In den verschiedenen Waldbereichen lag der Anteil von Neophyten und Kulturpflanzen stets bei mindestens 30 %, im Eichen-Hainbuchenwald war er mit 38 % am höchsten. Dieses Ergebnis ist durchaus überraschend, da Waldbereiche in der Regel vergleichsweise geringe Neophytenanteile aufweisen (Zerbe 2007). Es belegt den deutlichen menschlichen Einfluss auf die Waldbereiche des Biegwalds.

Um dies näher zu analysieren, wurde eine genaue Kartierung aller Neophyten und Kulturpflanzen im Gebiet durchgeführt. Hierbei zeigte sich, dass deren Verbreitungsschwerpunkte vor allem in gestörten Bereichen entlang von Wegen, an den Waldrändern sowie an Lücken im Baumbestand lagen (Abb. 32). Eine klare Bindung an solche Standorte konnte vor allem bei den krautigen Neophyten festgestellt werden, welche die störungsärmeren, zentralen Waldbereiche kaum besiedelten. Eine Ausnahme stellte das Kleinblütige Springkraut (*Impatiens parviflora*) dar, das im Unterwuchs großflächig vertreten war. Diese Art ist deutschlandweit der einzige weit verbreitete Neophyt, der in der Krautschicht von Wäldern wächst (Starfinger &

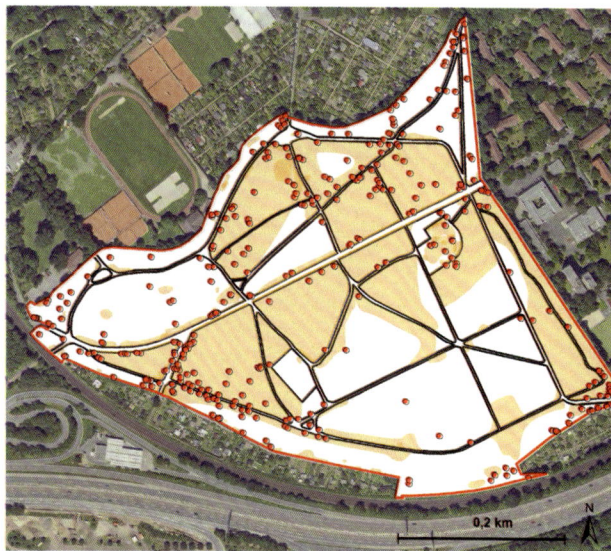

Abb. 32: Verbreitung aller Neophyten und Kulturpflanzen im Biegwald. Fundpunkte von Einzelpflanzen oder lokal begrenzten Gruppen sind als rote Kreise eingezeichnet, flächige Bestände sind orange dargestellt.

Kowarik 2003). Andere Arten kommen dagegen in der Regel mit den lichtarmen Bedingungen im Unterwuchs weniger gut zurecht, weshalb ihr Vorkommen meist auf gestörte Standorte begrenzt ist (Zerbe & Wiegleb 2009, Müller-Motzfeld 2004, Ewald 2009).

Die verholzten Neophyten und Kulturpflanzen wiesen dagegen ein anderes Verbreitungsmuster auf. Sie waren in den Waldbereichen nördlich des Biegwegs und im Südwesten in höherer Dichte vertreten als im Zentrum und im Südosten des Gebiets. Unter den verholzten Neophyten befanden sich ebenfalls einige Arten wie Götterbaum (*Ailanthus altissima*) und Robinie (*Robinia pseudoacacia*), die bevorzugt an gestörten Standorten wachsen. Bei der beobachteten Verteilung spielen Anpflanzungen und daraus hervorgehende Verjüngung, z. B. von Rot-Eiche (*Quercus rubra*) und Rot-Esche (*Fraxinus pennsylvanica*, Abb. 33), jedoch oft eine wichtigere Rolle. Somit bilden die verholzten Arten auch Bereiche mit stärkerem forstlichem Einfluss ab.

Eine Untersuchung der Einwanderungswege nicht einheimischer Arten in den Biegwald zeigte, dass ganz unterschiedliche Ursachen und Ausbreitungsmuster vorliegen können. So ist bei krautigen Neophyten, die auf gestörten Standorten wachsen, oft von spontanen Vorkommen auszugehen, da diese Arten im Umfeld des Biegwalds wachsen und somit ihre Samen durch natürliche Verbreitung ins Gebiet gelangen können. Wenn sich entlang von Wegen oder durch Lücken im Baumbestand geeignete Bedingungen bieten, kann es entsprechend zur Keimung der Samen kommen.

Abb. 33: Jungwuchs der Rot-Esche (*Fraxinus pennsylvanica*) im Biegwald. Diese Art verwildert bislang in Frankfurt nur selten.

Im Gegensatz hierzu wurden einige Arten auch ganz gezielt angepflanzt oder im Gebiet durch direkten menschlichen Einfluss ausgebracht. Dies spielt vor allem bei den Kulturpflanzen eine entscheidende Rolle, die ohne menschliches Handeln nicht in der Lage wären, das Gebiet zu besiedeln (Schroeder 1969). Absichtliche Anpflanzungen betreffen im Biegwald vor allem die Bestände einiger Baumarten wie Rot-Eiche, Rot-Esche und verschiedene Koniferen. Einen erheblichen Faktor stellt aber auch die illegale Entsorgung von Gartenabfällen dar; bei etwa einem Drittel aller im Untersuchungsgebiet nachgewiesenen nicht einheimischen Arten vor Ort konnte ein solcher Zusammenhang festgestellt werden. Ein indirekter Einfluss der umliegenden Kleingärten oder der Straßenrand-Bepflanzung kann zudem bei beerentragenden Arten bestehen, die von Vögeln verbreitet werden und so in die Waldbereiche gelangen (Zerbe 2007). Dies betrifft beispielsweise die Pontische Lorbeerkirsche (*Prunus laurocerasus*) und die Gewöhnliche Schneebeere (*Symphoricarpos albus*), die als Ziergehölze in den umliegenden Gartenanlagen beliebt sind.

Trotz des vergleichsweise hohen Anteils an Neophyten und Kulturpflanzen im Gebiet ist zu beachten, dass nicht von allen Arten eine Gefährdung für einheimische Pflanzen und den Erhalt des Gebietscharakters ausgeht. Besondere Aufmerksamkeit sollte man dagegen den insgesamt 15 Arten schenken, die in Hessen als invasiv eingestuft werden (Starke-Ottich et al. 2019). Zu ihnen gehören beispielsweise die Pontische Lorbeerkirsche, die Silberblättrige Taubnessel (*Galeobdolon argentatum*), die Armenische Brombeere (*Rubus armeniacus*), der Japanische Staudenknöterich (*Fallopia japonica*) und die Rot-Eiche. Sie alle besitzen das Potenzial, sich im Gebiet weiter auszubreiten, und können dabei möglicherweise einheimische Arten verdrängen. Eine zügige Entfernung dieser Arten aus dem Gebiet wäre daher sinnvoll.

Wandel der Flora durch Veränderungen im Wasserhaushalt

Neben der Einwanderung neuer Arten aufgrund verschiedener menschlicher Einflüsse stellt der veränderte Wasserhaushalt einen weiteren wichtigen Aspekt für den Wandel der Flora im Gebiet dar. Der Biegwald ist ein Relikt ausgedehnter Auenwälder, die sich ursprünglich entlang von Nidda und Main erstreckten (Gruber 2020). Er liegt im ehemaligen Auenbereich der Nidda und wurde bis Anfang des 20. Jahrhunderts regelmäßig bei größeren Hochwasserereignissen überschwemmt. Wenn der Fluss über die Ufer trat, wurde ein Seitenarm geflutet, der zwischen Praunheim und Ginnheim abzweigte, östlich von Hausen verlief und sich unterhalb des Biegwalds wieder mit dem Hauptstrom vereinigte (Kossler et al. 1991). Durch die schrittweise Regulierung der Nidda bis zum Ende des Ersten Weltkriegs wurde das Gebiet allerdings von der natürlichen Hochwasserdynamik abgeschnitten (Budenz 1979).

Es ist davon auszugehen, dass sich diese Veränderungen im Wasserhaushalt seit Beginn des letzten Jahrhunderts auf die Zusammensetzung der Flora auswirkten und möglicherweise auch in Zukunft auswirken werden. Ein Gutachten, das die Vegetationstypen im Frankfurter Stadtgebiet in den 1950er Jahren charakterisierte, beschreibt die im Biegwald dominierende Pflanzengesellschaft als „Hainbuchen-Eichen-Ulmen-Mischwald, welcher ohne menschliche Einflüsse in den Auen der Flüsse und Bäche eine dominierende Rolle spielen würde" (Knapp 1951). Ein kleiner Bereich im Südwesten des Biegwalds wurde dort außerdem als „Weiden-Erlen-Ulmen-Mischwald" charakterisiert. Diese Klassifizierungen lassen darauf schließen, dass die Pflanzengesellschaften des Biegwalds im betreffenden Zeitraum noch deutlich stärker von Feuchtezeigern geprägt waren und auch Elemente der Hartholzauen (Alno-Ulmion) enthielten. Der Übergang zwischen Eichen-Hainbuchenwäldern und den ähnlich zusammengesetzten Hartholzauen verläuft oft fließend und bei gestörter Überflutungsdynamik können sich Eichen-Hainbuchenwälder auch aus Hartholzauen entwickeln (BMU/BfN 2021, von Drachenfels 2016). Daher ist davon auszugehen, dass vor der Regulierung der Nidda noch einige auentypische Pflanzenarten (Erlen, Weiden, Birken) in der Waldvegetation vorhanden waren, die heute fehlen.

Fehlende Verjüngung der Stiel-Eiche – eine Herausforderung für die Zukunft

Eine mögliche Veränderung der Pflanzengesellschaften und des Gebietscharakters könnte zukünftig durch ein schrittweises Verschwinden der bestandsbildenden Stiel-Eiche ausgelöst werden. So wurde im gesamten Gebiet keine erfolgreiche Naturverjüngung der Art festgestellt. Dieses Phänomen wurde auch in anderen von Stiel-Eichen dominierten Lebensraumtypen beobachtet (Meyer et al. 2016). Gründe für die ausbleibende Verjüngung der Art sind beispielsweise mangelnde Lichtverfügbarkeit und Konkurrenz durch die Krautschicht (Reif & Gärtner 2007). Angesichts des Vorkommens von Berg- und Spitz-Ahorn, die keine typischen Elemente von Eichen-Hainbuchenwäldern darstellen, aber in der Jugendphase sehr wuchsstark sind, erscheint dies als plausible Ursache. Eine Förderung der Naturverjüngung der Stiel-Eiche durch Pflegemaßnahmen wie das Entfernen der konkurrierenden Kraut- und Strauchschicht (vor allem Aufwuchs von Berg- und Spitz-Ahorn) könnte zu einer Verbesserung der Situation führen; eine weitere Option wären Nachpflanzungen, die aber ebenfalls entsprechend gepflegt werden müssten, um ein Überwachsen zu verhindern.

Der Biegwald als wichtiger Lebensraum für Vögel

Um herauszufinden, wie die im Biegwald vorgefundenen Habitatstrukturen von Tieren genutzt werden und ob sie trotz der scheinbar isolierten, städtischen Lage auch einen Lebensraum für seltene oder gefährdete Arten darstellen können, wurde auch die Fauna näher untersucht. Die Ergebnisse zu den Fledermäusen sind in dem Kapitel „Heimliche Nachbarn – Fledermäuse in Frankfurt" dargestellt. Eine repräsentative Artengruppe, die sich aufgrund ihrer Empfindlichkeit gegenüber der Struktur ihres Lebensraums und einer recht präzisen Erfassbarkeit gut als Indikator eignet, sind Vögel. Die Zusammensetzung ihrer Lebensgemeinschaften und Entwicklungen von Populationen lassen Rückschlüsse auf den Zustand und Veränderungen in ganzen Ökosystemen zu.

Im Biegwald wurden zwischen März und Juli 2019 alle Brutvogelarten gemäß der für Deutschland entwickelten Standardmethode von Südbeck

Abb. 35: Der Star (*Sturnus vulgaris*) gehört zu den häufigsten Brutvögeln im Biegwald.

et al. (2005) reviergenau erfasst. Dabei wurden 26 Arten (Tab. A4) mit insgesamt 240 Revieren festgestellt, was einer hohen Siedlungsdichte entspricht. In den Waldbereichen lag die dokumentierte Artenzahl leicht unter dem, was für Eichen-Hainbuchenwälder ähnlicher Größe durchschnittlich zu erwarten wäre (Flade 1994). Die häufigste Art war die Kohlmeise (*Parus major*) mit 27 Revieren (Abb. 34), gefolgt von Star (*Sturnus vulgaris*, Abb. 35) und Rotkehlchen (*Erithacus rubecula*) mit jeweils 26 Revieren. Mit dem Kleiber (*Sitta europaea*, Abb. 36), dem Gartenbaumläufer (*Certhia brachydactyla*) und dem Mittelspecht (*Dendrocoptes medius*, Abb. 37) wurden drei Leitarten für Eichen-Hainbuchenwälder dokumentiert, die jeweils in hohen Revierdichten im Gebiet siedelten. Zudem waren zwölf stete Begleitarten von Eichen-Hainbuchenwäldern anzutreffen. Somit kann man von einer leicht unterdurchschnittlichen Artenzahl, aber einer lebensraumtypischen Ausprägung der Vogelgemeinschaft ausgehen. Trotzdem wurden auch mehrere Arten der Roten Liste nachgewiesen. So brütete der Gartenrotschwanz, der in Hessen als stark gefährdet gilt, mit zwei Revieren im Gebiet.

Abb. 34: Übersichtskarte mit den Revierzentren der Kohlmeise im Biegwald.

Abb. 36: Der Kleiber (*Sitta europaea*) siedelte in hoher Dichte im Biegwald.

Abb. 37: Der Mittelspecht (*Dendrocoptes medius*) gehört zu den Leitarten des Eichen-Hainbuchenwaldes.

Daneben traten Kleinspecht (*Dryobates minor*) und Grauschnäpper (*Muscicapa striata*) auf, die in Hessen auf der Vorwarnliste stehen (Werner et al. 2014a). Der Star, der in Deutschland als gefährdet eingestuft wird (Grüneberg et al. 2015), war sogar eine der häufigsten Brutvogelarten. Zusätzlich zu den 26 Brutvogelarten wurden 14 weitere Arten als Nahrungsgäste oder Durchzügler dokumentiert. Die ökologische Bedeutung des Biegwalds geht somit deutlich über seine Rolle als Brutgebiet hinaus.

Die Bedeutung von Alt- und Totholz für die Vogelgemeinschaft

Eine Auswertung der Brutvögel im Biegwald nach Neststandorten zeigte, dass es sich bei der Hälfte aller Arten um Höhlen- oder Nischenbrüter handelte. Jeweils sechs Arten favorisieren Baumkronen oder Gebüsche als Neststandort, während nur eine Art dokumentiert wurde, die am Boden oder in direkter Bodennähe brütet. Der hohe Anteil an Höhlen- und Nischenbrütern ist typisch für Eichen-Hainbuchenwälder (Flade 1994) und weist auf ein gutes Angebot an Altholz und stehendem Totholz hin, das von diesen Arten als Nistmöglichkeit genutzt wird (Bauer et al. 2012). Eine wichtige ökologische Bedeutung kommt insbesondere den Spechten zu, welche in hoher Dichte im Untersuchungsgebiet vertreten sind, da sie für zahlreiche weitere Arten Nistmöglichkeiten schaffen (Wink et al. 2005, Dietz et al. 2013b). So wurden im Biegwald auch mehrere sekundäre Höhlennutzer wie Hohltaube (*Columba oenas*, Abb. 38), Blaumeise (*Cyanistes caeruleus*), Kohlmeise und Kleiber festgestellt, die neben Naturhöhlen auch auf alte Spechthöhlen als Nistplatz zurückgreifen.

Um den Zusammenhang zwischen dem Vorkommen von Höhlen- und Nischenbrütern und den entsprechenden Habitatbedingungen zu untersuchen, wurden die Waldflächen des Biegwalds in neun Bereiche unterteilt und darin jeweils die Dichte von Habitatbäumen (Altholz, Höhlenbäume und stehendes Totholz) erfasst. Hierbei zeigte sich ein positiver linearer Zusammenhang zwischen der Nachweisdichte von Höhlen- und Nischenbrütern mit der Habitatbaumdichte (Abb. 39). Daraus lässt sich ableiten, dass sich die Höhlen- und Nischenbrüter

Abb. 38: Die Hohltaube (*Columba oenas*) bewohnt ehemalige Spechthöhlen.

im Untersuchungsgebiet bevorzugt in Waldbereichen mit einem großen Angebot an Habitatbäumen aufhielten. Dies stimmt mit Erkenntnissen anderer Untersuchungen überein, die in verschiedenen Waldgesellschaften eine Beziehung zwischen Artenzahl und Siedlungsdichte der Höhlenbrüter sowie Totholzanteil und Baumalter feststellten (Scherzinger 2011).

Neben dem Nistplatzangebot stellt auch die Nahrungsverfügbarkeit zur Brutzeit einen wichtigen Einflussfaktor auf die Vogelgemeinschaft in einem Gebiet dar. Im Biegwald zählten 20 Brutvogelarten – also der mit Abstand größte Anteil – zur Gruppe der Invertebratenfresser. Das bedeutet, sie ernähren sich während der Fortpflanzungszeit überwiegend von Wirbellosen wie Insekten, Spinnen, Würmern oder Schnecken. Auch dieser Zusammenhang weist auf die ökologische Bedeutung von Alt- und Totholz hin, das für zahlreiche Käfer und weitere Wirbellose einen wichtigen Lebensraum darstellt (Jedicke 2006, Kopelke & Dorow 2008).

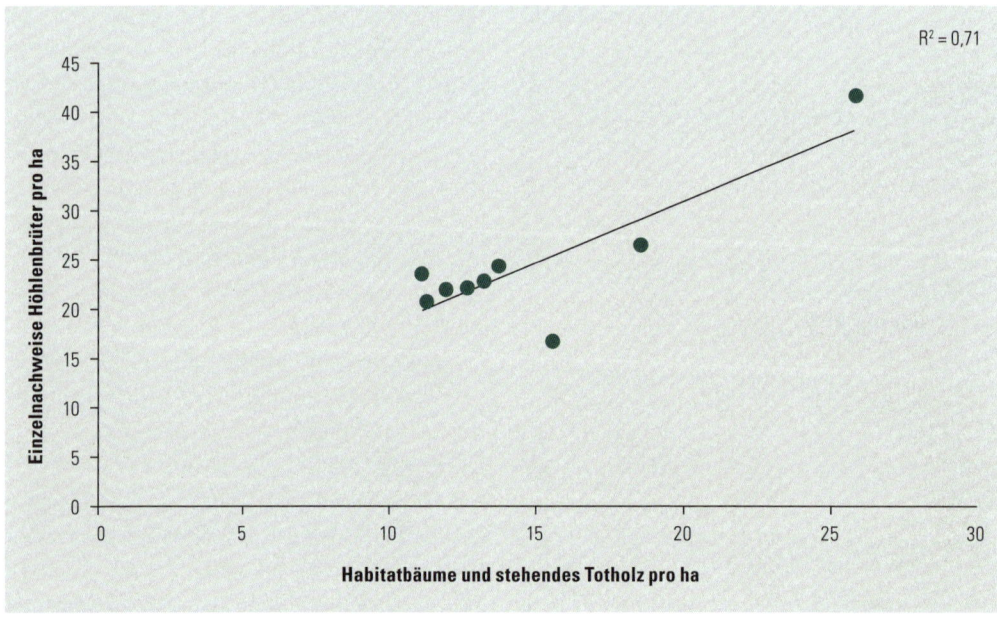

Abb. 39: Zwischen der Dichte von Habitatbäumen und der Nachweisdichte von Höhlen- und Nischenbrütern in den Waldbereichen des Untersuchungsgebiets gibt es einen linearen Zusammenhang.

Somit ist ein Großteil der im Gebiet brütenden Vogelarten entweder aufgrund des bevorzugten Nistplatzes und/oder der bevorzugten Nahrung von Alt- und Totholzvorkommen abhängig. Sie alle profitieren daher vom Erhalt dieser Strukturen, die charakteristische Elemente der „alten Wildnis" sind.

Der Heldbock – eine deutschlandweite Rarität

Eine weitere Tierart, die sich auf Alt- und Totholz spezialisiert hat, ist der Heldbock (*Cerambyx cerdo*). Mit einer Körperlänge von bis zu 5,5 cm handelt es sich um eine der größten Käferarten Mitteleuropas (Abb. 40). Nennenswerte Vorkommen existieren bundesweit nur noch im klimatisch begünstigten Oberrheingraben (Schaffrath 2005) und in Ostdeutschland. Die Art ist vom Aussterben bedroht

Abb. 41: Ausbohrloch eines Heldbocks.

Abb. 40: Schwierig zu finden: ein adulter Heldbock (*Cerambyx cerdo*).

(Geiser 1998) und daher europaweit gesetzlich geschützt. Als Bewohner alter, kränkelnder Eichen mit hohem Stammdurchmesser und sonnenexponierter Lage findet der Heldbock in Wirtschaftswäldern kaum noch geeignete Bäume vor, in denen er sich vermehren kann. In den Brutbäumen arbeiten sich die Larven unterhalb der Rinde in Fraßgängen bis ins Kernholz vor, um sich nach einer Zeitspanne von bis zu vier Jahren schließlich zu verpuppen. Die fertig entwickelten Käfer fressen sich schließlich durch die Rinde nach außen.

Der Heldbock wird als Leitart für den Artenreichtum holzbewohnender Käfer angesehen (Scheffler 2016), welche aufgrund ähnlicher Lebensraumansprüche oft ebenfalls in ihren Beständen gefährdet sind. Erst vor wenigen Jahren wurde eine Population des Heldbocks im Biegwald entdeckt, die nach aktuellem Kenntnisstand eines der nördlichsten Vorkommen in Hessen darstellt (Hill et al. 2018). Um die Verbreitung dieser Art im Gebiet genauer zu

Abb. 42: Brutbäume des Heldbocks (*Cerambyx cerdo*) im Biegwald. Kreis: lebender Brutbaum, Quadrat: abgestorbener Brutbaum, Bohrlöcher pro Stamm: gelb: ≤ 10, orange: 11–50, rot: > 50.

erfassen, wurden gezielt alle alten Stiel-Eichen, die bevorzugten Brutbäume des Heldbocks, auf eine Besiedlung kontrolliert. Hinweise auf die Anwesenheit des Käfers sind die typisch geformten, daumendicken Ausbohrlöcher (Abb. 41) sowie grobes Bohrmehl am Stammfuß und Stellen mit abgelöster Rinde, an denen man Fraßgänge erkennt. Diese Methode ermöglicht zwar keine exakte Erfassung der Populationsgröße, eignet sich aber deutlich besser als eine Suche nach adulten Käfern, da diese nachtaktiv sind und nur eine kurze Lebensdauer besitzen (Schaffrath 2005).

Im Untersuchungsgebiet wurden 52 Brutbäume des Heldbocks gefunden. Darunter befanden sich 35 bereits abgestorbene Bäume, die angesichts des oft langsamen Absterbeprozesses von Eichen eine bereits Jahrzehnte lange Besiedlung vermuten lassen. Dies könnte darauf zurückzuführen sein, dass der Biegwald als Relikt eines alten Eichen-Hainbuchenwalds schon seit Jahrzehnten gute Lebensbedingungen für diese Art bietet. Abgestorbene Bäume stellen jedoch in Zukunft keine geeigneten Fortpflanzungsstätten mehr dar, weil sie für neue Eiablagen nicht mehr genutzt werden. Die 17 lebenden Stiel-Eichen mit Bohrlöchern sind dagegen derzeit wahrscheinlich von Heldböcken bewohnt, da unter ihnen häufig frisches Bohrmehl lag und bei geeigneten Brutbäumen oft eine langjährige Besiedlung auftritt (PGNU 2018).

Die Brutbäume befinden sich vor allem im Osten, im Südosten und im Zentrum des Gebiets (Abb. 42). Diese Waldbereiche weisen neben einer guten Sonnenexposition auch eine lichtere Waldstruktur auf, was den Lebensraumansprüchen der Art am besten entspricht. Dafür, dass die nördlichen und die westlichen Gebietsteile nicht besiedelt sind, gibt es zwei mögliche Erklärungen: Die dortigen Eichenbestände sind nicht alt genug, und die vorhandenen Stiel-Eichen sind zu vital.

Angesichts der deutschlandweiten Gefährdungssituation kommt der Population im Biegwald eine hohe Bedeutung für den Erhalt der Art zu. Da die Käfer nur eine geringe Mobilität aufweisen und der Biegwald aufgrund seiner städtischen Lage von anderen potenziell geeigneten Lebensräumen weitgehend isoliert ist, ist eine Förderung des lokalen Vorkommens von Stiel-Eichen in verschiedenen Altersklassen wichtig (LfU 2014). Dies ist entscheidend, um eine langfristige Überlebensperspektive für den Heldbock im Gebiet zu schaffen.

FAZIT

Anhand der durchgeführten Untersuchungen im Biegwald lässt sich insgesamt ein hoher ökologischer Wert des Gebiets mit einer teils bedeutsamen Rolle für den Erhalt einzelner stark bedrohter Tierarten ableiten. Das Gebiet zeigt, dass auch im urbanen Umfeld Lebensräume mit ursprünglichem Wildnischarakter existieren und dabei naturschutzfachlich relevant sein können. Gleichzeitig sind zahlreiche menschliche Einflüsse nachweisbar, die teilweise Beeinträchtigungen darstellen und Maßnahmen zur Wiederherstellung eines naturnäheren Zustands und zur Optimierung der Lebensbedingungen einiger geschützter und gefährdeter Arten notwendig machen. Sowohl die ökologische Bedeutung als auch der Wert des Biegwalds als Naherholungsgebiet rechtfertigen jedoch alle zukünftigen Anstrengungen zur Pflege und zum Erhalt dieses Gebiets.

In den letzten Jahren, auch nach Abschluss der hier dargestellten Untersuchungen, wurden immer wieder umfangreiche Verkehrssicherungsmaßnahmen im Biegwald durchgeführt, bei denen teilweise ältere und ökologisch wertvolle Bäume entnommen wurden, sodass größere Lücken im Kronendach entstanden (Abb. 43). Darunter befanden sich auch Bäume, die vom Heldbock besiedelt waren. Für den Erhalt dieser typischen Elemente der „alten Wildnis" und die Wahrung des Gebietscharakters wird es in Zukunft eine Herausforderung sein, eine geeignete Balance zwischen Erholungsnutzung und wirksamen Naturschutzmaßnahmen zu finden. Dafür ist eine enge Abstimmung der zuständigen Ämter untereinander und mit dem Ortsbeirat notwendig. Auch auf die ausbleibende Verjüngung von Stiel-Eichen und das Auftreten invasiver Pflanzenarten muss mit passenden Maßnahmen reagiert werden. Nur auf diesem Weg kann der Biegwald auch in Zukunft als das erhalten bleiben, was er ist – ein kleines Stück Wildnis mitten in der Stadt.

Abb. 43: Die Verkehrssicherungsmaßnahmen haben gravierende Spuren im Biegwald hinterlassen.

NICHT WILD, ABER TROTZDEM WERTVOLL? DIE ALTE KULTURLANDSCHAFT SOSSENHEIMER UNTERFELD

Jonas Sommer, Indra Starke-Ottich, Dirk Bönsel, Fabian Schrauth, Georg Zizka

Abb. 44: Das Sossenheimer Unterfeld ist eine strukturreiche Kulturlandschaft mit kleinräumigem Nutzungswechsel.

Das Sossenheimer Unterfeld ist eine struktur-, lebensraum- und artenreiche Landschaft (Abb. 44) im Westen Frankfurts. Ihre Entwicklung in den letzten Jahrzehnten illustriert, dass Nutzungsaufgabe und Zulassen natürlicher Entwicklung zum Verlust von Artenvielfalt führen kann. Für das Fortbestehen von Lebensräumen mit hoher Biodiversität wie z. B. Streuobst- und Feuchtwiesen sind dort Unterschutzstellung und die Beibehaltung traditioneller extensiver Nutzungsformen notwendig.

Lage und Habitate

Eingerahmt von der Nidda im Süden, der Bundesautobahn 5 im Osten, dem Stadtteil Sossenheim im Norden und dem Sulzbach im Westen liegt das Sossenheimer Unterfeld. Es wird von der Bundesautobahn 648 in einen kleineren, 54 ha großen östlichen und einen größeren, 213 ha umfassenden westlichen Teil zerschnitten. Seit 1991 gehört das Areal zum Landschaftsschutzgebiet „GrünGürtel und Grünzüge in Frankfurt am Main" und ist damit vor Bebauung geschützt. Außerdem sind dort alle Eingriffe verboten, die zu einer Veränderung des Charakters dieser Landschaft führen würden. Der größte Teil der Fläche gehört zur strengeren Schutzzone II, der nördliche, an Sossenheim angrenzende Teil zur Schutzzone I.

Prägend für das Gebiet ist bzw. war ein ausgedehntes Grabensystem (Abb. 45) sowie das ehemals großflächige Vorkommen von Feuchtwiesen. Außerdem handelt es sich bis heute um eine besonders kleinteilig strukturierte Landschaft, also ein Mosaik verschiedener Lebensräume auf vergleichsweise kleinem Raum. Im Gegensatz zu den

Abb. 46: Die verbliebenen Ackerflächen im Sossenheimer Unterfeld sind meist sehr klein und wechseln sich mit anderen Biotopen der Kulturlandschaft ab.

ausgedehnten Ackerflächen, die man z. B. im Norden Frankfurts finden kann, wechseln sich hier sehr kleine Äcker (Abb. 46) und Ackerbrachen mit Streuobstwiesen, Grünland und verschiedenen Gehölzen ab. Dazu kommen Altarme der Nidda, Feldwege und Raine, Gärten sowie in jüngerer Zeit Aufforstungsflächen.

Das Sossenheimer Unterfeld erfüllt mehrere wichtige Funktionen für die Stadt Frankfurt. Heute werden der Beitrag zur Luftreinhaltung und zum Stadtklima sowie die Naherholung meist besonders hervorgehoben. Das Gebiet ist Teil einer Kaltluftschneise, die sich nördlich von Sossenheim über Äcker bis in den Taunus fortsetzt und auf der anderen Seite über den Niedwald und den Rebstockpark in Richtung Innenstadt führt. Darüber hinaus trägt das Gebiet aber auch zum Erhalt von regionaltypischen Kulturpflanzen bei, finden sich hier doch noch typische Baumarten und -sorten des Streuobstes wie der Speierling (*Sorbus domestica*). Untersuchungen zu besonders artenreichen Gebieten im Stadtgebiet Frankfurt weisen das Sossenheimer Unterfeld als „Hotspot" der Biodiversität aus (Pichler 2016, Pichler et al. 2019).

Abb. 45: Dieser mit Schilf (*Phragmites australis*) bewachsene Graben ist Teil eines ausgedehnten Grabensystems im Sossenheimer Unterfeld.

Abb. 47: Die begradigte Nidda bei Sossenheim.

Leider hat sich bereits an verschiedenen Stellen im Stadtgebiet gezeigt, dass die Ausweisung als Landschaftsschutzgebiet nicht ausreicht, um den ökologischen Wert und die Naturnähe von Gebieten langfristig zu erhalten. Insbesondere Streuobstwiesen unterliegen seit Jahren einem negativen Trend, obwohl dieser Lebensraum in Hessen gesetzlich geschützt ist. Auch der für das Sossenheimer Unterfeld ehemals prägende Lebensraum Feuchtwiesen geht in besorgniserregender Weise zurück. Aus diesem Grund wurde die Entwicklung des Areals im Rahmen einer Bachelorarbeit an der Goethe-Universität Frankfurt in Kooperation mit dem Senckenberg Forschungsinstitut Frankfurt näher untersucht (Sommer 2017).

Geschichte

Das Sossenheimer Unterfeld bestand ehemals hauptsächlich aus Feuchtwiesen, die zum Überflutungsgebiet der Nidda gehörten. Bereits im 19. Jahrhundert begann hier jedoch die Begradigung der Nidda (Abb. 47) zusammen mit einer Trockenlegung der sumpfigen Wiesen. Überreste des alten Niddaverlaufs im Untersuchungsgebiet sind die Altarme (Abb. 48) „Holler" und „Kollmann-Weiher". Der sogenannte Laufgraben, ein künstliches Grabensystem, zeugt von der Entwässerung der Felder. Seit den Entwässerungsmaßnahmen und einer Flurbereinigung im Jahr 1881 besteht das Sossenheimer Unterfeld als Kulturlandschaft etwa in der heutigen Form (Vollert 1980). Danach wurden noch Heckenreihen, Ödstellen und Sandgruben bereinigt, um die Flächen für die maschinelle Bodenbearbeitung zu optimieren (Vollert 1980). Die einzige im Untersuchungsgebiet gelegene Siedlung „Im mittleren Sand" entstand 1935, danach wurden noch einige einzelne Gebäude illegal errichtet. Das Sossenheimer Unterfeld wurde schon 1972 als Landschaftsschutzgebiet ausgewiesen (Scholz 1992).

Im Zuge der Ausweisung des Grüngürtels im Jahr 1991 entstanden Landschaftspläne für wichtige Gebiete, die jeweils den aktuellen Zustand des Areals erfassten und eine Entwicklung für die nächsten Jahrzehnte empfahlen. Auch für das Sossenheimer Unterfeld wurde 1992 ein Landschaftsplan veröffentlicht (Scholz 1992). Neben dem Untersuchungsgebiet dieser Arbeit umfasst er noch den Niedwald und die Nieder Niddaaue südlich der Nidda sowie den Höchster Stadtpark und

Abb. 48: Die Altarme im Sossenheimer Unterfeld sind Überreste des ehemaligen Verlaufs der Nidda.

die Kleingartenanlagen westlich des Sulzbaches bis zur Bahnstrecke Höchst.

Der Landschaftsplan von 1992 teilt das Sossenheimer Unterfeld in verschiedene Bereiche auf:
- Siedlungsränder: Erholungslandschaft mit Parkanlagen und Gärten
- Oberwiese: südlich des Ortskerns von Sossenheim, beherrscht von Streuobstbeständen, westlich davon vor allem von Ackerland
- Autobahndreieck: von Feuchtbiotopen dominierte Naturlandschaft
- Niddaufer: Flusslandschaft mit Altarmen

In diesen Bereichen befanden sich verschiedene wertvolle Biotope, z. B. extensive und feuchte Mähwiesen, Röhrichte, Ruderalflächen oder Feld- und Auengehölze. Der Rest des Sossenheimer Unterfelds war von Äckern dominiert. Nur in den Randgebieten entstanden Grünland, Feuchtbiotope, Feldgehölze und Gärten, da dort keine Landwirtschaft betrieben wurde. Die Nidda und der Sulzbach (Abb. 49) waren zu dieser Zeit bereits komplett begradigt und die Uferbereiche aller Gewässer aus ökologischer Sicht unzureichend, weil schmal und intensiv genutzt. Als Ziel künftiger Entwicklungen wurde in diesem Landschaftsplan die Erhaltung der Landschaftsstruktur benannt. Dabei sollten Feuchtflächen und Streuobstbestände gesichert, intensive Nutzung reduziert und gleichzeitig der Erholungsaspekt des Gebietes betont werden.

Direkt angrenzende Siedlungen, Autobahnen, standortfremde Nutzung, starke Versiegelung, erholungssuchende Besucher und Anlieger sowie Verkehr innerhalb des Areals – kurz, die allgegenwärtigen Probleme einer dicht besiedelten Großstadt wie Frankfurt – führen zu hohem Nutzungsdruck und verschiedenen Beeinträchtigungen des Gebietes. Der Wasserabfluss von den Autobahnen, der Regenüberlauf aus der Sossenheimer Kanalisation sowie der Stickstoff- und Pestizideintrag aus der Landwirtschaft belasten das Grundwasser und die Oberflächengewässer. Zusätzlich wurden der Grundwasserspiegel zur Trockenlegung der Äcker deutlich abgesenkt und die Fließgewässer kanalisiert, was die ökologische Vielfalt des Gebietes weiter reduzierte. Das Sossenheimer Unterfeld ist nicht nur durch die A5, Sossenheim, Höchst und die Nidda von anderen naturnäheren Bereichen isoliert, es wird überdies von einem engen Wegenetz durchzogen, das – allerdings in geringem Umfang – von motorisiertem Verkehr genutzt wird. Es besteht also auch im Sossenheimer Unterfeld ein permanenter Konflikt zwischen Erholungsfunktion, Landwirtschaft und Naturschutz (Scholz 1992).

Seit einigen Jahren wächst auf städtischer Seite das Interesse, im Rahmen von Ausgleichsmaßnahmen zwischen den Autobahnen Aufforstungsflächen anzulegen. Eingriffe, die zur Rodung von Waldbeständen führen, müssen gemäß gesetzlicher Vorgabe an anderer Stelle flächenmäßig ausgeglichen werden. Der Frankfurter Stadtwald war und ist in den letzten Jahren wiederholt durch

Abb. 49: Auch der Sulzbach fließt in einem begradigten Bett.

Baumaßnahmen von Rodungen betroffen, und im Frankfurter Stadtgebiet mit seinem starken Nutzungsdruck ist es sehr schwer, Flächen für Waldneuanlagen zu finden. Daher wurden im südöstlichen Teil des Untersuchungsgebietes bereits Aufforstungsflächen angelegt (Ottich & Bönsel 2009, Abb. 50), weitere sind in Planung (Starke-Ottich 2018). Die Flächen sind zwar bislang nur kleinräumig, führen jedoch zu einer deutlichen Veränderung des Gebietscharakters, denn das Sossenheimer Unterfeld ist bereits seit mehreren Jahrhunderten eine offene Landschaft gewesen. Daher stehen diese Aufforstungen in einem gewissen Widerspruch zur GrünGürtel-Satzung, die eine Veränderung des Charakters des geschützten Gebietes verbietet.

Biotopkartierung

Die Biotopkartierung bietet eine geeignete Datengrundlage, um im Sossenheimer Unterfeld Veränderungen zu erkennen, zu analysieren und Konzepte für die Zukunft zu entwickeln. In die hier dargestellte Untersuchung flossen der von 1985 bis 1990 durchgeführte erste Durchgang sowie der dritte (1998 bis 2004) und der vierte Durchgang (2005 bis

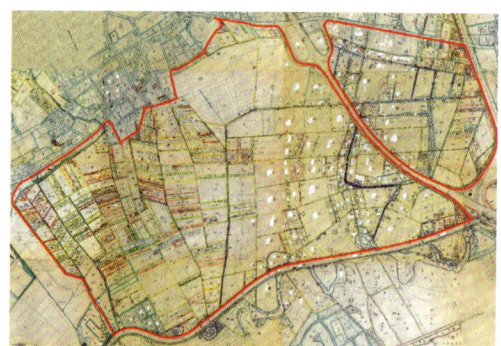

Abb. 51: Untersuchungsgebiet Sossenheimer Unterfeld. Digitalisierte und zusammengesetzte Karte des ersten Durchgangs der Biotopkartierung (1985–1990).

2012) ein. Während die Kartierungen des dritten und vierten Durchgangs bereits in digitalisierter Form zur Verfügung standen, musste die erste Kartierung zunächst aus den Papierkarten digitalisiert werden (Abb. 51).

Eine weitere Hürde für vergleichende Untersuchungen stellt die Verwendung unterschiedlicher Biotoptypenschlüssel dar. Die Ersterhebung erfolgte nach dem Biotoptypenschlüssel von Kramer et al. (1991). In diesem Schlüssel wurden 60 Biotope unterschieden, die mit Zusatzcodes weiter spezifiziert werden konnten. Bereits damals versuchte man, den besonderen Einfluss des Menschen in der Stadtnatur zu berücksichtigen. Während naturgeprägte Landschaften nach vegetationskundlichen Maßstäben eingeteilt wurden, fand in stark anthropogen geprägten Bereichen die Nutzung der Flächen mehr Beachtung bei der Einteilung der Biotoptypen (Conert 1990).

Ab dem dritten Kartierungsdurchgang wurde ein grundsätzlich überarbeiteter Biotoptypenschlüssel verwendet (Bönsel et al. 2007), der den aktuellen rechtlichen Vorgaben und dem fortgeschrittenen Kenntnisstand Rechnung trug. Der neue, bis heute verwendete Schlüssel unterscheidet 470 statt wie

Abb. 50: Aufforstungsfläche im Sossenheimer Unterfeld.

zuvor 60 Biotoptypen. Die Möglichkeit, Zusatzcodes einzusetzen, besteht weiterhin. Zudem wurde die Präzision der Kartierung erhöht: Seither muss jedes Biotop ab 25 m² (statt zuvor ab 100 m²) erfasst werden. Laut Hessischem Ausführungsgesetz zum Bundesnaturschutzgesetz (HAGBNatSchG, Hessischer Landtag 2010) sind geschützte Biotope immer zu erfassen, unabhängig von der Größe (Bönsel et al. 2007). Die Änderungen berücksichtigen zudem das erneuerte Bundesnaturschutzgesetz (BNatSchG) und andere Richtlinien zum Naturschutz wie die Flora-Fauna-Habitat-Richtlinie der EU (FFH-Richtlinie 1992).

Für Vergleiche zwischen der Ersterfassung der Biotope und den späteren Kartierungsdurchgängen bedeutet dies jedoch, dass eine Übertragung der Biotoptypen vom einen in den anderen Schlüssel nötig ist. Aufgrund der unterschiedlichen Ansätze der beiden verwendeten Schlüssel ist eine automatische Überführung der Daten nicht vollständig möglich. Ein Teil der Biotoptypen aus dem älteren Schlüssel kann zweifelsfrei Biotoptypen des neueren Schlüssels zugeordnet werden. Aufgrund der insgesamt deutlich größeren Zahl von Biotoptypen im neuen Schlüssel ist aber oft eine detaillierte Überprüfung nötig, um eine Zuordnung vorzunehmen. In einem Teil der Fälle kann die Zuordnung nur auf einer übergeordneten Ebene erfolgen.

Insgesamt kommen in allen drei Kartierungsdurchgängen 138 verschiedene Biotoptypen vor. Im ersten Durchgang (1985–1990) kommen 56 Typen vor, im dritten 107 (1998–2004) und im vierten 102 (2005–2012). Diese verteilen sich im ersten Durchgang auf 1084 einzelne Flächen, im dritten auf 987 und im vierten auf 978. Dieser Rückgang der Zahl der unterscheidbaren Einzelflächen (bei gleichzeitig leichtem Rückgang der Zahl der Biotoptypen seit 2004) bedeutet, dass die Kleinteiligkeit und damit Strukturvielfalt, für die das Gebiet bekannt ist, abnimmt.

Wandel und angebliche Wertsteigerung

Die Auswertung zeigt, dass landwirtschaftliche Nutzflächen – dazu gehören sowohl die Streuobstwiesen als auch Grünland und Äcker – den größten Teil des Untersuchungsgebietes ausmachen. Der Vergleich zwischen den drei Kartierungsdurchgängen belegt aber, dass diese Flächen deutlich zurückgehen. Während landwirtschaftliche Nutzflächen bei der Ersterhebung noch 64,5 % der Fläche einnahmen, ist ihr Anteil bis 2012 auf 47,5 % gesunken. Dafür haben beispielsweise Gehölze und Wälder in ihrer Ausdehnung zugenommen (Abb. 52). Dies bedeutet eine deutliche Veränderung des Untersuchungsgebietes und seines Charakters.

Die Zunahme von Gehölzen hat verschiedene Ursachen. Ein wichtiger Grund ist die Nutzungsaufgabe von Streuobstwiesen. Wenn diese über einen längeren Zeitraum nicht gepflegt werden, verbuschen die Flächen so stark, dass sie ihren Streuobstcharakter verlieren und als „Gehölz mit hohem Anteil an Obstbäumen" (Biotoptyp 855) erfasst werden müssen. Auf solchen Flächen wachsen häufig die Pfropfunterlagen der Obstgehölze durch und bilden dichte Gebüsche, z. B. die Kirschpflaume

Abb. 52: Landwirtschaftliche Nutzflächen sind im Gebiet in den letzten Jahrzehnten zurückgegangen, Gehölze haben zugenommen.

Abb. 53: Kirschpflaumen (*Prunus cerasifera*) dienen eigentlich als Pfropfunterlage von Obstgehölzen. In aufgegebenen Streuobstwiesen sind sie zahlreich zu finden.

(*Prunus cerasifera*, Abb. 53); dazu gesellen sich andere Gehölze, wie Blutroter Hartriegel (*Cornus sanguinea*), verschiedene Wildrosen (*Rosa* spp.) und Feld-Ahorn (*Acer campestre*). Ein weiterer Grund für die Zunahme der Gehölzfläche sind die bereits erwähnten Aufforstungen und nicht zuletzt die fortschreitende Ausbreitung der Armenischen Brombeere (*Rubus armeniacus*, Abb. 54). Entscheidend ist jedoch, dass der Artenreichtum infolge dieser Entwicklung zurückgeht. Das Sossenheimer Unterfeld zeigt beispielhaft, dass sich eine Artenschutz- und Diversitätsproblematik ergeben kann, wenn man traditionelle Nutzungsformen aufgibt und natürliche Entwicklungen (z. B. Verbuschung) zulässt.

Eine Möglichkeit zur Bewertung des Biotopbestands eines Gebiets nach naturschutzfachlichen Gesichtspunkten bietet seit über 15 Jahren die „Verordnung über die Durchführung von Kompensationsmaßnahmen, Ökokonten, deren Handelbarkeit und die Festsetzung von Ausgleichsabgaben (Kompensationsverordnung)" (HMULV 2005). Diese „Kompensationsverordnung" (KV) enthält eine Liste, in der jedem Biotoptyp ein Punktwert (WP) pro m² zugeordnet wird, der Seltenheit, Biodiversität und Schutzbedürftigkeit des Biotoptyps widerspiegeln soll. Der Wert variiert zwischen 3 WP für stark versiegelte Flächen und 80 WP für höchst bedrohte und wertvolle Biotope wie Moore. Im Falle einer zu leistenden Ersatzzahlung entspricht jeder Wertpunkt einem Geldwert von 0,35 Euro. Somit bietet sich eine Möglichkeit, den naturschutzfachlichen Wert des Gebietes zu monetarisieren. Nach wiederholter Kritik an der KV kam es 2018 zu einer Neufassung, in der die Einstufung einiger Lebensräume verändert und der Geldwert eines Wertpunktes auf 0,40 Euro angehoben wurde. Um zu überprüfen, wie sich der naturschutzfachliche Wert des knapp 2,7 km² großen Gebietes im Laufe der Zeit verändert hat, wurden beide Versionen der Kompensationsverordnung auf die drei Durchgänge der Biotopkartierung und für die ermittelten Lebensräume und ihre Ausdehnung angewendet (Tab. 1).

Eine Bewertung des Sossenheimer Unterfeldes nach diesem Prinzip zeigt eine Zunahme des Wertes vom ersten bis zum vierten Kartierdurchgang. Die Tendenz unterscheidet sich dabei zwischen der KV von 2005 und der Version von 2018 nicht.

Kartierungsdurchgang	Theoretische Höhe der Ersatzzahlung gemäß KV (2005)	Theoretische Höhe der Ersatzzahlung gemäß KV (2018)
1. Kartierung (1985–1990):	24,4 Mio. €	28,8 Mio. €
3. Kartierung (1998–2004):	25,5 Mio. €	30,4 Mio. €
4. Kartierung (2005–2012):	27,3 Mio. €	32,2 Mio. €

Tab. 1: Entwicklung des naturschutzfachlichen Wertes des Sossenheimer Unterfelds auf Basis der Hessischen Kompensationsverordnung (KV).

Dieses Ergebnis überrascht und zeigt die Grenzen von generalisierten Verfahren auf. So wird Extensivierung grundsätzlich positiv bewertet. Diese Einschätzung ist aber im Einzelfall durchaus fragwürdig. Gemäß der neueren Fassung werden Streuobstwiesen mit mehrschüriger Nutzung des Unterwuchses und jährlichem Baumschnitt nur mit 38 WP bewertet, brachliegende Bestände erhalten jedoch 44 WP (Abb. 55) und verbuschte Streuobstwiesen 41 WP. Wenn nach einigen Jahren der Streuobstcharakter gänzlich verloren gegangen und aus der Streuobstwiese ein Feldgehölz geworden ist, wie dies in Frankfurt vielfach geschieht, erhält dieses 50 WP, in der KV von 2005 waren es sogar 56 WP. Somit trägt die Aufgabe der Pflege von Streuobstwiesen zur Wertsteigerung des Gebietes bei, obwohl dadurch wertvolle Lebensräume wegfallen. Neben der Extensivierung werden Gehölze grundsätzlich eher positiv eingestuft. Standortfremde Gebüsche, zu denen die Bestände der invasiven Armenischen Brombeere (*Rubus armeniacus*) gehören, werden immer noch mit 20 WP bewertet, 2005 waren es sogar 23 WP, Äcker erhalten dagegen in beiden Versionen nur 16 WP.

Abb. 54: Die Ausbreitung der Armenischen Brombeere (*Rubus armeniacus*) ist mitverantwortlich für die Zunahme von Gehölzen im Gebiet.

Abb. 55: Brachliegende Streuobstwiesen werden gemäß Kompensationsverordnung besser bewertet als solche mit regelmäßiger Pflege.

Im Hinblick auf die Aspekte Kaltluftentstehung, CO_2-Fixierung und Luftfilterfunktion der Pflanzen mag die stark positive Bewertung der Gehölze gerechtfertigt erscheinen. Doch angesichts der Veränderungen der traditionellen Kulturlandschaft und dem aktuell deutschlandweit dokumentierten Schwund von Pflanzen- und Tierarten, die an diese Landschaften angepasst sind, ist eine solche Bewertung irreführend. Im Folgenden werden daher die Entwicklung der Nutzung von Äckern und Streuobstwiesen sowie das Schicksal der Feuchtbiotope näher betrachtet.

Äcker

In der ersten Kartierung des Sossenheimer Unterfelds wurde nicht zwischen extensiver und intensiver Ackernutzung unterschieden, sodass dies erst ab dem dritten Kartierdurchgang ausgewertet werden kann. Auffällig ist jedoch, dass die Fläche der Ackerbrachen im untersuchten Zeitraum von ca. 2.000 m² auf über 450.000 m² zunahm, also eine großräumige Nutzungsaufgabe der Äcker zu verzeichnen ist. Während bei der ersten Kartierung nur 0,2 % aller Ackerflächen brachlagen, waren es bei

Abb. 56: Bei den noch vorhandenen Äckern nimmt der Anteil mit extensiver Bewirtschaftung ab.

der vierten Kartierung 60 %; gleichzeitig schrumpfte die Fläche der Äcker in Nutzung auf weniger als ein Drittel. Besonders nachteilig für die Biodiversität ist, dass sich von der dritten zur vierten Kartierung auch der Anteil der artenreicheren extensiv genutzten Äcker verringerte (Abb. 56).

Die Aufgabe der Ackernutzung in direkter Nähe der Nidda und der Feuchtbiotope war eine Forderung des Landschaftsplanes (Scholz 1992), um diese Bereiche vor unerwünschten Einträgen aus der Landwirtschaft zu schützen. Die Nutzungsaufgabe geht aber deutlich über diese Forderungen hinaus.

Seit Jahren wird ein kontinuierlicher Rückgang der Vogelbestände in der Agrarlandschaft verzeichnet. Zwar können eingestreute Ackerbrachen als wertvolle Rückzugsorte für verschiedene Tiere der Feldflur dienen, allerdings kann mit dem aktuellen Trend der großräumigen und langfristigen Nutzungsaufgabe immer weniger zum Erhalt von Arten der Agrarlandschaft beigetragen werden. Zur Förderung der Artenvielfalt wären dringend Maßnahmen nötig, die im Sossenheimer Unterfeld wieder eine extensive Ackerbewirtschaftung auf größerer Fläche etablieren, denn damit ließe sich am meisten gegen den Artenschwund in der Kulturlandschaft tun.

Noch sind geeignete Flächen vorhanden, die ohne großen Aufwand wieder in die Nutzung genommen werden könnten.

Streuobst

Die Bedeutung der Streuobstbestände im Sossenheimer Unterfeld (Abb. 57) für die Frankfurter Stadtnatur ist seit Langem bekannt. Daher wurden von der Stadt Frankfurt bereits verschiedene Aktionen durchgeführt, um den Fortbestand dieses Lebensraums zu sichern, z. B. die Einrichtung des „Sossenheimer Obstpfades" 1995. Sowohl BUND als auch NABU betreuen einzelne Streuobstwiesen im Gebiet und fördern unter anderem den in Streuobstwiesen lebenden Steinkauz (*Athene noctua*) durch das Anbringen von Niströhren. Dennoch ist die Entwicklung der Sossenheimer Streuobstwiesen insgesamt leider negativ. In allen drei Kartierungen befand sich jeweils mehr als die Hälfte der Streuobstbestände in einem schlechten Pflegezustand. Der Anteil der verbuschten Bestände nahm von 6 % auf 19 % zu. Hinzu kommen noch die Bestände, die aufgrund fortgeschrittener Verbuschung inzwischen

Abb. 57: Streuobstbestände sind ein wichtiger Lebensraum im Sossenheimer Unterfeld.

nicht mehr als Streuobst, sondern als Gehölz anzusprechen sind.

Bei der ersten Kartierung wurden noch 168 Streuobstwiesen-Flächen erfasst, auf 20 weiteren Flächen war zudem Streuobst in Gärten oder auf anderen Nutzungstypen vorhanden. Diese wurden bei den vergleichenden Auswertungen nicht berücksichtigt, da keine eindeutige Zuordnung in eine der Kategorien des neuen Biotoptypenschlüssels möglich war. Im Vergleich zur ersten Kartierung konnten im dritten Durchgang nur noch 129 und im vierten 114 Flächen festgestellt werden. Dies entspricht einem Rückgang um ca. 32 %. Die Abnahme schlägt sich auch in der Fläche dieses Biotoptyps nieder, die im selben Zeitraum sogar um etwa 39 % zurückging. Das bedeutet, dass zwischen Ende der 1980er Jahre und dem Jahr 2012 ein erheblicher Teil der Streuobstwiesen verloren gegangen ist und von den verbliebenen jede fünfte Fläche verbuscht ist. Für ein gesetzlich geschütztes Biotop ein unhaltbarer Zustand, der dringenden Handlungsbedarf aufzeigt! Die Ergebnisse aus dem Untersuchungsgebiet sind dabei noch schlechter ausgefallen, als die bereits besorgniserregende hessenweite Stichprobe des BUND (Gärtner 2009) und eine stadtweite Auswertung (Ottich et al. 2009).

Feuchtbiotope

Die Feuchtbiotope in Frankfurt sind seit Mitte des 20. Jahrhunderts besonders stark zurückgegangen und bedürfen besonderen Schutzes. Im Sossenheimer Unterfeld dominierten Feuchtbiotope ursprünglich auf einem großen Teil der Fläche (Abb. 58). Hohe Artenvielfalt und das Vorkommen von selten gewordenen Arten machen diese Lebensräume naturschutzfachlich besonders wertvoll. Das drückt sich auch in Wertpunkten der Kompensationsverordnung aus, die verschiedene Feuchtbiotope mit mehr als 50 WP einstuft.

Die Fläche der Feuchtbiotope hat jedoch deutlich abgenommen, wovon vor allem das Feuchtgrünland betroffen ist, dessen Flächen sich seit dem 1. Durchgang der Biotopkartierung von rund 90.000 m² auf etwa 45.000 m² halbiert haben. Obwohl diese Lebensräume schon seit den 1960er Jahren ständig kleiner geworden sind, existierte noch in den 1980er Jahren im nordöstlichen Teil des Untersuchungsgebietes eine große, zusammenhängende Fläche mit Feuchtbiotopen. Im Laufe der letzten Jahrzehnte wurden diese Flächen aber von allen Seiten „angeknabbert". Gehölzinseln machen sich breit und dringen in die Feuchtbiotope vor, was zu einer zunehmenden Fragmentierung führt. Der naturschutzfachliche Wert gemäß KV nahm stark ab: Während die Feuchtbiotope bei der ersten Kartierung noch 14 % des gesamten Werts der Fläche ausmachten, waren es bei der vierten Kartierung nur noch 8 % (gemäß der Einstufung von 2005).

Feuchtbiotope sind im gesamten Frankfurter Stadtgebiet bedroht. Das Feuchtgrünland ist am stärksten betroffen, weil es ohne sachgemäße

Abb. 58: Feuchtbiotope waren einst charakteristisch für das Sossenheimer Unterfeld.

Pflege verbracht und sich zu artenärmeren Röhrichten entwickelt. Dies droht besonders den Flächen im Autobahndreieck und kleineren Randflächen, da diese schwer erreichbar sind (Werner 2016). Trotz ihres deutlichen Rückgangs machen die Flächen im Sossenheimer Unterfeld einen großen Teil der verbliebenen Frankfurter Bestände aus. Die zum Zeitpunkt der vierten Kartierung vorhandenen 4,5 ha Feuchtgrünland im Untersuchungsgebiet entsprechen circa 20 % der im Stadtgebiet von Frankfurt noch vorhandenen Flächen. Der Anteil der Feuchtbrachen, Hochstauden und Großseggenriede am stadtweiten Bestand beträgt 24 %. In anderen Teilen des Stadtgebietes sind die Verluste dieser Lebensräume noch höher als im Untersuchungsgebiet (Werner 2016).

Für die Feuchtbiotope im Sossenheimer Unterfeld wurde bereits vor längerer Zeit die Ausweisung als Naturschutzgebiet vorgeschlagen (Scholz 1992), jedoch bisher nicht umgesetzt. Diese Maßnahme wäre nach wie vor sinnvoll. So könnte eines der größten und naturschutzfachlich wertvollsten Feuchtgebiete in Frankfurt dauerhaft erhalten werden. Mit der Ausweisung als Naturschutzgebiet wäre auch die Erstellung eines Managementplanes zu verbinden, mit dessen Hilfe einige Biotope im Gebiet wieder deutlich aufgewertet werden könnten. Das Autobahndreieck eignet sich besonders für ein solches Naturschutzgebiet, da es dank der Abschirmung durch die Autobahnen schwer erreichbar ist und ein geringer Nutzungsdruck herrscht, der sonst z. B. mit Entwässerungsmaßnahmen einhergehen könnte. Die Unterschutzstellung von Feuchtbiotopen in Form von Naturschutzgebieten hat sich in anderen Teilen der Stadt bereits bewährt, z. B. im Harheimer Ried.

Exemplarisch zeigen die Beispiele von Streuobstwiesen und Feuchtbiotopen – die ja unter gesetzlichem Schutz stehen –, dass dieser Schutz einen

Abb. 59: Im Sossenheimer Unterfeld wurde ein neuer Retentionsraum geschaffen, der bei Hochwasser der Nidda überflutet werden kann, bei durchschnittlichem Wasserstand jedoch trocken liegt.

Rückgang und eine qualitative Verschlechterung im Stadtgebiet Frankfurt in den letzten Jahrzehnten nicht verhindert hat. Es bedarf zusätzlicher, gezielter Anstrengungen, um diese besonders wertvollen Teile der Stadtnatur zu erhalten und aufzuwerten.

Umsetzungen des Landschaftsplanes

Zuletzt soll noch die Frage geklärt werden, inwieweit die Vorschläge und Vorgaben des Landschaftsplans von 1992 in der Zwischenzeit umgesetzt wurden und wie sie sich auf das Gebiet ausgewirkt haben. Die wichtigsten dort vorgeschlagenen Maßnahmen zum Schutz des Sossenheimer Unterfelds sind (Scholz 1992):

1 NUTZUNGSEXTENSIVIERUNG:
- Aufgabe der Nutzung von zweitrangigen landwirtschaftlichen Flächen, Extensivierung der Nutzung aller Flächen in der Nähe von Gewässern
- Reduzierung der Gartenfläche bei Bestandssicherung aller vorhandenen Gärten
- Erhaltung von Grünland und Gehölzen

Die Nutzungsaufgabe von landwirtschaftlichen Flächen wurde in großem Umfang realisiert, insbesondere im Osten des Untersuchungsgebiets. Die Gartenfläche hat sich jedoch nicht verringert. Das Grünland konnte nicht erhalten werden, dafür hat sich die Fläche der Gehölze mehr als vervierfacht.

2 RENATURIERUNG:
- Anlage von Waldflächen an den Autobahnen und Gewässern sowie im Süden des Autobahndreiecks
- Rückbau der zum Großteil asphaltierten Wege, sodass nur noch Wege zu Bebauungen asphaltiert sind und alle ungenutzten Wege komplett abgebaut werden

Im Süden des Autobahndreiecks ist eine Ausdehnung von Waldflächen zu erkennen. Ein flächendeckender Gehölzstreifen ist jedoch weder an Verkehrswegen noch Gewässern vorhanden, selbst wenn einzelne Waldneuanlagen vorgenommen wurden (Ottich & Bönsel 2009). Generell erstaunt diese Forderung des Landschaftsplans für die Entwicklung des Gebietes. Grundsätzlich sind Waldbereiche an den Autobahnen natürlich als Pufferzonen (Lärm, Luftqualität) gut geeignet. Entlang der Gewässer ergeben sie als Auwaldbereiche jedoch nur bei gleichzeitiger Renaturierung der Uferbereiche Sinn. Die Nidda fließt in diesem Abschnitt jedoch weiterhin überwiegend im eingetieften Regelprofil. Die Ergebnisse zeigen außerdem, dass die Verkehrsflächen insgesamt zugenommen haben.

Abb. 60: Nutzungsextensivierung von Wiesen kann unter Umständen zu einer verstärkten Ausbreitung des giftigen Jakobs-Kreuzkrauts (Senecio jacobaea) führen. Heu von einer solchen Wiese kann nicht mehr an Tiere verfüttert werden.

3 GEWÄSSERSCHUTZ:
- Renaturierung des Verlaufs des Sulzbachs
- Verbot von Ackerbau im Bereich der Feuchtbiotope und in einem 30 m breiten Streifen entlang der Nidda
- Schutz der Feuchtbiotope im Nordosten des Sossenheimer Unterfelds und entlang der Gräben

Eine umfassende Renaturierung hat nur an der Mündung des Sulzbachs stattgefunden sowie in einem Bereich, der sich außerhalb des Untersuchungsgebietes befindet. Daneben wurden allerdings noch die Mündung des Laufgrabens renaturiert und ein Retentionsraum für die Nidda geschaffen (Abb. 59). Die Feuchtbiotope konnten nicht in vollem Umfang geschützt werden und haben an Wert und Fläche verloren. Zum Zeitpunkt der vierten Kartierung gab es tatsächlich nur noch zwei Ackerflächen im Feuchtgebiet im Vergleich zu über 20 während der ersten Kartierung. Zudem wurden sämtliche Ackerflächen aufgegeben, die direkt an den Uferstreifen der Nidda grenzten.

4 STREUOBST:
- Neuanlage von Streuobstwiesen
- nicht gedüngte Wiesen und Gärten als Unternutzung

Streuobstneuanlagen wurden durchgeführt, allerdings ist der Unterwuchs der Streuobstwiesen zu einem großen Teil brachliegend oder verbuscht und Streuobstwiesen mit nicht gedüngten Wiesen als Unternutzung gehen zurück.

Insgesamt fällt die Bilanz sehr durchwachsen aus. Die Nutzungsextensivierung wurde großflächig erreicht (Abb. 60). Aus heutiger Sicht ist das Ziel sogar übererfüllt, da durch die großflächige Nutzungsaufgabe der Charakter des Gebietes verlorenzugehen droht und bestimmte Biotope an Wert verlieren. Dagegen ist es nicht gelungen, die besonders wertvollen Lebensräume zu schützen. Insbesondere Streuobstwiesen und Feuchtbiotope haben sich in besorgniserregender Weise entwickelt und stehen kurz vor dem Verschwinden, ebenso das Grünland.

Während die landwirtschaftliche Nutzung stark zurückgegangen ist, konnten andere Nutzungen nicht in gewünschter Weise reduziert werden, etwa der Anteil an Privatgärten. Nidda und Sulzbach bieten weiterhin viel Potenzial für Renaturierungsmaßnahmen, die bisher nur zum Teil umgesetzt wurden. Vor allem der Rückbau der asphaltierten Wege (Abb. 61) könnte und sollte in den nächsten Jahren umgesetzt werden.

Abb. 61: Weiterhin bestehen zahlreiche asphaltierte Wege im Sossenheimer Unterfeld. Im Vordergrund Schlanke Karde (*Dipsacus strigosus*).

FAZIT

Das Sossenheimer Unterfeld gehört bis heute zu den schönsten Landschaften (Abb. 62) in Frankfurt und es hat noch immer viel zu bieten. Die Entwicklung der letzten Jahrzehnte gibt jedoch Anlass zur Sorge. Überall in Frankfurt – und darüber hinaus – verschwinden Feuchtbiotope, artenreiches Grünland, extensiv bewirtschaftete Äcker und gut gepflegte Streuobstwiesen. Weder die gesetzliche Unterschutzstellung bestimmter Biotoptypen noch die Ausweisung als Landschaftsschutzgebiet ändern daran etwas, wenn dieser Schutz nicht mit konkreten Pflegeplänen und Maßnahmen unterfüttert wird. Noch bietet das Sossenheimer Unterfeld das Potenzial, ein Stück traditionelle Kulturlandschaft in Frankfurt zu bewahren und damit einen wichtigen Beitrag zum Erhalt der Arten- und Lebensraumvielfalt zu leisten. Eine Aktualisierung des Landschaftsplans und eine Ausweisung des östlichen Teils als Naturschutzgebiet, inklusive präzisem Managementplan, sind die nächsten, die wichtigsten Schritte. Wie in allen Bereichen, in denen es um den Erhalt der Stadtnatur geht, ist die Mitwirkung der Bürgerschaft unverzichtbar, sei es bei der aktiven Pflege der Streuobstwiesen oder ganz allgemein beim verantwortungsvollen Umgang mit den naturnahen Flächen.

Abb. 62: Das Sossenheimer Unterfeld stellt trotz der bestehenden Probleme noch immer eine der schönsten Landschaften Frankfurts dar.

Das Frankfurter Kreuz und der Frankfurter Hauptfriedhof – zwei Gebiete, die unterschiedlicher nicht sein könnten: Das eine ist der größte nationale Verkehrsknotenpunkt in der Peripherie, geprägt vom Lärm und den Abgasen von täglich rund 350.000 Autos, das andere ist ein autofreier Ort der Ruhe und der Erinnerung mit großer kultureller und religiöser Bedeutung im Stadtzentrum. Beide verbindet die Tatsache, dass es sich um große, unversiegelte Freiflächen handelt (im Falle des Frankfurter Kreuzes betrifft dies natürlich nur die rund 31 ha zwischen den Fahrbahnen), die eine eingeschränkte Nutzung erfahren, wodurch – zumindest auf Teilen der Fläche und für gewisse Zeit – eine ungestörte natürliche Entwicklung möglich ist.

Die Grünflächen des Frankfurter Kreuzes sind praktisch menschenleer. Da das Aufkommen größerer Gehölze aus Sicherheitsgründen unterbunden wird, können artenreiche Offenland-Lebensräume entstehen. Der rund 70 ha große Hauptfriedhof ist bereits jetzt ein „Biodiversitäts-Hotspot" im Stadtgebiet. Extensiv gepflegte Bereiche erlauben auch hier eine natürliche Entwicklung; das in der Stadt ungewöhnliche Fehlen von Hunden wirkt sich positiv auf die Tierwelt aus. Neben der Artenvielfalt hat der Hauptfriedhof weitere bedeutende Ökosystemleistungen für Stadtklima, Luft und Erholung im dicht bebauten Bereich zu bieten.

Die Flächen am Frankfurter Kreuz können – solange es ein bedeutender Verkehrsknotenpunkt bleibt – keiner anderen Nutzung zugeführt werden. Eine Entwicklung der Wiesen und Magerrasen dort ist möglich und sinnvoll. Für den Hauptfriedhof zeichnen sich aufgrund gesellschaftlicher Veränderungen (und damit auch der Begräbniskultur) eine in Zukunft extensivere Nutzung der Flächen ab. Dies bietet die Möglichkeit, Naturnähe und Artenvielfalt weiter zu erhöhen und damit die Bedeutung dieser unverzichtbaren Grünfläche im Häusermeer weiter zu steigern.

ZWISCHEN

Abb. 63: Der Hauptfriedhof ist sowohl von kultureller als auch von ökologischer Bedeutung für Frankfurt.

RUHE UND LÄRM

WILDES LEBEN AM FRANKFURTER HAUPTFRIEDHOF

Janina Püschel, Indra Starke-Ottich, Georg Zizka

Abb. 64: Der Hauptfriedhof ist eine bedeutende Grünfläche im Stadtgebiet.

Der Frankfurter Hauptfriedhof ist der älteste und größte Friedhof Frankfurts. Wie eine grüne Oase liegt er im Nordosten der dicht bebauten Stadt zwischen Eckenheim und Bornheim (Abb. 64). Das etwa 70 ha große Gelände ist von einer hohen Steinmauer umgeben, wodurch ein großer Teil des alltäglichen Stadt- und vor allem des Verkehrslärms der um ihn herum verlaufenden Straßen gedämpft wird. Wer sich hierher begibt, findet sich in einer Landschaft wieder, in welcher die Balance zwischen gepflegter Parklandschaft und selbstbestimmter Natur perfektioniert wurde. 5.000 Bäume, 43 Gewanne, 7.000 Gräber und das 60 km lange Wegenetz bilden ein struktur- und kontrastreiches Labyrinth, in welchem sich immergrüne Hecken und ordentliche Grabbepflanzungen mit blütenreichen Wildsträuchern und bunten Krautsäumen abwechseln. Abseits der Hauptwege des unübersichtlichen Wegenetzes führen verborgene Pfade zu den teils vergessenen Ecken, in welchen sich mitten in Frankfurt eine einzigartige Wildnis erhalten konnte.

Die Atmosphäre wirkt friedlich und andächtig, und doch wimmelt es von Leben: Ruhe? Das ist bei den wuseligen Eichhörnchen nicht drin (Abb. 65)! Geschäftig hüpfen sie durchs Unterholz oder springen von Ast zu Ast, immer auf der Suche nach der nächsten Nuss. Wer früh aufsteht, kann auch dem einen oder anderen Fuchs über den Weg laufen oder ihn dabei erwischen, wie er mal wieder ein Grablicht stibitzt. In der einzigen Wasserfläche des Friedhofs – einem naturfernen Graben in Gewann 7 – tummeln sich Dutzende von hübschen bunten Bergmolchen und eher unscheinbaren Erdkröten. Sie konnten hier isoliert überleben, während die nähere Umgebung im Laufe der Jahrhunderte immer weiter versiegelt und bebaut wurde. Auch Fledermäuse – die „Klassiker" der Friedhöfe – leben auf Frankfurts Hauptfriedhof (vgl. Kapitel „Heimliche Nachbarn – Fledermäuse in Frankfurt"), wo sie nachts scheinbar lautlos um die alten Bäume schwirren, während im Hintergrund der Waldkauz ruft. Im zeitigen Frühjahr erwacht die Pflanzenwelt mit einem üppigen Farbenspiel aus Krokussen, Blausternen (Abb. 66), Winterlingen, Schneeglöckchen und vielen mehr. Im Laufe des Jahres kann man um die 400 wilde Pflanzenarten auf dem Gelände entdecken – das geschulte Auge findet auch die ein oder andere Orchidee. Und in den sonnigen Morgenstunden im Mai schließlich präsentieren die 40 Brutvogelarten ein phänomenales Vogelkonzert, welches man sich auf der anderen Seite der hohen Steinmauer kaum vorstellen kann.

Der Frankfurter Hauptfriedhof zählt mit seiner abwechslungsreichen Struktur definitiv zu den Biodiversitäts-Hotspots der Frankfurter Innenstadt. Die extensive Pflege und Nutzung führten im Laufe der 200-jährigen Geschichte des Geländes zu idealen Bedingungen für einige seltene Tier- und Pflanzenarten. Hinzu kommen mehrere Eigenschaften klassischer Parkfriedhöfe, durch welche Tiere und

Abb. 65: Eichhörnchen (*Sciurus vulgaris*) auf dem Hauptfriedhof.

Pflanzen hier einen einzigartigen Lebensraum vorfinden, der in der heutigen Zeit der fortschreitenden Nutzungsintensivierung sowohl innerhalb als auch außerhalb von Städten von herausragendem Wert ist.

Einzelne Aspekte der Biodiversität des Frankfurter Hauptfriedhofs und ihrer Bedeutung für die Stadtnatur wurden bereits untersucht, z. B. Flora (Fricke 1992), Frühjahrsblüher (Stich 2012) und Fledermäuse (Malten 2012). Eine umfassende Bestandserfassung gleich mehrerer Gruppen (Vögel, Fledermäuse, Flora und Biotoptypen) erfolgte schließlich 2019 im Rahmen einer Masterarbeit (Püschel 2020). Die Ergebnisse zu den Fledermäusen werden in dem Kapitel „Heimliche Nachbarn – Fledermäuse in Frankfurt" dargestellt. Die Artenvielfalt alter Friedhöfe in Deutschland und international wird zwar bereits seit einigen Jahrzehnten untersucht, doch die herausragende Rolle für das Stadtklima, die Stadtnatur und den Erhalt der Artenvielfalt wird erst in neuerer Zeit wirklich erkannt. Die Untersuchungen im Jahr 2019 hatten unter anderem das Ziel, die ökologische Bedeutung des Frankfurter Hauptfriedhofs zu untersuchen. Fest steht, dass die Bedeutung von solchen ruhigen Oasen mit der fortschreitenden Zersiedelung der

Landschaft und den damit verbundenen Störungen etwa durch Freizeitaktivitäten oder Verkehrsbelastung in Zukunft noch weiter zunehmen wird.

Der Frankfurter Hauptfriedhof – Überblick

Der 67,6 ha große Hauptfriedhof teilt sich in insgesamt acht Teile (Alter Teil und Erweiterungen) und diese wiederum in Gewanne (Abb. 67). Neben dem Alten Teil existieren sieben Erweiterungen verschiedenen Alters, die angesichts steigender Einwohnerzahlen und dadurch steigendem Bedarf an Friedhofsfläche im Laufe der letzten zwei Jahrhunderte eröffnet wurden.

Vor der Gründung des Hauptfriedhofs war der östlich des Eschenheimer Tors gelegene Peterskirchhof mit einer Gesamtfläche von 2,2 ha Frankfurts wichtigster Friedhof. Er wurde 1503 gegründet und war ausreichend, bis die Stadt Anfang des 19. Jahrhunderts über 40.000 Einwohner zählte und der alte Begräbnisplatz schlicht zu klein wurde. Nach der Eröffnung des damals als „Allgemeiner Begräbnisplatz" bezeichneten Hauptfriedhofs im Jahr 1828 fanden auf dem Peterskirchhof keine Begräbnisse mehr statt.

Der Allgemeine Begräbnisplatz wird heute als Alter Teil bezeichnet und hat eine Fläche von 6 ha. Schon bald reichte diese Fläche für die rasch wachsende Stadt nicht mehr aus, und der Friedhof wurde im 19. Jahrhundert auf 17,7 ha erweitert. Anfang des 20. Jahrhunderts hatte sich die Einwohnerzahl Frankfurts bereits verzehnfacht und war auf 400.000 angestiegen. Durch weitere Vergrößerungen kam der Friedhof bis Mitte des 20. Jahrhunderts bereits auf eine Fläche von etwa 62,9 ha. Die letzte Erweiterung fand 1980 statt, damals wurden die Gewanne L, M, und N auf einem ehemaligen Gehöft und dem umliegenden Acker angelegt.

Von der Gründung des Friedhofs bis heute hat sich das Umland Frankfurts stark verändert. Die heutige Friedhoffläche war ehemals Teil der landwirtschaftlichen genutzten Flächen, wie sie zwischen Nordend und den seinerzeit eigenständigen Gemeinden Eckenheim und Preungesheim weiträumig vorkamen. Mit der Eingemeindung dieser beiden Orte nach Frankfurt Anfang des 20. Jahrhunderts wurden auch die den Friedhof umgebenden Flächen bebaut. Heute ist, abgesehen von den beiden angrenzenden jüdischen Friedhöfen, das gesamte Gelände direkt um den Hauptfriedhof dicht bebaut.

Friedhöfe gestern und heute

Die Friedhofskultur in Deutschland, aber auch in vielen anderen Ländern, unterliegt großen gesellschaftlichen Veränderungen. Noch bis in die 1970er

Abb. 66: Im Frühling prägen Geophyten wie der Sibirische Blaustern (*Scilla siberica*) das Bild.

Abb. 67: Einteilung des Frankfurter Hauptfriedhofs in Gewanne und Friedhofsteile sowie die Position der angrenzenden jüdischen Friedhöfe.

Jahre wurde viel Wert auf die Gestaltung der Grabstätten mit individuellen Grabsteinen und eigener Bepflanzung gelegt. Die Bestattung erfolgte fast ausschließlich in Särgen und in aufwendig gestalteten Familiengrabstätten, großen Einzelgräbern oder eindrucksvollen Mausoleen. Eine normale oder gar anonyme Urnenbestattung, wie sie heute häufig ist, kam damals für viele Bürger nicht in Frage.

Während Gräber bis vor wenigen Jahrzehnten 40 bis 50 Jahre lang als letzte Ruhestätte und Ort des Gedenkens unangetastet blieben, werden sie heute meist nur für den Mindestzeitraum von 20 Jahren erworben. Der Wandel in der Friedhofskultur spiegelt die demografischen, sozialen und weltanschaulichen Veränderungen in der Gesellschaft wider. So wohnen Familienmitglieder heutzutage oftmals weit entfernt voneinander, weshalb auch Familiengrabstätten immer seltener werden. Die Unterschiede zwischen dem Alten Teil des Frankfurter Hauptfriedhofs und den neueren Friedhofserweiterungen sind deutlich zu erkennen. So finden sich in den neuen Teilen viele einheitlich gestaltete Reihen- oder Rasengräber, welche bis in die 1970er Jahre noch selten waren.

Während bis vor wenigen Jahrzehnten aufgrund des Bevölkerungswachstums in Frankfurt auch immer größere Friedhofsflächen nötig waren, ist heute ein Rückgang der benötigten Flächen erkennbar. In immer mehr Friedhofsgewannen zeigen sich Lücken zwischen den Gräbern, da diese nach Aufgabe eines Grabes nicht mehr mit neuen Wahlgräbern belegt werden. Stattdessen werden auf den Freiflächen Rasen, Beete oder extensiv gepflegte Bereiche mit Kräutern und Sträuchern angelegt. Der Frankfurter Hauptfriedhof entwickelt sich zu einer parkähnlichen Fläche mit einem für das Stadtgebiet außergewöhnlichen, alten Baumbestand, die neben der Nutzung als Begräbnisstätte heute auch als Erholungsort der Bevölkerung einen großen Wert hat. Hinzu kommen die wichtigen Ökosystemleistungen, die diese unversiegelte Fläche im Häusermeer für die Bürgerschaft erbringt. Immer mehr Bewohner Frankfurts entdecken den Hauptfriedhof als Ort der Ruhe zum Ausgleich des hektischen Großstadtalltags. Die Friedhofsverwaltung hat dieses Potenzial längst erkannt und passt die Pflege vieler Flächen an, indem weniger typische immergrüne Friedhofspflanzen und mehr Stauden mit langer Blütezeit gepflanzt oder gar ganze Blumenwiesen (Abb. 68) auf den Flächen ohne Gräber angelegt werden. So entstand nach und nach ein idealer

Lebensraum für viele Tier- und Pflanzenarten, die aus anderen Stadtteilen längst verschwunden sind. Als wilde Oase bildet dieser Ort einen starken Kontrast zu den angrenzenden, meist hektischen, lauten, versiegelten Stadtteilen. Allerdings werden bereits Stimmen laut, die solche „ungenutzten" Bereiche von der Friedhofsfläche abkoppeln und in eine profitablere Nutzungsform überführen wollen. So kommt es, dass die Bedeutung des Frankfurter Hauptfriedhofs für Natur und Klima einerseits höher ist als je zuvor und andererseits der Erhalt und die Zukunft der Fläche in ihrer jetzigen Ausdehnung so bedroht ist wie noch nie.

Vögel – von häufig bis selten

Die Brutvogelkartierung im Jahr 2019 dokumentierte das Vorkommen von 40 Brutvogelarten innerhalb des knapp 70 ha großen Geländes. Zählt man nicht brütende Vögel hinzu, die sich beispielsweise zur Nahrungssuche auf dem Friedhofsgelände aufhalten, kommt man auf etwa 70 Vogelarten, die im Laufe des Jahres auf dem Hauptfriedhof beobachtet werden können. Die geringe Störungs- und Lärmbelastung innerhalb der Friedhofsfläche spielen eine zentrale Rolle für die hohe avifaunistische Vielfalt, da viele der seltenen Arten störungsempfindlich sind und deshalb nur in wenigen urbanen Bereichen einen geeigneten Lebensraum vorfinden.

Unter den festgestellten Arten (Tab. A5) befinden sich neben vielen häufigen und störungsunempfindlichen Vögeln wie Blaumeise (*Cyanistes caeruleus*, Abb. 69) und Rotkehlchen (*Erithacus rubecula*, Abb. 70) auch einige seltene und gefährdete Arten wie Waldlaubsänger (*Phylloscopus sibilatrix*) und Mittelspecht (*Leiopicus medius*, Abb. 71). Gut

Abb. 68: Auf Teilen des Hauptfriedhofs ohne Gräber steht die ökologische Gestaltung im Vordergrund.

Abb. 69: Blaumeisen (*Cyanistes caeruleus*) sind wenig störungsempfindlich.

Abb. 70: Rotkehlchen (*Erithacus rubecula*) auf dem Hauptfriedhof.

getarnte Vogelarten wie Grauschnäpper (*Muscicapa striata*) oder Zilpzalp (*Phylloscopus collybita*) gesellen sich zu den farbenfrohen Stieglitzen (*Carduelis carduelis*, Abb. 72) oder den auffälligen Girlitzen (*Serinus serinus*). Neben der kleinsten Vogelart Europas, dem Wintergoldhähnchen (*Regulus regulus*), nutzen auch größere Vögel wie der Kolkrabe (*Corvus corax*) und sogar der scheue Habicht (*Accipiter gentilis*) den Hauptfriedhof zur Nahrungssuche beziehungsweise als Brutgebiet. Die bussardgroße Art reagiert empfindlich auf Lärm, Bewegungsunruhe und sonstige Störungen und kommt für gewöhnlich in naturnahen Wäldern vor. Der Gefährdungsgrad der heimischen Vogelarten wird europaweit mit einer Art „Ampelsystem" angegeben. Hierbei steht „Grün" für günstig, d. h. die Population in der jeweiligen Region ist nicht gefährdet, „Gelb" für ungünstig und „Rot" für schlecht. Dieser sogenannte Erhaltungszustand wird beim Habicht in Hessen mit „Gelb" angegeben. Jede Fläche, auf der der Habicht noch ein ausreichendes Brutgebiet findet, hat damit eine hohe Bedeutung für die gesamte Population. Das Gleiche gilt für vier weitere „gelbe" Vogelarten, welche auf dem Frankfurter Hauptfriedhof brüten.

Einzelne Arten mit einem schlechten, also „roten" Erhaltungszustand wurden als Durchzügler festgestellt, etwa der Gelbspötter (*Hippolais icterina*).

Die Erfassung des Brutvogelvorkommens auf dem Hauptfriedhof erfolgte mittels einer Brutvogelkartierung. Hierbei spielt der Gesang der Vögel eine entscheidende Rolle, denn ein singender Vogel

Abb. 71: Der Mittelspecht (*Dendrocoptes medius*) gehört zu den Vogelarten mit besonderen Habitatansprüchen, die auf dem Hauptfriedhof vorkommen.

Abb. 72: Die Stieglitze (*Carduelis carduelis*) tragen ein sehr auffälliges Federkleid.

deutet auf ein Brutrevier hin. Sobald sich ein Brutpaar gefunden hat, erfolgt die Abgrenzung der Reviere unter den meisten Vogelarten in erster Linie akustisch. Vereinfacht gesagt steht jeder singende Vogel für ein Revier, wodurch die Anzahl der Brutpaare auf einer Fläche ermittelt werden kann. Doch die akustische Kommunikation ist nicht nur bei der Revierabgrenzung wichtig, sondern dient mit einer Vielzahl verschiedener Lautäußerungen auch der Warnung vor Feinden, der Partnerfindung, dem Erhalt des Familienverbands, der Jagd oder schlicht der Mitteilung des aktuellen Aufenthaltsortes, beispielsweise bei der gemeinsamen Nahrungssuche.

Eine ruhige Umgebung, frei von künstlichen Lärmquellen, in der sich die Tiere untereinander akustisch verständigen können, ist deshalb für das Überleben der Vögel essenziell. Doch fast das gesamte Frankfurter Stadtgebiet ist engmaschig von Straßen durchzogen. An den Friedhof angrenzende Grünflächen unterliegen dem damit verbundenen Verkehrslärm. Besonders laute Bereiche werden von Vögeln gemieden, wobei die Empfindlichkeit gegenüber Lärm von Art zu Art schwankt. Kleinere Vögel leben in permanenter Gefahr vor Raubvögeln. So geht jedes Mal eine hörbare Panikwelle durchs Gehölz, wenn einer der kleinen Vögel einen kreisenden Sperber am Himmel ausgemacht hat. Wenn sich die Vögel nun nicht gegenseitig vor dem Feind warnen können, hat der Sperber leichtes Spiel. Dementsprechend hoch ist hier die Empfindlichkeit gegenüber Lärm. Auch Eulen, die ihre Beute größtenteils akustisch wahrnehmen, reagieren extrem empfindlich auf Umgebungslärm.

Flächen ohne Verkehrslärm existieren im Innenstadtbereich nur in wenigen größeren Grünflächen oder in abseits gelegenen Gärten. Der Frankfurter Hauptfriedhof stellt aufgrund der Flächengröße und der dadurch entstehenden Distanz zu den umgebenden Lärmquellen eine für den städtischen Raum ungewöhnlich große störungsfreie Zone dar. Der hohe Strukturreichtum mit vielen Bäumen und Sträuchern wirkt isolierend und schwächt Lärm zusätzlich ab. Im Zentrum des Friedhofs ist gar kein Verkehrslärm mehr zu hören. Doch nicht nur Verkehrslärm, auch menschliche Stimmen, Musik oder andere „alltägliche" Geräusche können Vögel stören und verdrängen. Man denke beispielsweise an Grillpartys, Festveranstaltungen, Sportgruppen oder Spielplätze, auch wenn sich einige Vogelarten

Abb. 73: Die parkartige Gestaltung des Hauptfriedhofs bietet Lebensraum für zahlreiche Pflanzenarten.

inzwischen weitgehend mit dieser Art Stadtleben arrangiert haben. All diese potenziellen Beeinträchtigungen existieren auf dem Frankfurter Hauptfriedhof nicht, wodurch hier eine einzigartige Ruhe-Oase existiert, in der auch empfindliche und seltene Vogelarten erfolgreich brüten können. Und viele Menschen wissen diese Ruhe ebenfalls zu schätzen.

Pflanzen – die alten und die neuen

Der Frankfurter Hauptfriedhof stellt einen parkähnlichen Lebensraum dar (Abb. 73) und beherbergt ein Mosaik aus verschiedensten Standorten mit teils offenen und trockenen bis eher feuchten und waldartigen Bedingungen. So bietet die Fläche nicht nur aufgrund ihrer Größe von knapp 70 ha, sondern vor allem aufgrund der abwechslungsreichen Struktur für viele heimische Pflanzenarten einen geeigneten Standort. Hinzu kommt die besondere Lage des Friedhofs in einer international vernetzten Metropole in Kombination mit der gärtnerischen Pflege der Fläche, sodass sich eine Vielzahl nicht heimischer Arten unter die Flora mischt.

Um die Auswirkung dieser besonderen Gegebenheiten auf die floristische Diversität zu ermitteln, wurden im Rahmen der Masterarbeit im Jahr 2019 alle wild wachsenden Pflanzenarten (also die spontane Flora) auf dem Friedhofsgelände erfasst. Als spontane Flora wurden dabei alle selbstständig gewachsenen Pflanzenindividuen gewertet, unabhängig davon, ob sich diese generativ oder vegetativ vermehrt haben. Erkennbar gärtnerisch eingebrachte Arten auf Gräbern oder in Strauchpflanzungen und Rabatten blieben unberücksichtigt.

Insgesamt wurden 377 Pflanzenarten festgestellt, darunter 372 Blütenpflanzen, ein Schachtelhalm und vier Farne. Nahezu überall auf dem Hauptfriedhof fanden sich entlang der Wege und Randbereiche zwischen Gräbern und Gehölzen typische Pflanzenarten nähstoffreicher und halbschattiger Standorte. Darunter Nelkenwurz (*Geum urbanum*, Abb. 74), Gundermann (*Glechoma hederacea*, Abb. 75), Braunelle (*Prunella vulgaris*, Abb. 76) und Efeu (*Hedera helix*). Die Rasenflächen der offenen Bereiche, aber auch die unter großen Bäumen wurden dagegen von ausdauernden Arten wie Kriechendem Fingerkraut (*Potentilla reptans*), Kriechendem Hahnenfuß (*Ranunculus repens*), Gänseblümchen (*Bellis perennis*) und Wiesen-Löwenzahn (*Taraxacum* sect. *Ruderalia*) besiedelt. Diese Arten wurden – ebenso wie Gräser, z. B. Einjähriges Rispengras (*Poa annua*), Ausdauernder Lolch (*Lolium perenne*) und Rot-Schwingel (*Festuca rubra*) – meist im vegetativen Zustand vorgefunden. Neben ausdauernden und eher artenarmen Scher- und Trittrasen treten in den oft gemähten Grünlandflächen stellenweise auch recht artenreiche Bestände auf.

Abb. 74: Die Nelkenwurz (*Geum urbanum*) ist eine typische Saumart halbschattiger Standorte.

Abb. 75: Der Gundermann (*Glechoma hederacea*) ist an nährstoffreichen Standorten zu finden.

Abb. 76: Die Braunelle (*Prunella vulgaris*) gedeiht in Säumen und auf Wiesen auf dem Hauptfriedhof.

Außer den meist nitrophilen und typisch urbanen Arten kommen auch einige Vertreter nährstoffarmer Pflanzengesellschaften vor, etwa der Gewöhnliche Wirbeldost (*Clinopodium vulgare*), der Gewöhnliche Odermennig (*Agrimonia eupatoria*) und das Echte Labkraut (*Galium verum*) (heliophile Basenzeiger nach Ellenberg 1996), dazu Savoyer Habichtskraut (*Hieracium sabaudum*), Hasen-Klee (*Trifolium arvense*) und Silber-Fingerkraut (*Potentilla argentea*) als Nährstoffarmut zeigende Arten azidophiler Pflanzengesellschaften. Das Vorkommen heliophiler Pflanzen artenreicher Grünlandgesellschaften beschränkt sich größtenteils auf die extensiv gepflegten Flächen der Gewanne L, M und N (siebte Erweiterung). Hier konnten neben einigen nicht heimischen Arten, wie Kleinblütige Nachtkerze (*Oenothera parviflora*), Einjähriges Berufkraut (*Erigeron annuus*, Abb. 77) und Schwärzliche Flockenblume (*Centaurea nigrescens*), viele heimische Arten, wie Echtes Johanniskraut (*Hypericum perforatum*) und Dost (*Origanum vulgare*), gefunden werden.

Von den heimischen Pflanzenarten waren manche nur an einem Standort mit einem bis wenigen Individuen vertreten. Hierzu zählen Bärenschote (*Astragalus glycyphyllos*), Breitblättrige Ständelwurz (*Epipactis helleborine*) und Zwiebel-Rispengras (*Poa bulbosa*). Keine dieser Pflanzenarten ist nach der Roten Liste (Starke-Ottich et al. 2019) in Südwesthessen als gefährdet eingestuft. Anders stellt sich die Situation für drei Pflanzenarten dar – Akelei (*Aquilegia vulgaris*), Wiesen-Glockenblume (*Campanula patula*) und Feld-Rittersporn (*Consolida regalis*) –, die in Hessen in der Region Südwest (Starke-Ottich et al. 2019) gefährdet sind, aber auf dem Hauptfriedhof vorkommen. Bei *Aquilegia vulgaris* (in der hessischen Region Südwest Kategorie 3) und *Consolida regalis* (Region SW Kategorie 2) handelt es sich wahrscheinlich um Verwilderungen von Anpflanzungen oder Ansaaten und damit nicht um natürliche Vorkommen.

Auf dem Frankfurter Hauptfriedhof konnten 104 Pflanzenarten festgestellt werden, die als Neophyten einzustufen sind, darunter 72 Pflanzenarten, die

Abb. 77: Das Einjährige Berufkraut (*Erigeron annuus*) ist ein Neophyt.

bestehen 27 % der spontanen Flora des Hauptfriedhofs aus neophytischen Pflanzen, besonders häufig sind das Kanadische Berufkraut (*Erigeron canadensis*), das Schneeglöckchen (*Galanthus nivalis*, Abb. 80) und das Kleinblütige Springkraut (*Impatiens parviflora*).

Veränderungen

Im Vergleich zur früheren Untersuchung der Flora auf dem Frankfurter Hauptfriedhof (Fricke 1992) konnten 2019 deutlich mehr Pflanzenarten festgestellt werden (377 gegenüber 298). Seit 1991 kamen 176 Pflanzenarten neu hinzu, während 87 Arten verschwanden. Unter den verschwundenen Arten sind einige weit verbreitete Sippen wie Acker-Hornkraut als etabliert gelten. Weitere 27 ebenfalls nicht heimische Arten werden bislang nur als „unbeständig" bewertet, z. B. die Baum-Hasel (*Corylus colurna*, Abb. 78). Bei vier heimischen Pflanzenarten konnte die Verwilderung aus der gärtnerischen Kultur beobachtet werden, z. B. Haselwurz (*Asarum europaeum*), weshalb diese Vorkommen ebenfalls als nicht einheimisch eingestuft wurden. Unter gepflanzten Bäumen findet sich häufig die Mahonie (*Mahonia aquifolium*), sie ist in jedem Gewann des Frankfurter Hauptfriedhofs in der spontanen Flora anzutreffen. Viele Neophyten breiten sich auch vegetativ über Ausläufer außerhalb von Kulturstandorten aus, wie der Kletter-Spindelstrauch (*Euonymus fortunei*, Abb. 79). Auf einer Fläche mit Erdaushub im Gewann J wurde Behaartes Liebesgras (*Eragrostis pilosa*) festgestellt. Für Frankfurt stellt dies den Erstnachweis dieser Art dar. Die zu den Süßgräsern zählende Art ist unter anderem in Südeuropa heimisch und gilt in Hessen als Neophyt mit Etablierungstendenz (HLNUG 2019). Insgesamt

Abb. 78: Eine Baum-Hasel (*Corylus colurna*) ist am Fuß einer großen Kiefer gekeimt. Die Art steht erst am Beginn ihrer Einbürgerung in die Frankfurter Flora.

Abb. 79: Ausbruchsversuch: vegetativer Ausläufer des Kletter-Spindelstrauchs (*Euonymus fortunei*).

Abb. 80: Schneeglöckchen (*Galanthus nivalis*) gehören zu den häufigsten verwilderten Arten auf dem Hauptfriedhof.

(*Cerastium arvense*) und Wiesen-Salbei (*Salvia pratensis*), aber auch im Gebiet nicht heimische Arten wie Glocken-Heide (*Erica tetralix*). Ebenso fehlten 2019 Pflanzenarten, welche nach der Roten Liste (Starke-Ottich et al. 2019) auf der Vorwarnstufe stehen, z. B. Rapunzel-Glockenblume (*Campanula rapunculus*, Abb. 81) und Blutwurz (*Potentilla erecta*), beziehungsweise gefährdet (Kategorie 3), z. B. Saat-Hohlzahn (*Galeopsis segetum*), oder stark gefährdet sind (Kategorie 2), z. B. Knollen-Kratzdistel (*Cirsium tuberosum*). Ein großer Teil der neu festgestellten Arten besteht aus Neophyten. Der Vergleich zeigt, dass 2019 etwa doppelt so viele Neophytenarten auf dem Frankfurter Hauptfriedhof vorkamen wie 27 Jahre zuvor; ihre Zahl stieg von 54 auf 104 (Abb. 82).

Abb. 81: Die Rapunzel-Glockenblume (*Campanula rapunculus*) wurde 1992 noch nicht auf dem Hauptfriedhof nachgewiesen.

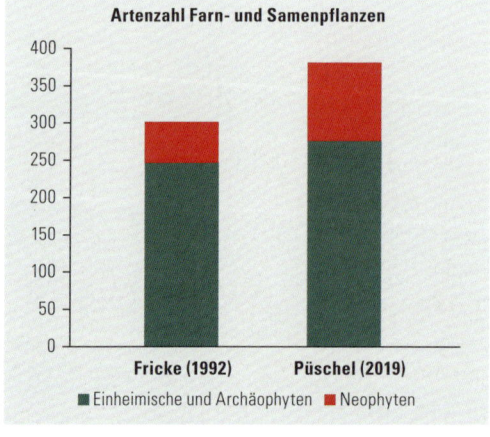

Abb. 82: Anzahl nachgewiesener Arten von Farn- und Samenpflanzen auf dem Hauptfriedhof in den Untersuchungen von Fricke (1992) und Püschel (2019) sowie Anteil der Neophyten.

FAZIT

Viele der typischen Friedhofsregeln und Eigenschaften großer Friedhöfe, beispielsweise das nächtliche Betretungsverbot, welche die Fläche vor Vandalismus schützen bzw. eine respektvolle Atmosphäre gegenüber den Grabstätten und den Angehörigen gewährleisten sollen, schaffen offenbar gleichzeitig ideale Lebensbedingungen für eine Vielzahl von Tier- und Pflanzenarten (Abb. 83). Allerdings hängt die Bedeutung von Friedhöfen für die Natur in hohem Maße von Friedhofstyp und Größe des Friedhofs ab. Kleinere und intensiv gepflegte Stadtfriedhöfe sind mit großen Parkfriedhöfen (Abb. 84) kaum zu vergleichen und eignen sich nur für wenige Tierarten als Lebensraum. Typisch für Parkfriedhöfe sind unter anderem:

- nächtliches Betretungsverbot
- Verbot von Hunden
- keine künstliche Beleuchtung
- Verbot von Herbiziden (Fungiziden, Pestiziden etc.)
- hoher Strukturreichtum
- extensive Pflege
- hoher Anteil an Altbäumen
- viele blütenreiche Zierpflanzen
- keine unruhigen Freizeitaktivitäten
- wenige Besucher
- kein motorisierter Verkehr

Die meisten der Gefahren und Herausforderungen, denen heimische Tierarten in dicht besiedelten Flächen ausgesetzt sind, existieren auf dem Frankfurter Hauptfriedhof nicht. Egal ob Lärm, Lichtverschmutzung, Stress durch Freizeitaktivitäten, Bewegungsunruhe, Kollisionsrisiko durch Glasscheiben und motorisierten Verkehr, Mangel an Fortpflanzungsstätten oder Störungen durch Hunde, Nahrungsmangel oder schlicht das Fehlen der

Abb. 83: Viele Tierarten profitieren von den besonderen Vorschriften, die auf Friedhöfen gelten. Hier ein Buchfink (*Fringilla coelebs*) auf einem Grab.

Möglichkeit, in Ruhe auf Nahrungssuche zu gehen. Die Ähnlichkeit zu Naturschutzgebieten ist erstaunlich, jedoch hatten Friedhöfe ursprünglich nie das Ziel, die Natur zu schützen. Es ist ein Nebeneffekt der Friedhofskultur, heute aber mehr denn je von großer Bedeutung für die Stadtnatur in Frankfurt. Friedhöfe sind nicht nur Orte für die Verstorbenen, sie können auch Orte des Lebens sein, vorausgesetzt man lässt es zu – auch in Zukunft.

Abb. 84: Kleinere, intensiv gepflegte Friedhöfe bieten im Gegensatz zu großen Parkfriedhöfen in der Regel keinen Raum für „wilde Ecken".

FRANKFURTER KREUZ – EUROPÄISCHER KNOTENPUNKT UND UNBEKANNTER HOTSPOT DER DIVERSITÄT

Dirk Bönsel, Andreas Malten, Indra Starke-Ottich, Georg Zizka

Abb. 85: Die Innenflächen des Frankfurter Kreuzes werden zwischen den Pflegemaßnahmen praktisch nicht betreten.

Autobahnen sind aus unserer Landschaft nicht mehr wegzudenken. Als wichtige Verkehrsadern verbinden sie Städte und Regionen. Aufgrund des hohen Verkehrsaufkommens, der starken Versiegelung, Lärmbelastung und Abgase gelten sie als besonders lebensfeindliche Orte für Tiere und Pflanzen. Entsprechend beschäftigten sich zahlreiche Studien an Autobahnen mit der Zerschneidungswirkung auf die Populationen verschiedener Organismen und den Auswirkungen der Schadstoffeinträge (z. B. Eigenbrod et al. 2008, Kitzes & Merenlender 2014). Das Frankfurter Kreuz, unmittelbar östlich vom Flughafen auf Frankfurter Stadtgebiet gelegen, ist der Knotenpunkt mit dem höchsten Verkehrsaufkommen in Mitteleuropa. Hier treffen nicht nur die beiden Bundesautobahnen 3 und 5 aufeinander, sondern auch eine Bundesstraße, Bahngleise und natürlich unüberhörbar der Flugverkehr. Einen lauteren, abgasbelasteteren und aus menschlicher Sicht unwirtlicheren Ort kann man sich kaum vorstellen. Die Innenflächen des Autobahnkreuzes werden aber zwischen den Pflegemaßnahmen praktisch nicht betreten (Abb. 85), sodass sich Tier- und Pflanzenwelt dort relativ ungestört entwickeln können – sofern sie die Belastung durch Lärm, Erschütterungen und Abgase ertragen.

Im Rahmen eines von der „Stiftung Flughafen Frankfurt/Main für die Region" geförderten Projektes wurden in den Jahren 2010 bis 2013 in den Innenflächen des Frankfurter Kreuzes Untersuchungen zu Fauna und Flora sowie zur Biotoptypen-Ausstattung durchgeführt. Die nördlich unmittelbar angrenzenden Flächen der Anschlussstelle Frankfurt-Flughafen-Nord wurden einbezogen, sodass das Untersuchungsgebiet insgesamt 31 ha umfasst (Abb. 86). Das Frankfurter Kreuz war vor dieser Untersuchung ein „weißer Fleck", während das Stadtgebiet von Frankfurt auf eine lange Tradition der Biodiversitäts-Erfassung zurückblicken kann (z. B. Gregor et al. 2012, Zizka & Malten 2015).

Eine solche Untersuchung stellt besondere Anforderungen – auch an die durchführenden Biologen. So mussten vor Beginn der Untersuchungen zunächst Sondergenehmigungen eingeholt und die Autos mit Warnleuchten und Sicherheitsmarkierungen versehen werden.

Geschichte des Frankfurter Kreuzes

Die Planungen des Frankfurter Kreuzes reichen in die 1920er Jahre zurück, 1926 wurde der „Verein zur Vorbereitung der Autostraße Hansestädte – Frankfurt – Basel" (HAFRABA) mit Sitz in Frankfurt gegründet. Die vom Verein durchgeführte Streckenplanung (entspricht weitgehend dem Verlauf der BAB 5) war Grundlage für die Umsetzung ab 1933. Als erster Teil der Strecke Frankfurt – Basel wurde der Abschnitt Frankfurt – Darmstadt 1933 zum Bau freigegeben und am 19. Mai 1935 eröffnet (Vahrenkamp 2001, 2006). Nach einer Pressemeldung in den Frankfurter Nachrichten vom 30. Juni 1933 sollte die Strecke ein „Paradies für Autofahrer" werden (zitiert nach Vahrenkamp 2001). Großen

Abb. 86: Lage und Abgrenzung des Untersuchungsgebietes.

Einfluss auf die Planung hatte die Verlagerung des Frankfurter Flughafens vom Rebstock an den südlichen Rand des Stadtgebietes, wo er am 8.7.1936 als „Flug- und Luftschiffhafen Rhein-Main" eröffnet wurde. Bei der Planung des Frankfurter Kreuzes setzte sich schließlich die „Kleeblatt-Form" durch, 1939 wurde die Ausführungsplanung genehmigt, 1941 wurden die Arbeiten aber wegen des Krieges schon wieder eingestellt. Die Fertigstellung und Eröffnung des Frankfurter Kreuzes erfolgte dann erst 1956 (Vahrenkamp 2001). In den letzten Jahrzehnten wurden das Frankfurter Kreuz und seine Zubringer wiederholt dem stark steigenden Verkehrsaufkommen angepasst, Ende der 1990er Jahre fanden die letzten großen Baumaßnahmen statt (Hessen Mobil 2022).

Abb. 87: Nelken-Schmielenhafer (*Aira caryophyllea*) am Frankfurter Kreuz.

Flora

Die Ergebnisse der floristischen Untersuchungen sind bemerkenswert! Im Untersuchungsgebiet wurden 319 Arten höherer Pflanzen nachgewiesen (Tab. A6). Dies entspricht über 22 % aller aktuell im Stadtgebiet von Frankfurt am Main vorkommenden Pflanzenarten (Bönsel et al. 2009) auf einer Fläche von nur 0,12 % des Stadtgebietes.

Es überwiegen Arten ruderal geprägter Stauden- und Grasfluren, deren Lebensräume das Biotoptypen-Spektrum des Verkehrsknotenpunktes wesentlich beherrschen. Es konnten neun Arten nachgewiesen werden, die zum Stand der Untersuchungen nach der Roten Liste Deutschlands und Hessens als gefährdet eingestuft waren:
- Früher Schmielenhafer (*Aira praecox*)
- Silbergras (*Corynephorus canescens*)
- Acker-Filzkraut (*Filago arvensis*)
- Kleines Filzkraut (*Filago minima*)
- Pariser Labkraut (*Galium parisiense*)
- Zwerg-Schneckenklee (*Medicago minima*)
- Gewöhnliche Katzenminze (*Nepeta cataria*)
- Bauernsenf (*Teesdalia nudicaulis*)
- Trespen-Federschwingel (*Vulpia bromoides*)

Einem gesetzlichen Schutz nach Bundesartenschutzverordnung (BArtschV) und Bundesnaturschutzgesetz (BNatSchG) unterliegen folgende Arten:
- Echtes Tausendgüldenkraut (*Centaurium erythraea*)
- Karthäuser-Nelke (*Dianthus carthusianorum*)
- Heide-Nelke (*Dianthus deltoides*)
- Knöllchen-Steinbrech (*Saxifraga granulata*)

Weitere elf Arten werden in Hessen als zurückgehend eingestuft und stehen auf der Vorwarnliste:
- Nelken-Schmielenhafer (*Aira caryophyllea*, Abb. 87)
- Wiesen-Glockenblume (*Campanula patula*)
- Gewöhnlicher Dreizahn (*Danthonia decumbens*)

Abb. 88: Flügel-Ginster (*Genista sagittalis*) mit den typischen geflügelten Stielen.

|||| Karthäuser-Nelke (*Dianthus carthusianorum*)
|||| Flügel-Ginster (*Genista sagittalis*, Abb. 88)
|||| Hufeisenklee (*Hippocrepis comosa*)
|||| Berg-Sandglöckchen (*Jasione montana*, Abb. 89)
|||| Borstgras (*Nardus stricta*)
|||| Mäusewicke (*Ornithopus perpusillus*)
|||| Hügel-Klee (*Trifolium alpestre*)
|||| Hunds-Veilchen (*Viola canina*)

Rund ein Fünftel der Flora des Untersuchungsgebietes bilden Neophyten, d. h. Neubürger, die erst seit der Entdeckung Amerikas in der heimischen Pflanzenwelt Fuß fassen konnten. Der hohe Anteil dieser Pflanzen ist mittlerweile typisch für Straßenbegleitflächen. Straßen, Bahnstrecken und Flüsse ermöglichen Pflanzen eine effektive Ausbreitung und sind daher auch wichtige Wanderwege für nicht einheimische Pflanzen. Dass dort gehäuft Neophyten auftreten, hat zwei wesentliche Ursachen. Zum einen begünstigen Störungsstandorte an Straßen und Bahnanlagen die Ansiedlung vieler neuer Arten. Zum anderen transportieren Kraftfahrzeuge auch eine Vielzahl von Pflanzensamen als „blinde Passagiere". So können sie kilometerweit wandern („viatische" Migration), selbst wenn sie es auf natürlichem Wege oft nur wenige Dutzend Meter weit schaffen würden. An den Rändern von Straßen und Autobahnen ist die Neophytendynamik höher als auf Bahnhöfen und Häfen, den „klassischen" Ausbreitungsorten von gebietsfremden Arten, was als Folge von geänderten Transportverhältnissen gedeutet werden kann. Die Ausbreitung erfolgt durch Transportverluste, durch Diasporentransport im Reifenprofil sowie durch Anhaftungen an den Fahrzeugen. Leichte und gut flugfähige Samen werden von den Wirbelschleppen, die sich hinter den fahrenden Autos und insbesondere Lastzügen ausbilden, über eine gewisse Distanz transportiert. Nicht zu unterschätzen ist ferner die unbeabsichtigte Ausbreitung durch Pflegemaßnahmen wie Mähen oder Abschieben der Straßenränder sowie die Einsaat von Straßenböschungen mit nicht autochthonem Saatgut. Ursächlich für den Neophytenreichtum des Untersuchungsgebietes könnte auch die Lage zum benachbarten Rhein-Main-Flughafen sein, der ein „Einfallstor" für Neophyten darstellen dürfte.

Biotoptypen

Das im Gebiet festgestellte Biotoptypen-Spektrum ist durch die massiven Umbautätigkeiten der letzten Jahrzehnte – u. a. Geländemodellierung, örtliche

Abb. 89: Berg-Sandglöckchen (*Jasione montana*).

Aufbringung von Mutterboden sowie großflächige Ausbringung von Einsaatmischungen – in hohem Maße anthropogen überprägt. Zum Zweck des Landschaftsschutzes, der Einbindung in das Landschaftsbild und der Vermeidung von Erosion wurden viele Flächen nach Fertigstellung des Umbaus in der Regel begrünt und teilweise mit Gehölzen bepflanzt.

Allerdings wirken zahlreiche Störfaktoren auf das Areal ein: Kfz-Emissionen, Streusalz- und Stickstoffeintrag, Lärm, Wind und Erschütterung durch vorbeifahrende Fahrzeuge sowie extreme mikroklimatische Bedingungen (vgl. Ullmann 1984, Ellenberg & Stottele 1984, Richert & Friedmann 2012). Daher ist die Mehrzahl der dort vorkommenden Lebensgemeinschaften von nährstoffliebenden Pflanzenarten und

Biotoptyp (Code-Ffm)	Biotoptypen-Code	Gefährdungsgrad Deutschland	Schutz	FFH-LRT	RE
Sandmagerrasen (761)	34.04	2 (1–2)	§	–	S
Magerrasen saurer Standorte (763)	34.02.02.01	2 (1–2)	§	4030, *6230	S
Einzelbäume (81) Baumgruppe (831)	41.05	2–3	–	–	B–S
Gebüsche aus überwiegend einheimischen Arten (841) Gehölze mäßig trockener bis frischer Standorte (aus einheimischen Arten) (851)	41.02.02	3 (3–V)	–	–	S (B–S)
Brachflächen mit kurzlebiger Ruderalvegetation an trockenen Pionierstandorten (921) Brachflächen mit überwiegend ausdauernder Ruderalvegetation auf trockenen Standorten (933)	39.06	3 (2–3)	–	–	X (B)
Aufschüttungsflächen aus Kies, ± ohne Bewuchs (9713) Aufschüttungsflächen aus Kies, mit junger Spontanvegetation, (9723)	32.08	2 (1–2)	–	–	X (B)

Tab. 2: Übersicht der gefährdeten und geschützten Biotoptypen im Untersuchungsgebiet und deren FFH-Relevanz. Biotoptypen-Code und Gefährdungsgrad in Deutschland nach Riecken et al. (2006), in Klammern aktualisiert nach Fink et al. (2017). Gefährdungsgrade: 1 = von vollständiger Vernichtung bedroht; 2 = stark gefährdet; 3 = gefährdet. Schutz: § = besonders geschützt nach Bundesnaturschutzgesetz. FFH-LRT = Lebensraumtyp gemäß EU-Fauna-Flora-Habitat-Richtlinie. RE = Einstufung der Regenerierbarkeit: K = kaum regenerierbar: Biotoptypen, deren Regeneration in historischen Zeiträumen nicht möglich ist, S = schwer regenerierbar: Biotoptypen, deren Regeneration nur in langen Zeiträumen (15–150 Jahre) wahrscheinlich ist, B = bedingt regenerierbar: Biotoptypen, deren Regeneration in kurzen bis mittleren Zeiträumen (etwa bis 15 Jahre) wahrscheinlich ist, X = keine Einstufung sinnvoll.

Störzeigern geprägt, was sich letztendlich auch im Biotoptypen-Spektrum widerspiegelt. So dominieren ruderal geprägte Lebensräume mit wärmeliebenden Arten, während naturnahe, gewachsene Biotope eher die Ausnahme darstellen.

Die edaphische und morphologische Vielfalt hat zur Ausbildung eines abwechslungsreichen Lebensraummosaiks mit einer entsprechend artenreichen Flora geführt. Dabei sind vor allem die Sonder- und Pionierstandorte auf den rezenten Flugsanden mit azidophytischen Magerrasen und Sandmagerrasen hervorzuheben, deren naturschutzfachliche Wertigkeit als hoch einzuschätzen ist.

Abb. 90: Sandmagerrasenrest im Westen der Anschlussstelle Frankfurt-Flughafen-Nord.

Tabelle 2 gibt einen Überblick über die gefährdeten Lebensraumtypen im Untersuchungsgebiet. Grundlage hierfür bildete die damals aktuellste Fassung der Roten Liste der Biotoptypen Deutschlands (Riecken et al. 2006), die aktuelle Einschätzung wurde zum Vergleich ergänzt. Ferner werden Angaben gemacht zu gesetzlichem Schutz der gefährdeten Biotoptypen nach § 30 Bundesnaturschutzgesetz (BNatSchG) und zur Zugehörigkeit zu Lebensraumtypen (LRT) des Anhangs I der FFH-Richtlinie. In der Spalte „RE" erfolgt zudem eine Einschätzung der Regenerierbarkeit der jeweiligen Biotoptypen (nach Riecken et al. 2006). Hierunter wird sowohl das biotopeigene Potenzial zur (selbständigen) Regeneration nach Beendigung negativer Beeinträchtigungen als auch die Möglichkeit einer Wiederentwicklung durch gestaltendes Eingreifen des Menschen im Zuge von Maßnahmen zur Regeneration und Neuentwicklung von Biotopen verstanden.

Die meisten der naturschutzfachlich wertvollen Pflanzenarten konzentrieren sich auf die Reste von therophytenreichen Sandmagerrasen (Abb. 90) mit Übergängen zu Heideflächen und Borstgrasrasen sowie Magerrasen saurer Standorte im Norden des Untersuchungsgebietes, die jedoch mit 0,19 % und 0,89 % nur einen sehr kleinen Teil des Gebietes ausmachen. Beide Lebensräume gelten in Deutschland als stark gefährdet und stehen unter gesetzlichem Schutz, die Magerrasen saurer Standorte sind außerdem ein FFH-Lebensraumtyp.

Pflegemaßnahmen, mit denen das langfristige Offenhalten dieser Bereiche gesichert werden kann, sind daher besonders wichtig, insbesondere da alle Teilflächen von Verbuschung durch angrenzende Brachflächen und Gehölze gefährdet sind. Besonderes Augenmerk sollte darauf gerichtet werden, das Vordringen von Brombeeren in die Sandmagerrasen zu verhindern. Der Erhalt der Magerrasen ist zudem wichtig für die seltenen und teilweise hochgradig gefährdeten Spinnen- und Laufkäferarten, die sich ebenfalls auf diese Lebensräume konzentrieren.

Laufkäfer

Auch die Ergebnisse aus der wenig bekannten Gruppe der Laufkäfer sind bemerkenswert. Von den oft länglichen, 1 bis 85 mm langen Käfern gibt es in Mitteleuropa rund 760 Arten. Der größte Teil von ihnen ist schwarz oder zumindest dunkel gefärbt, einige glänzen metallisch.

Zur Untersuchung wurden auf vier Probeflächen jeweils sechs Bodenfallen in einem Abstand von jeweils etwa 2 m ebenerdig eingegraben. Als Bodenfallen dienten Mehrweg-Plastiktrinkbecher mit einer oberen lichten Weite von 8 cm und mit einer Höhe von 13,5 cm, halb gefüllt mit etwa 2–3-prozentiger Formalinlösung als Fangflüssigkeit. Außerdem wurden je ein Stammeklektor (Abb. 91) an einer Birke auf dem Nordwest-Ohr und an einer Buche auf dem Südostohr des Frankfurter Kreuzes aufgebaut. Hinzu kamen je sechs Bodenfallen, die in einem Abstand von etwa 3 m rund um die Bäume aufgebaut wurden.

Abb. 91: Mit Hilfe eines Stammeklektors können eine Vielzahl von Tierarten nachgewiesen werden.

Die Fallenfänge enthielten insgesamt 4.642 Laufkäfer aus 70 Arten (Tab. A7). Neben drei Arten der Vorwarnlisten und einer Art, bei der die Datenlage zur Gefährdungseinstufung nicht ausreichend ist, befanden sich drei bundesweit gefährdete Arten und eine bundesweit stark gefährdete Laufkäferart darunter. Von der hessischen Roten Liste wurden sieben als gefährdet und drei als stark gefährdet eingestufte Arten nachgewiesen.

Zwei der nach dem BNatSchG besonders geschützten Arten waren der Feld-Sandlaufkäfer (*Cicindela campestris*) und der Kleine Puppenräuber (*Calosoma inquisitor*). Individuen der Gattung *Carabus*, die alle besonders geschützt sind, wurden nicht gefunden; allerdings kam mindestens bis 1991 auf dem Frankfurter Kreuz noch der Hain-Laufkäfer (*Carabus nemoralis*) vor, eine weit verbreitete und häufige Waldart, die in der vorliegenden Untersuchung jedoch nicht mehr nachgewiesen werden konnte.

Die höchsten Gefährdungsgrade erreichen der Dünen-Schnellläufer (*Harpalus melancholicus*), der in Hessen und Deutschland als stark gefährdet gilt, sowie der Sand-Steppenläufer (*Masoreus wetterhallii*) und der Sand-Glattfußläufer (*Olisthopus rotundatus*), die beide in Hessen als stark gefährdet auf der Roten Liste stehen. Die bundesweit als gefährdet eingestuften Arten sind der Kleine Puppenräuber (*Calosoma inquisitor*), der Gewölbte Schnellläufer (*Harpalus serripes*) sowie der Sand-Steppenläufer.

Die am häufigsten gefangene Art der Untersuchung ist mit Abstand der Metallglänzende Schnellläufer (*Harpalus rubripes*) mit über 700 Tieren, gefolgt vom Zwerg-Schnellläufer (*Harpalus pumilus*) und dem Erzfarbenen Kamelläufer (*Amara aenea*) mit jeweils über 500 Individuen.

Die deutschen Namen der oben genannten stark gefährdeten Arten deuten den bevorzugten Lebensraum der Tiere an: Sandgebiete, Dünen, Steppen. Darüber hinaus sind die meisten der nachgewiesenen Arten vornehmlich in trockenen und belichteten Bereichen zu finden.

Spinnen und Weberknechte

Die Spinnen und Weberknechte wurden mit derselben Methodik untersucht wie die Laufkäfer. Die Proben lieferten 13.441 Spinnen und Weberknechte aus 24 Familien. Aus diesem Material wurden 166 Spinnen- und sechs Weberknecht-Arten bestimmt (Tab. A8).

Besonders oder streng geschützte Arten aus der Spinnenfauna kommen am Frankfurter Kreuz nicht vor. Die wenigen gesetzlich geschützten Arten haben sehr spezielle Lebensraumansprüche, die hier nicht erfüllt sind. In der Roten Liste Deutschlands (Blick et al. 2016) ist eine Springspinnenart als stark gefährdet (*Pellenes nigrocilliatus*) aufgeführt, drei weitere Spinnen-Arten werden als gefährdet eingestuft: *Mecynargus foveatus* und *Styloctetor romanus* aus der Familie der Zwergspinnen sowie *Phaeocedus braccatus* aus der Familie der Plattbauchspinnen. Für vier weitere Arten wird eine bundesweite Gefährdung angenommen, deren Ausmaß nicht bekannt ist. Dies gilt für *Steatoda albomaculata* (Familie Theridiidae), *Agyneta simplicitarsis* (Familie Linyphiidae), *Cheiracanthium campestre* (Familie Miturgidae) und die Kreuzspinne *Araneus angulatus* (Familie Araneidae). Sieben Arten stehen aufgrund von Rückgängen zudem auf der Vorwarnliste. Für Hessen gibt es keine Rote Liste der Spinnen und der Weberknechte.

Tagfalter

In den letzten Jahrzehnten hatten Tagfalter bundesweit große Bestandseinbußen zu verzeichnen. Auch am Frankfurter Kreuz spielt diese Tiergruppe eine eher untergeordnete Rolle, wobei die Sogwirkung der Fahrzeuge vermutlich ein grundsätzliches Problem für die Ansiedlung von Schmetterlingen in Autobahnnähe darstellt. Dennoch wurden immerhin 25 Tagfalterarten festgestellt (Tab. 3). Davon sind der Kleine Sonnenröschen-Bläuling (*Polyommatus agestis*) und der Kurzschwänzige Bläuling (*Cupido argiades*) bundesweit auf der Vorwarnliste zur Roten Liste der Tagfalter aufgeführt. Alle weiteren Arten gelten derzeit bundesweit als ungefährdet. In den Roten Listen der Tagfalter und der Widderchen Hessens werden der Baum-Weißling (*Aporia crataegi*, Abb. 92) und das Beilfleck-Widderchen (*Zygaena loti*, Abb. 93) als gefährdet sowie der Kleine Sonnenröschen-Bläuling in der Vorwarnliste aufgeführt. Die defizitäre Datenlage beim Kurzschwänzigen Bläuling reichte nicht für eine konkrete Einstufung in der Roten Liste Hessens.

Vier der nachgewiesenen Arten sind nach dem BNatSchG besonders geschützt.

Abb. 93: Beilfleck-Widderchen (*Zygaena loti*).

Abb. 92: Baum-Weißling (*Aporia crataegi*).

Heuschrecken

Auf den Nebenflächen des Frankfurter Kreuzes wurden insgesamt 19 Heuschrecken-Arten gefunden (Tab. 4). Eine Art, die Blauflügelige Ödlandschrecke (*Oedipoda caerulescens*, Abb. 94), ist durch das BNatSchG besonders geschützt; sie war auf den vegetationsarmen, sandigen Bereichen des Frankfurter Kreuzes regelmäßig verbreitet anzutreffen. Neben den allgemein verbreiteten und meist auch häufigen Arten sind besonders der Heidegrashüpfer (*Stenobothrus lineatus*) und der

Wissenschaftlicher Name	Deutscher Name	Schutz	RL D	RL HE
Anthocharis cardamines	Aurorafalter		*	*
Aphantopus hyperantus	Schornsteinfeger		*	*
Aporia crataegi	Baum-Weißling		*	3
Araschnia levana	Landkärtchen		*	*
Celastrina argiolus	Faulbaumbläuling		*	*
Coenonympha pamphilus	Kleines Wiesenvögelchen	§	*	*
Cupido argiades	Kurzschwänziger Bläuling		V	D
Gonepteryx rhamni	Zitronenfalter		*	*
Inachis io	Tagpfauenauge		*	*
Lycaena phlaeas	Kleiner Feuerfalter	§	*	*
Maniola jurtina	Großes Ochsenauge		*	*
Melanargia galathea	Schachbrettfalter		*	*
Nymphalis c-album	C-Falter		*	*
Nymphalis urticae	Kleiner Fuchs		*	*
Pararge aegeria	Waldbrettspiel		*	*
Pieris brassicae	Großer Kohlweißling		*	*
Pieris napi	Grünader-Weißling		*	*
Pieris rapae	Kleiner Kohlweißling		*	*
Polyommatus agestis	Kleiner Sonnenröschen-Bläuling		V	V
Polyommatus icarus	Hauhechelbläuling	§	*	*
Thymelicus lineola	Schwarzkolbiger Braun-Dickkopffalter		*	*
Thymelicus sylvestris	Braunkolbiger Braun-Dickkopffalter		*	*
Vanessa atalanta	Admiral		*	*
Vanessa cardui	Distelfalter		*	*
Zygaena loti	Beilfleck-Widderchen	§	*	3

Tab. 3: Gesamtartenliste der im Zeitraum 2010–2013 auf dem Frankfurter Kreuz festgestellten Tagfalter.
Schutz nach Bundesnaturschutzgesetz: § = besonders geschützt. RL D = Rote Liste Deutschland (Reinhardt & Bolz 2011, Rennwald et al. 2011), RL HE = Rote Liste Hessen (Lange & Brockmann 2009, Zub et al. 1997): V = Vorwarnliste, * = ungefährdet, 3 = gefährdet, D = Daten defizitär.

Verkannte Grashüpfer (*Chorthippus mollis*) als seltenere Vertreter hervorzuheben; sie sind meist auf Magerrasen zu finden und kamen in den offenen Bereichen des Untersuchungsgebietes vor. Bundesweit steht nur die Blauflügelige Ödlandschrecke auf der Roten Liste, alle anderen Arten gelten derzeit als bundesweit nicht gefährdet.

In der Roten Liste Hessens werden die Westliche Beißschrecke (*Platycleis albopunctata*) als stark gefährdet, vier Arten als gefährdet und zwei Arten auf der Vorwarnliste aufgeführt. Bei einer Art werden die Daten als mangelhaft angesehen (Kategorie D). Die Rote Liste der Heuschrecken Hessens ist über

Abb. 94: Blauflügelige Ödlandschrecke (*Oedipoda caerulescens*).

Wissenschaftlicher Name	Deutscher Name	Schutz	RL D	RL HE
Chorthippus biguttulus	Nachtigall-Grashüpfer		*	*
Chorthippus brunneus	Brauner Grashüpfer		*	*
Chorthippus dorsatus	Wiesengrashüpfer		*	3
Chorthippus mollis	Verkannter Grashüpfer		*	V
Chorthippus parallelus	Gemeiner Grashüpfer		*	*
Conocephalus fuscus	Langflügelige Schwertschrecke		*	*
Leptophyes punctatissima	Punktierte Zartschrecke		*	*
Meconema meridionale	Südliche Eichenschrecke		*	D
Meconema thalassinum	Gemeine Eichenschrecke		*	*
Metrioptera bicolor	Zweifarbige Beißschrecke		*	3
Metrioptera roeselii	Roesels Beißschrecke		*	*
Nemobius silvestris	Waldgrille		*	*
Oecanthus pellucens	Weinhähnchen		*	3
Oedipoda caerulescens	Blauflügelige Ödlandschrecke	§	V	3
Phaneroptera falcata	Gemeine Sichelschrecke		*	*
Pholidoptera griseoaptera	Gewöhnliche Strauchschrecke		*	*
Platycleis albopunctata	Westliche Beißschrecke		*	2
Stenobothrus lineatus	Heidegrashüpfer		*	V
Tettigonia viridissima	Grünes Heupferd		*	*

Tab. 4: Artenliste der im Zeitraum 2010–2013 auf dem Frankfurter Kreuz festgestellten Heuschrecken. Schutz nach Bundesnaturschutzgesetz: § = besonders geschützt. RL D = Rote Liste Deutschland (Maas et al. 2011), RL HE = Rote Liste Hessen (Grenz & Malten 1996): * = ungefährdet, V = Vorwarnliste, D = Daten mangelhaft, 2 = stark gefährdet, 3 = gefährdet.

20 Jahre alt und nicht mehr auf dem aktuellen Stand. So sind der Wiesengrashüpfer (*Chorthippus dorsatus*) und das Weinhähnchen (*Oecanthus pellucens*) in Hessen mit Sicherheit nicht mehr gefährdet, da ihre Bestände in den vergangenen 20 Jahren sehr stark zugenommen haben bzw. sich ihr Verbreitungsgebiet stark ausgedehnt hat. Ähnliches gilt für die Südliche Eichenschrecke (*Meconema meridionale*), die eine rasante Ausbreitung von Süden nach Norden hinter sich hat und am Frankfurter Kreuz weit häufiger festgestellt wurde als die Gemeine Eichenschrecke (*Meconema thalassinum*).

Vögel

Abb. 95: Feldlerche (*Alauda arvensis*).

Wie zu erwarten, sind Vogelarten im Untersuchungsgebiet unterrepräsentiert, da sie stärker auf die Störung durch den vom Verkehr ausgehenden Lärm reagieren als andere Tiergruppen. Insgesamt wurden 32 Vogelarten am Frankfurter Kreuz festgestellt (Tab. 5). Mit 15 Brutvogelarten kommen am Frankfurter Kreuz nur etwa halb so viele Arten vor, wie in einer gleich großen Fläche ohne Autobahn zu erwarten gewesen wären. Die Brutvögel sind mit ihren Nistplätzen weitestgehend auf die Gehölzflächen beschränkt. Bodenbrüter in den Freiflächen, wie z. B. die Feldlerche (*Alauda arvensis*, Abb. 95), die auf den Grünflächen im Bahnsystem des benachbarten Flughafens vorkommt, fehlen am Frankfurter Kreuz. Verbreitete und häufigste Brutvögel im Bereich des Frankfurter Kreuzes sind die Mönchsgrasmücke und die Amsel, die teilweise mit mehreren Revieren in einem Autobahnohr vertreten sind. Bemerkenswert ist das Vorkommen von jeweils einem Brutpaar des Neuntöters (*Lanius collurio*) im Nordwestohr, einem Revier der Dorngrasmücke (*Sylvia communis*) im Südwestohr sowie einem Revier der Klappergrasmücke (*Sylvia curruca*) in den Gehölzen im Südostohr. Insbesondere der Neuntöter profitiert vom Erhalt offener Sandflächen und Magerrasen, da er seine Beute am Boden in solchen Bereichen jagt. Außerdem benötigt er Gehölze und insbesondere Dornbüsche, die er am Frankfurter Kreuz ebenfalls vorfindet.

Zudem wurden 17 Arten als Gastvögel nachgewiesen. Viele davon brüten in den angrenzenden Waldbereichen und profitieren vom Lebensraummosaik in den Innenflächen des Frankfurter Kreuzes. So wurden regelmäßig Turmfalke (*Falco tinnunculus*), Mäusebussard (*Buteo buteo*), Sperber (*Accipiter nisus*), Eichelhäher (*Garrulus glandarius*), Rabenkrähe (*Corvus corone*) und Star (*Sturnus vulgaris*) als Nahrungsgäste in den Freiflächen des Frankfurter Kreuzes beobachtet. Dazu kommen seltene Durchzügler wie Braunkehlchen (*Saxicola rubetra*) und Steinschmätzer (*Oenanthe oenanthe*).

Vorschläge zur Pflege

Neben mehr oder weniger sich selbst überlassenen Gehölzflächen unterschiedlichen Alters sind es vor

Wissenschaftlicher Name	Deutscher Name	Status	RL D	RL HE	Schutz	EHZ
Accipiter nisus	Sperber	GV			§§	🟩
Apus apus	Mauersegler	GV			§	🟨
Buteo buteo	Mäusebussard	GV			§§	🟩
Carduelis carduelis	Stieglitz	GV		V	§	🟨
Carduelis chloris	Grünfink	BV			§	🟩
Columba livia f. *domestica*	Straßentaube	BV	n. b.			n. b.
Columba palumbus	Ringeltaube	BV			§	🟩
Corvus corone	Rabenkrähe	GV			§	🟩
Cyanistes caeruleus	Blaumeise	BV			§	🟩
Dendrocopos major	Buntspecht	GV			§	🟩
Erithacus rubecula	Rotkehlchen	BV			§	🟩
Falco tinnunculus	Turmfalke	GV			§§	🟩
Fringilla coelebs	Buchfink	BV			§	🟩
Garrulus glandarius	Eichelhäher	GV			§	🟩
Lanius collurio	Neuntöter	BV		V	§	🟨
Milvus migrans	Schwarzmilan	GV			§§	🟨
Milvus milvus	Rotmilan	GV	V	V	§§	🟨
Motacilla alba	Bachstelze	GV			§	🟩
Oenanthe oenanthe	Steinschmätzer	GV	1	1	§	🟥
Parus major	Kohlmeise	GV			§	🟩
Phylloscopus collybita	Zilpzalp	BV			§	🟩
Pica pica	Elster	BV			§	🟩
Picus viridis	Grünspecht	GV			§§	🟩
Prunella modularis	Heckenbraunelle	BV			§	🟩
Saxicola rubetra	Braunkehlchen	GV	2	1	§	🟥
Sturnus vulgaris	Star	GV	3		§	🟩
Sylvia atricapilla	Mönchsgrasmücke	BV			§	🟩
Sylvia communis	Dorngrasmücke	BV			§	🟩
Sylvia curruca	Klappergrasmücke	BV		V	§	🟨
Troglodytes troglodytes	Zaunkönig	GV			§	🟩
Turdus merula	Amsel	BV			§	🟩
Turdus philomelos	Singdrossel	BV			§	🟩

Tab. 5: Liste der im Zeitraum 2010–2013 auf dem Frankfurter Kreuz nachgewiesenen Vogelarten.
Status = Status im Untersuchungsgebiet: BV = Brutvogel, GV = Gastvogel. RL D = Rote Liste Deutschland (Grüneberg et al. 2015), RL HE = Rote Liste Hessen (Werner et al. 2014b): n. b. = nicht bewertet, V = Vorwarnliste, 3 = gefährdet, 2 = stark gefährdet, 1 = vom Aussterben bedroht. Schutz nach Bundesnaturschutzgesetz: § = besonders geschützt, §§ = streng geschützt.
EHZ = Erhaltungszustand nach Werner et al. 2014a: grün = günstig, gelb = ungünstig-unzureichend, rot = ungünstig-schlecht.

allem die unterschiedlichen Offenland-Lebensräume wie Wiesen, Magerrasen und Ruderalfluren, die für die hohe Artendiversität verantwortlich sind und deren Fortbestand regelmäßige Pflegeeingriffe erfordern. Da diese Biotope im Gegensatz zu herkömmlichen land- und forstwirtschaftlich genutzten Flächen nicht produktionsorientiert (z. B. ohne Einsatz von Düngemitteln) genutzt werden, können dort sehr interessante Lebensgemeinschaften entstehen und gefördert werden. Da die für die Unterhaltung verfügbaren Haushaltsmittel in der Regel knapp bemessen sind und angesichts des stetig wachsenden Straßennetzes zukünftig eher von einer Reduzierung der Mittel auszugehen ist, müssen naturschutzfachliche Zielsetzungen bei der Biotoperhaltung und -entwicklung hier meist auf eine sinnvolle und effektive Mindestpflege begrenzt werden, die sich im Untersuchungsgebiet vor allem auf die erhaltenswerten und entwicklungsfähigen Offenlandlebensräume konzentrieren sollte. Hierzu zählen in erster Linie die überwiegend aus ehemaligen Einsaaten hervorgegangenen Wiesenflächen ruderaler Prägung sowie die kleinflächig vorhandenen Reliktbestände von Borstgrasrasen, Heiden und Sandmagerrasen.

Die Wiesenpflege sollte auf den Entwicklungsrhythmus von Pflanzen und Tieren abgestimmt werden. Dabei gilt im Allgemeinen, dass eine späte Mahd eher die Tierartenvielfalt begünstigt, während eine frühe und zweischürige Mahd mit erstem Schnitttermin im Juni positive Auswirkungen auf die Pflanzendiversität hat (Stottele 1995). Dabei sind Aufnahme und Abtransport des Mähgutes nach Trocknung vor allem auf relativ mageren und mäßig aufwuchsreichen Böden notwendig, um eine Nährstoffanreicherung zu verhindern und damit konkurrenzschwächere Tier- und Pflanzenarten zu fördern.

Da Rasenansaaten eine standortgerechte Vegetationsentwicklung weitgehend verhindern, ist bei Neueinsaaten zumindest auf eine Verringerung der Samenmengen zu drängen oder noch besser ganz auf Einsaatmischungen zu verzichten. Gemäß den gesetzlichen Vorgaben ist nur noch Saatgut einzusetzen, das in der betreffenden Region gewonnen wurde.

Für die Reliktvorkommen von bodensauren Magerrasen, die im Untersuchungsgebiet in Form von Borstgrasrasen, Heiden und therophytenreichen Sandrasen auftreten, empfiehlt sich als Mindestpflege eine einschürige, späte Mahd mit Abtransport des Schnittgutes. Während die Borstgrasrasenreste einmal jährlich ab Mitte August gemäht werden sollten, wird zur Verjüngung der Besenheide (*Calluna vulgaris*) eine einmalige späte Mahd im Abstand von 5 Jahren als ausreichend erachtet. Zur Ausweitung der Zwergstrauchheiden ist eine Entnahme angrenzender Gehölze, in deren Unterwuchs noch Heidevegetation anzutreffen ist, zu befürworten.

Für die kleinflächig auftretenden Sandmagerrasen ist eine regelmäßige Mahd nicht zwingend erforderlich. Vielmehr nötig sind gelegentliche Störungen in Form von Bodenverwundungen, durch die für das Überleben der konkurrenzschwachen Sandflora notwendige, offene Bodenstellen geschaffen werden. Auch sind diese Flächen von aufkommenden Gehölzarten, insbesondere Brombeeren freizuhalten. Zur Förderung der Sandvegetation ist angrenzend an bestehende Flächen eine Beseitigung der Gehölz- und Gebüschbestände inklusive Abschiebung des Oberbodens zur Schaffung sandiger Pionierstandorte sinnvoll und mit relativ geringem Aufwand durchführbar.

FAZIT

Die Straßenbegleitflächen im Bereich des Frankfurter Kreuzes und der Anschlussstelle Frankfurt-Flughafen-Nord weisen mit 319 nachgewiesenen Taxa eine vergleichsweise hohe Vielfalt an Pflanzen- sowie zahlreiche Tierarten auf, sodass es aus naturschutzfachlicher Sicht das Ziel sein muss, diese zu erhalten und mit geeigneten Pflegemaßnahmen (s. o.) zu entwickeln. Bei entsprechender Pflege bieten besonders die offenen, nährstoffarmen Bereiche (Abb. 96) Lebensraum für eine Vielzahl gefährdeter und geschützter Arten. Grundsätzlich ist es heute in Großstädten notwendig, alle unversiegelten Flächen in ein Gesamtkonzept zur Stadtnatur einzubeziehen. Auch im Fall der Straßenbegleitflächen besteht so die Möglichkeit, deren Beitrag zur Artenvielfalt noch deutlich zu verbessern. Im Falle des Frankfurter Kreuzes bieten sich die relevanten Flächen gerade aufgrund des fehlenden Nutzungsdruckes für die vorgeschlagene Entwicklung besonders an.

Abb. 96: Die offenen Bereiche des Frankfurter Kreuzes beherbergen eine überraschende Artenvielfalt.

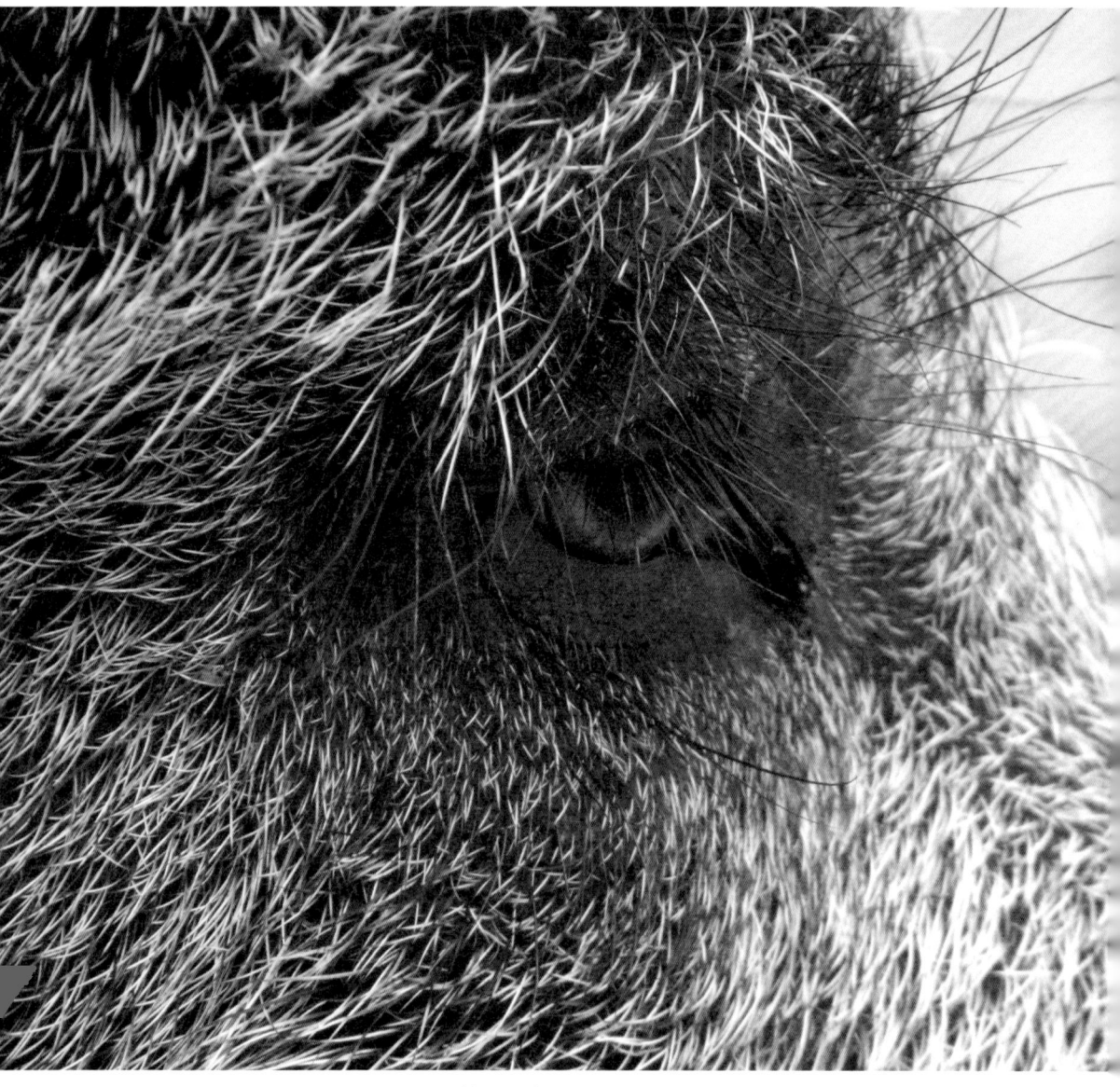

Abb. 97: Kommt manchmal sehr nahe: Wildschwein (*Sus scrofa*).

WILDE NACHBARN

Wir teilen uns die Stadt mit vielen, sehr unterschiedlichen Tierarten. Einige davon sind Kulturfolger, die gezielt in der Nähe von Menschen leben, weil sie dort geeignete Quartiere finden und leicht an Nahrung kommen. Beispiele sind etwa die Wanderratte (*Rattus norvegicus*) und der Haussperling (*Passer domesticus*). Aber auch einige Tiere, die ihren Verbreitungsschwerpunkt eigentlich im Wald oder in der Feldflur haben, sind inzwischen an das Stadtleben gewöhnt (Abb. 97). Anspruchslose Allesfresser wie der Rotfuchs (*Vulpes vulpes*) profitieren vom reichen Nahrungsangebot unseres Mülls. Für viele Arten ist dagegen der Strukturreichtum von Parks, Friedhöfen und Gärten entscheidend. Gegenüber intensiv landwirtschaftlich genutzten Flächen oder stark forstlich geprägten Wäldern kann ihnen die Stadt mitunter ein größeres Nahrungsangebot und – trotz der Nähe und der Aktivitäten des Menschen – mehr Verstecke und Fortpflanzungsräume bieten. So hat beispielsweise die Amsel (*Turdus merula*), einst als scheuer Waldvogel beschrieben, schon vor längerer Zeit die Vorteile von Scherrasen und frisch gehackten Blumenbeeten bei der Nahrungssuche erkannt und dafür die Gefahr der im Umfeld der Siedlungen lebenden Hauskatzen in Kauf genommen. Viele Tiere haben sich an die Anwesenheit des Menschen gewöhnt und da die meisten von ihnen nicht bejagt werden, zeigen sie wenig Scheu und können oftmals auch am Tag beobachtet werden, wie die meisten Vögel oder auch Eichhörnchen (*Sciurus vulgaris*).

Manche Arten haben wenig Interesse am Menschen, sind aber trotzdem hier. Sie schaffen es meistens, rechtzeitig „unterzutauchen", um nicht gesehen zu werden, wie der Biber (*Castor fiber*), dessen Spuren entlang der Ufer, beispielsweise von Nidda und Erlenbach, inzwischen jedoch nicht mehr zu übersehen sind. Von wieder anderen Arten bekommt man dagegen wenig mit, obwohl sie in teils großen Populationen im Stadtgebiet leben. Dazu gehören die Fledermäuse, deren nächtliche Aktivitäten für uns weitestgehend im Verborgenen bleiben. Wir haben sie in verschiedenen Teilen der Stadt mit technischer Hilfe „belauscht", um einen besseren Eindruck vom tierischen Frankfurter Nachtleben zu erhalten.

Daneben haben wir uns mit dem Efeu (*Hedera helix*) an Frankfurter Mauern beschäftigt und der Frage, welche Tierarten sich in diesem Mauerbewuchs – und damit in unserer direkten Nähe – aufhalten und für welche Aktivitäten sie die Fassaden aufsuchen. Mit Efeu bewachsene Mauern stellen einen ganz besonderen Lebensraum und Strukturtyp dar, der ein kleines Stück Wildnis mitten in unsere Siedlungen bringen kann. Allerdings gibt es bislang keinen ausreichenden Schutz für diesen vertikalen Lebensraum. In den letzten Jahren ist er zudem stark zurückgegangen, obwohl er nicht nur einen Rückzugsort für viele Tierarten darstellt, sondern auch zahlreiche Ökosystemleistungen für uns erbringt, unter anderem als großer grüner Luftfilter.

VERTIKALE WILDNIS – EFEU AN MAUERN UND SEINE BEWOHNER

Indra Starke-Ottich

Abb. 98.: Mit Efeu (*Hedera helix*) bewachsene Mauer am Höchster Schloss.

Eine Förderung der Fassadenbegrünung gehört zu den häufig genannten Forderungen im Zusammenhang mit der Anpassung der Stadt an die Folgen des Klimawandels. Andererseits wurde in den letzten Jahren an verschiedenen Stellen im Stadtgebiet jahrzehntealter Bewuchs mit einheimischem Efeu (*Hedera helix*) entfernt. Zwar muss beim Entfernen des Bewuchses der Schutz der darin lebenden Tiere berücksichtigt werden (keine Arbeiten während der Brutzeit etc.), es gibt aber für begrünte Mauern bislang kein mit der Baumschutzsatzung vergleichbares Regelwerk. Aus diesem Grund beauftragte das Umweltamt der Stadt Frankfurt am Main die Arbeitsgruppe Biotopkartierung am Forschungsinstitut Senckenberg damit, die Bedeutung mit Efeu bewachsener Wände (Abb. 98) für die Tierwelt im

Stadtgebiet näher zu untersuchen. Die Untersuchungen wurden in den Jahren 2018 und 2019 durchgeführt.

Efeu – eine ganz besondere Pflanze

Beim Efeu ist alles besonders. Das beginnt schon beim Namen, denn ob es der Efeu oder das Efeu heißt, darüber gibt es verschiedene Ansichten, selbst der Duden ist an dieser Stelle nicht eindeutig und erlaubt sowohl die männliche als auch die sächliche Form.

Efeu ist eine für die mitteleuropäische Flora sehr ungewöhnliche Pflanze (vgl. Ottich 2007). Zunächst ist festzuhalten, dass Efeu zu den Immergrünen zählt und mit seinen ledrigen Blättern den Winter überdauert. Wie andere Immergrüne in der temperaten Zone muss die Art sich daher vor allem im Winter vor Fraß schützen und über eine Art „Frostschutzmittel" verfügen, um Frostschäden in den Zellen vorzubeugen. In der Efeupflanze sorgt die Stoffgruppe der Saponine für Frost- und Fraßschutz. Die Eigenschaften der Saponine machen Efeu aber

Abb. 100: Die Efeublüten sind offen und können von unspezialisierten Bestäubern (hier eine Schwebfliege) angeflogen werden.

auch für die menschliche Nutzung in den Bereichen Medizin und Kosmetik interessant. Efeu wurde sogar zur Arzneipflanze des Jahres 2010 gewählt. Außerdem erlauben die Saponine die Herstellung von einfachen Spül- und Waschmitteln aus Efeublättern, was gerade in den letzten Jahren einige Menschen wieder als Alternative für sich entdeckt haben. Efeu gehört zur Familie der Araliengewächse (Araliaceae), die vor allem tropisch-subtropisch verbreitet und – wie die doldigen Blütenstände zeigen – mit den Doldenblütlern (Apiaceae) verwandt ist. Abgesehen vom krautigen Wassernabel (*Hydrocotyle vulgaris*) ist es die einzige in Deutschland heimische Art der Familie.

Ökologisch und im Hinblick auf diese Untersuchung besonders interessant ist der gegenüber dem Großteil der indigenen Flora verschobene Rhythmus von Blüte- und Fruchtzeit. Die Blüten erscheinen erst im Spätsommer bis Herbst, wenn das Angebot an Blüten in der Landschaft ansonsten bereits deutlich zurückgegangen ist (Abb. 99). Als Anpassung an Tierbestäubung wird Nektar an einem Diskus, das ist eine ringförmige Verdickung der Blütenachse, sezerniert. Die radiärsymmetrischen Blüten sind offen und können von verschiedenen

Abb. 99: Die Efeublüten erscheinen spät im Jahr, wenn ansonsten nur noch ein eingeschränktes Blütenangebot vorhanden ist. Man sieht hier am Hochbunker Petterweilstraße 68, dass zur Blütezeit des Efeus die benachbart wachsende Dreilappige Jungfernrebe (*Parthenocissus tricuspidata*) bereits in Herbstfärbung ist.

Abb. 101: Reife Früchte des Efeus, hier am Hochbunker Petterweilstraße 68, reflektieren UV-Licht durch eine mehlige Bereifung und können dadurch von Vögeln gut wahrgenommen werden.

unspezialisierten Bestäubern besucht werden (Abb. 100). Die doldigen Blütenstände sind aus jeweils ca. 20 Einzelblüten zusammengesetzt. An einer einzigen mit Efeu bewachsenen Fassade können mehrere Tausend Blütendolden gebildet werden, was ein erhebliches Nektarangebot auf relativ kleiner Fläche ergibt. Im Rahmen der Untersuchung wurde unter anderem darauf geachtet, inwieweit die Blüten von Insekten als Nahrungsquelle angenommen werden.

Die Früchte reifen über den Winter bis zum Frühjahr, es sind schwarz-blaue Beeren. Wie alle fleischigen Früchte zeigen auch die Efeubeeren eine Anpassung an Ausbreitung durch Tiere an. Durch eine mehlige Bereifung, die UV-Licht reflektiert (Abb. 101), sind die Früchte für Vögel sehr gut sichtbar (Scherzinger 2011). Die Früchte werden in der Regel von Vögeln vollständig verschluckt und das Fruchtfleisch verdaut. Die bis zu fünf Samen werden später unverdaut an anderer Stelle wieder ausgeschieden und sorgen so für die Verbreitung der Art. Efeubeeren sind zu einer Zeit verfügbar, in der es kaum andere Früchte in der heimischen Flora gibt. Lediglich die Früchte der Mistel (*Viscum album*) stehen im selben Zeitraum zur Verfügung (Stiebel 2003), diese Art ist aber nicht flächendeckend im Stadtgebiet vorhanden. Es sollte daher ebenfalls untersucht werden, welche Rolle Efeufrüchte als Nahrungsquelle für die Vogelwelt spielen.

Beim Efeu handelt es sich um einen Apophyten, also eine der Arten, denen der Übergang von Waldhabitaten zu anthropogenen Lebensräumen gelungen ist (Brandes 2011). Efeu gehört heute zu den Arten mit der größten Stetigkeit in Städten. Gepflanzt oder wild wachsend findet man es häufig in Gärten, Parks und auf Friedhöfen.

Efeu ist eine Liane und in der Lage, als Wurzelkletterer an Bäumen, Laternenpfählen und Wänden emporzuklettern. Dabei ist die Art kein Schmarotzer, d. h. die an den Trieben ausgebildeten Wurzeln – sogenannte Haftwurzeln (Abb. 102) – dienen lediglich der Befestigung und dringen nicht in den Trägerbaum ein. Ein moderater Efeubewuchs ist daher für gesunde Bäume in der Regel unproblematisch. Sehr starker Bewuchs kann allerdings – aufgrund der Konkurrenz um Wasser und Nährstoffe sowie seines hohen Gewichts – insbesondere für geschwächte Bäume nachteilig sein. Die Haftwurzeln verhalten sich negativ phototrop, wachsen also in die vom

Abb. 102: Haftwurzeln des Efeus, hier am Hochbunker Petterweilstraße 68, dienen dem Klettern an Bäumen oder Bauwerken.

Licht abgewandte Richtung, um Halt zu finden. Efeu gilt daher als lichtfliehende Kletterpflanze, die Triebe können tief in Spalten und Ritzen im Mauerwerk eindringen und dadurch Probleme verursachen.

In der Stadt kommt Efeu allerdings überwiegend als Bodendecker vor. Nur bei ausreichender Luftfeuchtigkeit und dem Vorhandensein geeigneter Stützen beginnt es, in die Höhe zu wachsen. Interessanterweise bildet Efeu erst ab einem Alter von mindestens 20 Jahren die sogenannten Blühtriebe; und das auch nur, wenn es klettern kann und ausreichend besonnt ist. Das bedeutet, dass bodendeckend wachsendes Efeu keine Blüten und Früchte bildet. Die Blühtriebe unterscheiden sich von anderen sowohl in ihrem Aufbau (Anordnung der Leitbündel etc.) als auch dadurch, dass sie keine Haftwurzeln ausbilden. Dadurch wachsen sie abstehend-hängend und sind vor allem für einen voluminösen Efeubewuchs an Wänden verantwortlich. Außerdem haben die Blätter an diesen Trieben eine andere Form als die übrigen Laubblätter. Diesen Blattdimorphismus bezeichnet man als Heterophyllie.

Efeu als Fassadenbegrünung

In der aktuellen Diskussion darüber, wie sich Städte auf den Klimawandel einstellen und das Mikroklima für ihre Bewohner verbessern können, nimmt die Begrünung von Gebäuden einen wichtigen Stellenwert ein. Aktuell werden unterschiedliche Systeme zur Dach- und Fassadenbegrünung in vielen Städten erprobt. Gegenüber vertikalen Pflanzungen, die in der Regel mit aufwendigen Bewässerungssystemen verbunden sein müssen, stellen im Boden wurzelnde Kletterpflanzen die in der Anlage weitaus günstigere Lösung zur Fassadenbegrünung dar (Pfoser 2017). Efeu bietet gegenüber sommergrünen Pflanzen wie Hopfen (*Humulus lupulus*) und *Parthenocissus*-Arten den Vorteil, dass seine ausgleichende, dämmende Wirkung auf das Gebäude ganzjährig gegeben ist, was auch für den ästhetischen Aspekt gilt. Verglichen mit laubabwerfenden Arten ist außerdem der Pflegeaufwand geringer, weil die Beseitigung von Falllaub im Herbst entfällt. Efeu ist anspruchslos und verträgt Rückschnitt gut.

Eine Studie der Universität Köln ermittelte, wie stark die temperaturausgleichende Wirkung des Efeubewuchses auf Hauswänden ist (Transforming Cities 2018): Bei Fassaden mit Efeu kam es zu Temperaturschwankungen von bis zu 13 °C, während blanke Fassaden Schwankungen von bis zu 35 °C aufwiesen. Zudem wurden die Absorption von CO_2 und die Filterung von Feinstaub-Partikeln und gesundheitsschädlichen Stickoxiden dokumentiert.

Zu den negativen Eigenschaften gehört allerdings, dass Efeu sehr viel stärker als andere zur

Abb. 103: Hochbunker Alt-Schwanheim 2. Für die massiven Mauern von Hochbunkern stellt Efeubewuchs keine Gefahr dar.

Fassadenbegrünung genutzte Arten ins Mauerwerk einwachsen und dieses schädigen kann. Aus diesem Grund kann es bei Begrünungen mit Efeu zu Konflikten mit dem Bauten- bzw. Denkmalschutz kommen, wie beispielsweise im Verlauf dieser Untersuchung am Höchster Schloss.

Efeu ist daher insbesondere zur langfristigen Begrünung von Hochbunkern geeignet (Abb. 103), deren massive Wände durch den Bewuchs nicht geschädigt werden können. Hochbunker standen aus diesem Grund auch im Fokus der Untersuchung. Andere massive Vertikalstrukturen aus Beton, z. B. Autobahn- und Bahnbrücken, sind grundsätzlich ebenfalls für die Begrünung mit Efeu geeignet, werden allerdings deutlich seltener begrünt, um die regelmäßige Sicherheitsüberprüfung dieser Bauwerke zu vereinfachen. Sandstein- oder Ziegelwände können potenziell besonders stark von Efeu geschädigt werden, an solchen Wänden sollten eher andere Arten für die Begrünung ausgewählt werden.

Abb. 105: Der Bewuchs an der Innenmauer des Höchster Schlosses wird aus Gründen des Denkmalschutzes regelmäßig auf halbe Höhe zurückgeschnitten.

Große Verluste

Da es aktuell kein Kataster gibt, in dem begrünte Mauern im Stadtgebiet erfasst werden, wurde eine zufällige Auswahl von Mauern getroffen, von denen aus anderen Zusammenhängen bekannt war, dass sie begrünt sind. Der Schwerpunkt lag dabei, wie bereits angesprochen, auf Hochbunkern. Dabei wurde schnell deutlich, wie dringend geboten der Schutz von begrünten Mauern im Stadtgebiet ist!

Bei der ersten Begehung der ausgewählten Standorte 2018 zeigte sich:
- Hochbunker Schmickstraße: Efeubewuchs bei Bauarbeiten fast vollständig entfernt.
- Hochbunker Alt-Schwanheim: üppiger Efeubewuchs auf der Westseite von Anwohnern kurz über der Wurzel gekappt, abgestorben (Abb. 104).
- Außenmauer Höchster Schloss: Efeubewuchs aufgrund des Denkmalschutzes bis auf einen sehr kleinen Bereich fast vollständig entfernt.
- Innenmauer Höchster Schloss: Efeubewuchs aufgrund des Denkmalschutzes nur noch auf halber Höhe vorhanden (Abb. 105).

Abb. 104: Am Hochbunker Alt-Schwanheim 2 wurde der Stamm des Efeus knapp über dem Boden gekappt.

Die Innenmauer des Höchster Schlosses wurde dennoch in die Untersuchungen einbezogen, da der Bewuchs dort zwar niedrig gehalten wird, aber durch die Länge der Mauer trotzdem noch eine beachtliche Ausdehnung hat. Auch das schmale noch vorhandene Stück mit Bewuchs an der Außenmauer wurde untersucht. Beim Hochbunker Alt-Schwanheim wurden Untersuchungen an der Ostseite durchgeführt, die jedoch im Vergleich zur Westseite nur einen spärlichen Efeubewuchs aufwies. Weitere Untersuchungsflächen boten die Hochbunker Petterweilstraße und Goldsteinstraße mit jeweils intaktem Efeubewuchs.

Efeuwände und ihre Umgebung

Für die meisten Tierarten stellen mit Efeu bewachsene Wände nur einen Teillebensraum dar. So kann beispielsweise die Amsel (*Turdus merula*) darin ihr Nest an geschützter Stelle bauen und im Spätwinter auch die Früchte fressen. Der Hauptnahrungserwerb erfolgt jedoch das ganze Jahr über auf dem Boden. Wenn keine geeigneten Flächen zur Nahrungssuche in der Nähe vorhanden sind, ist es unwahrscheinlich, dass sich die Amsel im Efeu ansiedeln wird. Hinsichtlich der Umgebungsgestaltung unterscheiden sich die Untersuchungsflächen jedoch stark (Tab. 6).

Vögel im Efeu

Für Vögel sind mit Efeu bewachsene Wände unter zwei Aspekten interessant: Einerseits als deckungsgebende Struktur, die zum sicheren Aufenthalt, als Schlafplatz oder Nistplatz genutzt werden kann, andererseits zum Nahrungserwerb. Dabei kann entweder Efeu selbst als Nahrung dienen oder es werden Wirbellose gejagt, die sich im Efeu aufhalten. Als direkte Nahrungsquelle werden in Mitteleuropa von Vögeln ausschließlich die Früchte genutzt. Es sind keine Beispiele für die Nutzung von Blüten oder Blättern dokumentiert.

Es ist bekannt, dass sich Efeubeeren in ihrer Zusammensetzung deutlich von den im Sommer und im Herbst reifenden fleischigen Früchten unterscheiden. So weisen die Früchte von Hartriegel, Holunder oder Schneeball jeweils einen Wassergehalt zwischen 80 und 90 % auf (alle Werte nach Simons & Baierlein 1990). Der Wassergehalt von Efeubeeren liegt dagegen nur bei ca. 65 % – sicherlich eine Anpassung an die Reifezeit, in der es zu Frost kommen kann. Der Gehalt an Proteinen und Kohlenhydraten in der Trockenmasse liegt etwas niedriger als bei den Früchten des Schwarzen Holunders (*Sambucus nigra*), der bekanntermaßen bei Vögeln besonders beliebt ist (Ottich 2002). Dagegen liegt der Lipidgehalt mit 14 % der

Standort	angrenzend	Umgebung
Bunker Petterweilstraße	aufgegebene, kleine Parkanlage	dichte, urbane Bebauung
Bunker Goldsteinstraße	Parkanlage mit Altbaumbestand	aufgelockerte Bebauung
Bunker Alt-Schwanheim	versiegelter Hof	dichte Bebauung, alter Ortskern
Höchster Schloss	große Parkanlage	Schloss, weitere Anlagen

Tab. 6: Umgebung der untersuchten mit Efeu bewachsenen Gebäude.

Trockenmasse sehr viel höher als bei den im Sommer reifenden Früchten des Schwarzen Holunders (2,2 %).

In der Literatur gelten Efeubeeren als ungünstige Futterquelle für Vögel. Häufig wird die Annahme vertreten, dass die Früchte nur deshalb gefressen werden, weil sie zu einer Zeit verfügbar sind, in der das Nahrungsangebot knapp ist. Dabei wird aber übersehen, dass die Nährstoffdichte durch den geringeren Wassergehalt höher ist als bei sommerreifen Beeren. Zudem könnte der hohe Lipidgehalt möglicherweise eine Anpassung an den Nahrungsbedarf der Vögel im Winter darstellen, die zu diesem Zeitpunkt mehr Fett als beispielsweise Proteine benötigen. Es ist denkbar, dass die Bedeutung der Efeubeeren bislang unterschätzt wurde und die Früchte im Gegenteil in ihrer Zusammensetzung optimal auf die Bedürfnisse von Vögeln, die hier als Ausbreitungsvektoren dienen, zugeschnitten sind.

Zahlreiche Beobachtungen dokumentieren, dass verschiedene Vogelarten diese Früchte fressen, darunter z. B. Rotkehlchen (*Erithacus rubecula*), Mönchsgrasmücke (*Sylvia atricapilla*) und verschiedene Drosseln (*Turdus* spp.) (Stiebel 2003). Früchte werden in Mitteleuropa von Vögeln üblicherweise im Sitzen aufgenommen. Efeu stellt dabei eine Besonderheit dar. Da die biegsamen Efeutriebe schwerere Vögel schlecht tragen, beobachteten Snow & Snow (1988) in England, dass verschiedene Drosselarten zum Nahrungserwerb am Efeu besondere Flugmanöver vollführten. Ähnliches beobachtete auch Stiebel (2003) bei unterschiedlichen Vogelarten in Nordhessen. Da der Nahrungserwerb im Flug energieaufwendig ist, unterstützt dies die These, dass Efeufrüchte eine günstige Nahrungsquelle für Vögel darstellen, deren Ausbeutung ernährungsphysiologisch lohnend ist.

Im Rahmen dieser Untersuchung wurden insgesamt 20 Vogelarten dokumentiert. Davon nutzten jedoch nur elf Arten den Efeubewuchs direkt (Tab. 7), die übrigen nutzten Gebäudestrukturen, d. h. sie hielten sich auf dem Dach, auf Simsen, in Nischen oder in Höchst auch an den Mauern selbst auf. Zwischen den einzelnen Standorten bestanden große Unterschiede. Am Hochbunker Alt-Schwanheim wurden gar keine Vogelarten nachgewiesen, am Hochbunker Goldsteinstraße sieben Arten, von denen sechs Arten die bewachsene Fassade nutzten. Am Höchster Schloss wurden elf Arten dokumentiert, jedoch nutzen dort nur vier die Efeuwand. Am höchsten war die Zahl der nachgewiesenen Vogelarten am Hochbunker Petterweilstraße, wobei acht von insgesamt zehn Arten die Efeuwand nutzten.

Amsel und Mönchsgrasmücke sind die einzigen Arten, die in allen drei Untersuchungsflächen dokumentiert wurden. Es handelt sich außerdem um die beiden Arten, die nachweislich im Efeubewuchs Brut großgezogen haben (Abb. 106); ein „Verdachtsfall" war der Grünfink (*Chloris chloris*) am Höchster Schloss. Unklar ist die Situation auch beim Haussperling (*Passer domesticus*) an den Hochbunkern Petterweilstraße und Goldsteinstraße; seine Nester lagen vermutlich eher in Gebäudestrukturen hinter dem Efeubewuchs, die Vögel hielten sich aber sehr häufig im Bewuchs

Abb. 106: Weibchen der Amsel (*Turdus merula*) auf dem Nest in Efeubewuchs am Höchster Schloss.

auf. Am Hochbunker Goldsteinstraße wurde ein altes Nest der Ringeltaube (*Columba palumbus*) entdeckt, das unter Nutzung von Efeu und Gebäudestrukturen gebaut worden war. Ein Nest der Kohlmeise (*Parus major*) befand sich in einer Gebäudenische an der Südwestecke des Hochbunkers Goldsteinstraße.

Von den elf Arten, für die eine direkte Nutzung der mit Efeu bewachsenen Fassaden festgestellt werden konnte, befinden sich die Bestände von

Wissenschaftlicher Name	Deutscher Name	RL D	RL HE	EZH	Hochbunker Petterweilstraße	Hochbunker Alt-Schwanheim	Hochbunker Goldsteinstraße	Höchster Schloss
Carduelis carduelis	Stieglitz	*	V	🟨				oN
Chloris chloris	Grünfink	*	*	🟩				x
Columba palumbus	Ringeltaube	*	*	🟩	x		x	
Corvus corone	Rabenkrähe	*	*	🟩	oN			
Cyanistes caeruleus	Blaumeise	*	*	🟩	x			
Erithacus rubecula	Rotkehlchen	*	*	🟩	x			oN
Fringilla coelebs	Buchfink	*	*	🟩				oN
Motacilla alba	Bachstelze	*	*	🟩			oN	
Parus major	Kohlmeise	*	*	🟩	x		x	
Passer domesticus	Haussperling	V	V	🟨	x		x	
Phoenicurus ochruros	Hausrotschwanz	*	*	🟩				oN
Serinus serinus	Girlitz	*	*	🟨				oN
Sitta europaea	Kleiber	*	*	🟩				oN
Streptopelia decaocto	Türkentaube	*	*	🟨	oN			
Sturnus vulgaris	Star	3	*	🟩	x			
Sylvia atricapilla	Mönchsgrasmücke	*	*	🟩	x		x	x
Sylvia borin	Gartengrasmücke	*	*	🟩				oN
Turdus merula	Amsel	*	*	🟩	x		x	x
Turdus philomelos	Singdrossel	*	*	🟩			x	
Turdus pilaris	Wacholderdrossel	*	*	🟨				x
Gesamt					10	0	7	11
(davon ohne Nutzung)					(2)	(0)	(1)	(7)

Tab. 7: Gesamtliste der nachgewiesenen Vogelarten in den einzelnen Untersuchungsgebieten.
x = Nutzung des Efeubewuchses zur Nahrungssuche, als Nist- oder Ruheplatz, oN = Aufenthalt am Gebäude bzw. in direkter Nähe, aber ohne Nutzung des Efeus. RL D = Rote Liste Deutschland (Grüneberg et al. 2015), RL HE = Rote Liste Hessen (VSW & HGON 2014): * = ungefährdet, V = Vorwarnliste, 3 = gefährdet. EHZ = Erhaltungszustand in Hessen nach Werner et al. (2014a). grün = günstiger EHZ, gelb = ungünstig-unzureichender EHZ.

Haussperling und Wacholderdrossel (*Turdus pilaris*) in einem ungünstig-unzureichenden Erhaltungszustand, der Haussperling steht zusätzlich in Deutschland und Hessen auf der Vorwarnliste. Die übrigen Arten gelten als ungefährdet und ihre Bestände befinden sich in einem günstigen Erhaltungszustand. Eine Ausnahme stellt der Star (*Sturnus vulgaris*) dar, der zwar in Hessen (noch) als ungefährdet gilt und dessen Bestand sich in einem günstigen Erhaltungszustand befindet, der aber deutschlandweit als gefährdet (Rote-Liste-Kategorie 3) gilt. Der Star wurde als Nahrungsgast, der Efeufrüchte frisst, dokumentiert.

Unter den Arten, die sich zwar an den Mauern aufhielten, aber keine Bindung an den Efeubewuchs zeigten, waren Girlitz (*Serinus serinus*), Stieglitz (*Carduelis carduelis*) und Türkentaube (*Streptopelia decaocto*). Ihre Bestände befinden sich zwar in einem ungünstig-unzureichenden Erhaltungszustand, allerdings wird keine dieser Arten als gefährdet eingestuft, lediglich der Stieglitz steht in Hessen auf der Vorwarnliste.

Beim Vergleich der einzelnen Standorte fällt auf, wie wichtig die Gestaltung der direkten Umgebung bzw. die Einbettung in andere Strukturen für das Vorkommen von Vogelarten ist. So wurden am Hochbunker Petterweilstraße die meisten Vogelarten im Efeubewuchs dokumentiert, obwohl der innerstädtische Standort relativ isoliert und in großer Entfernung zu naturnahen Lebensräumen liegt. Allerdings grenzt eine aufgegebene kleine Parkanlage direkt an den Bunker an. Umgekehrt wurden am Hochbunker Alt-Schwanheim mit seiner stark versiegelten Umgebung gar keine Vogelarten festgestellt, obwohl die Entfernung zum Stadtwald oder zum Mainufer gering ist. Der ökologische Wert einer mit Efeu bewachsenen Fassade ergibt sich also nicht nur aus dem Efeu selbst, sondern aus seiner Einbettung in weitere Strukturen, da die Fassaden jeweils nur Teillebensräume darstellen. So nutzen beispielsweise Amseln gerne Rasenflächen zur Nahrungssuche und konnten an allen Standorten als Brutvogel im Efeu festgestellt werden, bei denen Rasenflächen in Sichtweite vorhanden waren.

Erdgeschoss- oder Dachwohnung?

Zur Beobachtung der Vogelaktivitäten erfolgte eine Einteilung des Bewuchses in vertikale Zonen, die jeweils etwa ein Drittel der Fassadenhöhe umfassten. Bei den Bunkern entspricht das etwa ein bis anderthalb Stockwerken pro Zone. Bei den Bauwerken, bei denen das Efeu bereits auf das Dach übergegriffen hatte, wurde dieser Bereich als weitere Zone definiert. Eine Ausnahme stellt die Innenmauer des Höchster Schlosses dar. Da dort der Bewuchs regelmäßig gekappt wird, wurde er nicht weiter in Zonen unterteilt und die Beobachtungen alle der Zone „unten" zugerechnet.

Der Bewuchs ist in diesen Zonen nicht gleich stark ausgebildet. In der Zone „unten" befindet sich die Basis der Efeupflanzen mit den im Boden verwurzelten Stämmen, oft handelt es sich um mehrere Pflanzen, die über die Breite einer Fassade verteilt sind. Von den Stämmen ausgehend dehnt sich der Bewuchs meist sehr schnell in die Breite aus; er ist hier unten in aller Regel dicht anliegend und besteht überwiegend aus nichtblühenden Trieben. Oft ist noch viel Mauerwerk zu sehen. Meistens stehen zusätzlich zum Efeu noch Sträucher vor der Fassade, die den Efeubewuchs teilweise auch verdecken können.

Die Zonen „mittig" und „oben" sind sehr ähnlich strukturiert. Hier ist der Bewuchs am dichtesten und am dicksten, er kann eine bis 1,5 m starke Schicht mit vielen Blühtrieben bilden. Meistens können die Vögel die Fassaden in diesen Bereichen frei anfliegen, Sträucher spielen hier keine Rolle

Efeu-Zone	Amsel	Blaumeise	Grünfink	Haussperling	Kohlmeise	Mönchsgrasmücke	Ringeltaube	Rotkehlchen	Singdrossel	Star	Wacholderdrossel
Dach	Ba	W				Ba, F, T		F			
oben	F, T	W	T	BV, BG, W, T, S	BG	G	F, T			F, T	T
mittig	Bb, W, T, S	W	BV, T	W, T	W		F, S				T
unten	Bb, Ba, W, T, S	W		W, T	W, T		Bb, W, T		W		
Umgebung	U	U	U			U	U		U		U

Tab. 8: Aktivitäten der Vogelarten im Efeubewuchs, aufgegliedert nach vertikalen Zonen, zusammengefasst über alle Standorte (zu den Artnachweisen je Standort vgl. Tab. 7).
Brut: Bb = bestätigte Brut, belegtes Nest; Ba = verlassenes Nest; BV = Brutverdacht im Efeu; BG = Brut im Gebäude.
Nahrungssuche: W = Jagd auf Wirbellose; F = Fressen von Efeufrüchten; U = intensive Nahrungssuche in umgebenden Strukturen
Aufenthalt: T = Aufenthalt im Efeu tagsüber; S = Efeu wird als Schlafplatz aufgesucht; G = Aufenthalt mit Reviergesang.

mehr. Hohe Bäume stehen oft in deutlichem Abstand zur Fassade. In diesen Bereichen sind unter Umständen Strukturen wie Fenster, Simse, kleine Öffnungen und Nischen an der Fassade vorhanden.

Der Efeubewuchs in der Zone „Dach" deckt meist nur Teilbereiche ab. Hier können ebenfalls Blühtriebe vorhanden sein. Häufig ist der Bewuchs in dieser Zone sehr stark besonnt. Zudem befinden sich hier weitere Strukturen am Gebäude, z. B. Dachrinnen.

Wie sich die Aktivitäten der Vögel auf die unterschiedlichen Zonen des Efeubewuchses verteilen, wird zusammengefasst für alle Standorte in Tabelle 8 dargestellt.

Die Ergebnisse legen nahe, dass der obere Bereich von bewachsenen Fassaden für Vögel am wichtigsten ist. Dort wurden Aktivitäten von neun Vogelarten beobachtet, mehr als in allen anderen Bereichen. So wurden Efeufrüchte fast ausschließlich im oberen Bereich gefressen. Dies dürfte einerseits darauf zurückzuführen sein, dass in dieser Zone der stärkste Fruchtbesatz ausgebildet wird, andererseits sind die Anflugmöglichkeiten und der Schutz vor Beutegreifern wie Hauskatzen deutlich besser als weiter unten. Dabei wurden im April neben Vogelarten, die sich ohnehin ganzjährig in der Nähe der untersuchten Gebäude aufhielten (Amsel, Ringeltaube), auch Arten gefunden, die sich nur der

Früchte wegen als Nahrungsgäste eingestellt hatten, nämlich der Star am Hochbunker Petterweilstraße und die Singdrossel (*Turdus philomelos*) am Hochbunker Goldsteinstraße.

Aufgrund der Fruchtgröße sind die Früchte insbesondere für mittlere und größere Vogelarten relevant, die die Beeren im Ganzen verschlucken können. Aus der Literatur ist bekannt, dass die Mönchsgrasmücke ebenfalls Efeufrüchte frisst (Snow & Snow 1988, Stiebel 2003). Dies wurde im Rahmen der Untersuchung nicht bestätigt, obwohl bei einer Begehung Ende April am Hochbunker Goldsteinstraße bereits ein singendes Mönchsgrasmücken-Männchen zu hören war, die Art also bereits aus dem Winterquartier zurückgekehrt war.

Besonders groß ist die Bedeutung der mit Efeu bewachsenen Wände für Vögel, die Jagd auf Wirbellose machen. Dieses Verhalten wurde für sechs Vogelarten nachgewiesen, darunter die Blaumeise (*Cyanistes caeruleus*) und das Rotkehlchen, die nur aus diesem Grund die Fassaden aufsuchten. Entsprechend seiner Lebensweise nutzte das Rotkehlchen nur den unteren Bereich der Fassade und wechselte dabei häufig zwischen nahestehenden Büschen und dem Efeubewuchs hin und her. Dagegen waren Blaumeisen auf der gesamten Höhe des Gebäudes bei der Nahrungssuche anzutreffen. Auch für den Haussperling wurde die Suche nach Wirbellosen dokumentiert, da diese Vogelart während der Jungenaufzucht Insektennahrung verfüttert.

Bemerkenswert ist, dass der höchste Bereich der Fassaden auch am häufigsten als Tagesruheplatz aufgesucht wurde. Tagsüber haben mit Efeu bewachsene Fassaden eine Bedeutung als geschützter Rückzugsort für Komfortverhalten (Putzen des Gefieders) und als Schattenplatz an heißen Tagen. Dies wurde für eine ganze Reihe von Vogelarten beobachtet. Im Zuge der Klimaveränderung wird diese Funktion in den Sommermonaten

Abb. 107: Echte Wespe (*Vespinae*) beim Blütenbesuch.

sicherlich noch an Bedeutung zunehmen. Anders als Gebüsche, die sich – bedingt durch ihre geringe Höhe – in der Stadt oft sehr nah an Störungen, z. B. durch Menschen, Hunde und Katzen befinden, bieten höher gelegene Bereiche an bewachsenen Fassaden eine deutlich störungsärmere Umgebung und sind daher als Rückzugsorte besonders geeignet.

Neben der Funktion als Ruheplatz am Tag werden mit Efeu bewachsene Fassaden von einigen Arten auch als Schlafplatz aufgesucht, wobei keine klare Präferenz für eine bestimmte Zone feststellbar war. Neben den hier dokumentierten Arten Amsel, Haussperling und Ringeltaube ist diese Form der Nutzung in Frankfurt (aus anderen Untersuchungen) auch noch vom Star bekannt und für weitere Arten wahrscheinlich.

Vielfalt im Kleinen

Ähnlich wie Vögel können auch Wirbellose mit Efeu bewachsene Wände in unterschiedlicher Weise nutzen: als Versteck und Fortpflanzungsstätte wie auch zur Nahrungssuche. Außer Nektar und Pollen kommen auch Blätter, Pflanzensaft und das Holz als Nahrung in Frage. Weiterhin können Wirbellose

Jagd auf andere Wirbellose machen oder in parasitischer oder symbiontischer Beziehung zu anderen Arten stehen, die ihrerseits das Efeu nutzen.

Es war nicht das Ziel der Untersuchung, vollständige Artenlisten der Wirbellosen an den jeweiligen Standorten zu erstellen, da dies nur mit sehr hohem Aufwand und unter Einbeziehung zahlreicher Spezialisten möglich gewesen wäre. Vielmehr ging es darum, die Bandbreite der Nutzungsmöglichkeiten zu dokumentieren. Dazu wurden die Wände – soweit möglich – im unteren Bereich abgegangen und gezielt abgesucht, z. B. nach Fraßgängen im Holz, Fraßspuren an den Blättern, jagenden oder versteckten Tieren sowie Blütenbesuchern. Die Tiere wurden nach Großgruppen zusammengefasst und, wenn möglich, bis zur Art bestimmt und fotografisch festgehalten. Die Bestimmung erfolgte unter Mithilfe von Andreas Malten.

Die meisten Arten fanden sich am Höchster Schloss. Grund dafür ist vermutlich der gut ausgebildete und gut zugängliche Fassadenbewuchs im unteren Bereich. Andere Standorte waren schlecht zugänglich, was die Suche nach Wirbellosen deutlich erschwerte, z. B. der Hochbunker Goldsteinstraße, oder der Bewuchs war im unteren Teil

Abb. 109: Wiederholt wurden charakteristische Nagespuren an Efeublättern gefunden, die von Dickmaulrüsslern (*Otiorhynchus* spp.) verursacht werden.

schlecht ausgeprägt. Die Beobachtungen werden im Folgenden nach Nutzungsgruppen dargestellt. Insgesamt zeigte sich, dass alle im Vorfeld erwarteten Nutzungsformen im Untersuchungsgebiet vorkommen. Alle untersuchten Efeuwände wiesen eine arten- und individuenreiche Wirbellosen-Fauna auf. Neben dem reichhaltigen Nahrungsangebot zur Blütezeit sind dafür vermutlich das gegenüber der Umgebung ausgeglichenere Kleinklima und die vielen Versteckmöglichkeiten ausschlaggebend.

Abb. 108: Die Blaue Schmeißfliege (*Calliphora vomitoria*) beim Blütenbesuch.

Abb. 110: Am Hochbunker Petterweilstraße 68 haben Nagekäfer ihre Spuren im Efeu hinterlassen.

Abb. 111: Der zu den Nagekäfern gehörende Efeu-Pochkäfer (*Ochina ptinoides*) gilt deutschlandweit als gefährdet. Er wurde am Höchster Schloss nachgewiesen.

Abb. 112: Die Vierfleck-Zartspinne (*Anyphaena accentuata*) verbringt den Tag in ihrer Wohnröhre im Efeubewuchs.

Blütenbesucher

An besonnten Standorten, z. B. am Hochbunker Alt-Schwanheim, begann das Efeu bereits Ende August zu blühen, an weniger besonnten Fassaden erst im Verlauf des Septembers. Auf den Blüten fand sich eine Vielzahl von Wirbellosen ein. Die auffälligsten Blütenbesucher, die auch an allen untersuchten Flächen angetroffen wurden, waren Echte Wespen (Vespinae, Abb. 107), die Ende August an besonnten Stellen des Schwanheimer Bunkers sehr aktiv waren.

Bienen (Apiformes), ganz überwiegend Honigbienen (*Apis mellifera*), suchten die Efeublüten ebenfalls auf. An einer nicht genauer untersuchten, mit Efeu bewachsenen Wand an einem Privathaus in Bockenheim wurden Tiere gesehen, bei denen es sich vermutlich um die spezialisierte Efeu-Seidenbiene (*Colletes hederae*) handelte, eine sichere Bestimmung war aufgrund der Entfernung allerdings nicht möglich. Die erst seit 1993 wissenschaftlich beschriebene Efeu-Seidenbiene, die einen Verbreitungsschwerpunkt in der Pfalz hat (Burger 2008), aber inzwischen bis Paderborn und Göttingen nachgewiesen wurde (Jacobi et al. 2015), ist bereits zuvor im Rhein-Main-Gebiet gefunden worden (Tischendorf et al. 2007). Gelegentlich suchten auch Vertreter der Gattung Hummeln (*Bombus*) die Blüten auf.

Eine weitere unter den Blütenbesuchern stark vertretene Gruppe sind die Schmeißfliegen (Calliphoridae). Insbesondere die zu den Blauen

Abb. 113: Die Trauermücke *Sciara hemerobioides*.

Schmeißfliegen gehörende *Calliphora vomitoria* (Abb. 108) trat häufig nektarsaugend in Erscheinung. Auch die Schwebfliegen (Syrphidae), die zu den wichtigsten Bestäubern in Deutschland gehören, sind regelmäßig an den Efeublüten zu finden. Wir wissen, dass viele Schwebfliegen-Arten bevorzugt gelbe Blüten, wie die des Efeus, anfliegen.

Aus der Literatur ist bekannt, dass auch verschiedene Tagfalter die Efeublüten besuchen (z. B. NABU 2020), allerdings konnte dies im Rahmen dieser Untersuchung nicht bestätigt werden. Dies kann darauf zurückzuführen sein, dass es im Sommer 2018 durch die lang anhaltende Trockenheit insgesamt zu Bestandseinbrüchen bei der Tagfalter-Fauna gekommen ist und zur Blütezeit des Efeus weniger Tagfalter im Untersuchungsgebiet vorhanden waren als üblich.

Pflanzensaftsauger, Blattfresser, Nagekäfer

Aus der Gruppe der pflanzensaftsaugenden Wirbellosen wurden Blattläuse (Aphidoidea) und nicht näher bestimmte Vertreter der Weichwanzen (Miridae) nachgewiesen. Die Blattläuse hielten sich insbesondere an den zarten Blütenstielen auf. Sie wurden dort von Ameisen (Formicidae) verteidigt und gemolken.

Die Blätter zeigten an verschiedenen Standorten charakteristische halbrunde Fraßspuren, die vom Dickmaulrüssler (*Otiorhynchus* spec.) verursacht werden (Abb. 109). Die adulten Tiere fressen die Blätter an, die Larven dagegen nagen an den Wurzeln. Die gefundenen Käfer konnten nicht sicher bestimmt werden. Der Gefurchte Rüsselkäfer (*Otiorhynchus sulcatus*) kommt bekanntermaßen häufig auf Efeu vor. Die dokumentierten Tiere wiesen jedoch auch Ähnlichkeiten zum neozoischen Weißdorn-Dickmaulrüssler (*Otiorhynchus crataegi*) auf, der – anders als sein Name vermuten lässt – nicht wählerisch ist und an verschiedenen Pflanzen, vor allem Ziergehölzen, zu finden ist.

Abb. 114: Am Hochbunker Petterweilstraße 68 ist der Efeubewuchs mit vielen Blühtrieben (bzw. Fruchttrieben) ausgebildet und erreicht eine Dicke von bis zu 1,5 m.

An alten Efeutrieben wurden häufig Spuren von Nagekäfern entdeckt, z. B. am Hochbunker Petterweilstraße (Abb. 110). Der auf der Roten Liste der Bundesrepublik Deutschland als gefährdet (Gefährdungskategorie 3) eingestufte Efeu-Pochkäfer (*Ochina ptinoides*) wurde am Höchster Schloss mehrfach als Imago gefunden (Abb. 111). An den anderen Standorten konnte er nicht sicher nachgewiesen werden, obwohl er möglicherweise auch dort für die Fraßspuren verantwortlich ist. Sie könnten aber auch vom Gemeinen Nagekäfer (*Anobium punctatum*), besser bekannt als „Holzwurm", stammen.

Jäger

Insekten, die Jagd auf andere Wirbellose machen, wurden in dieser Untersuchung nicht dokumentiert. Dagegen sind Spinnen als Jäger in großer Zahl an allen Standorten vorhanden, darunter sowohl reine Lauerjäger, z. B. Krabbenspinnen (Thomisidae), als auch netzbauende Arten, wie etwa Kreuzspinnen (*Araneus* spp.). Die Krabbenspinnen als gute Kletterer kommen dabei häufig auch in höheren Bereichen des Bewuchses vor.

Sehr häufig wurden die Wohnröhren der Vierfleck-Zartspinne (*Anyphaena accentuata*) festgestellt (Abb. 112). Diese Art zieht sich tagsüber in ihre Wohnröhren zurück und geht nachts auf die Jagd. Es ist anzunehmen, dass sie im Efeubewuchs jagt, allerdings ist von dieser Art bekannt, dass sie auch in Gebäuden jagt, wenn sie hineingelangen kann.

Aufenthalt im Efeu aus unbekannten Gründen

Einige der im Efeu entdeckten Wirbellosen waren weder auf Nahrungssuche noch nutzten sie den Bewuchs als Fortpflanzungsstätte. Man kann davon ausgehen, dass sie, ähnlich wie Vögel, solche geschützten Stellen für Ruhepausen und Komfortverhalten aufsuchen.

Beispielsweise wurden mehrere adulte Tiere der Trauermückenart *Sciara hemerobioides* am Höchster Schloss nachgewiesen (Abb. 113). Die ausgewachsenen Tiere leben wenige Tage und nehmen nur Flüssigkeiten, vor allem Nektar, auf. Die Eier werden in feuchtem Boden abgelegt, die Larven fressen Pilze und totes Laub. Es ist unklar, ob die Tiere im Efeu nur einen geschützten Aufenthaltsort gesucht haben oder ob es zur Eiablage oder Nahrungsaufnahme an den Blüten gekommen ist.

Abb. 115: Am Bunker Schmickstraße wurde der Efeubewuchs bei Bauarbeiten größtenteils abgenommen. Die Fassade könnte jetzt aber wieder mit Efeu begrünt werden.

Am Höchster Schloss hielten sich außerdem nicht näher bestimmte Tiere einer Zuck- bzw. Tanzmückenart (Chironomidae) auf. Diese zart gebauten Mücken stellen eine wichtige Nahrungsquelle für die Jungenaufzucht verschiedener Vogelarten dar. Die Entwicklung der Larven kann je nach Art im Wasser oder im feuchten Boden erfolgen, der Burggraben bietet allerdings keinen geeigneten Lebensraum. Da die erwachsenen Tiere nicht sehr weit fliegen können, stammen sie vermutlich vom nahen Mainufer. Sie leben nur wenige Tage und ernähren sich überwiegend von Nektar oder Honigtau. Eine Nahrungsaufnahme am Efeu wurde nicht beobachtet, wäre aber denkbar.

Mit der Tanger-Waldschabe (*Planuncus tingitanus*) wurde außerdem ein Klimagewinner aus dem Mittelmeergebiet im Efeu nachgewiesen. Aus dem Nachweis einer Larve am Höchster Schloss kann darauf geschlossen werden, dass sich die Art im Gebiet reproduziert. Adulte Tiere sind nicht über längere Strecken flugfähig, man geht daher von einer Verschleppung durch den Menschen in neue Gebiete aus.

FAZIT

Begrünte Fassaden rücken als „grüne Infrastruktur" zur Anpassung von Städten an den Klimawandel immer stärker in den Fokus der Stadtplanung (z. B. BMUB 2015). Unter den Pflanzen, die kostengünstig vom Boden aus eine Fassade begrünen können, hat Efeu als immergrüne und einheimische Art eine besondere Bedeutung. Aus baulicher Sicht sind viele positive Aspekte bekannt (z. B. Dämmwirkung), aber auch negative wie die potenzielle Schädigung der Fassade, sodass Efeu nur für die Begrünung ausgewählter Fassaden geeignet ist. Durch ihre Haftwurzeln kommt die Art aber ohne spezielle Kletterhilfen aus und stellt keine besonderen Ansprüche.

An allen untersuchten Standorten mit Efeubewuchs im Stadtgebiet ließ sich die Nutzung durch verschiedene Tierarten nachweisen. Dabei wurde allerdings deutlich, dass es große Unterschiede hinsichtlich des Artenspektrums gibt. Für Vögel und einige Wirbellose, z. B. blütenbesuchende Insekten, stellen die Fassaden nur einen Teillebensraum dar. Dies gilt auch für Fledermäuse (vgl. Kap. „Heimliche Nachbarn – Fledermäuse in Frankfurt"). Ihr Vorhandensein war daher von der Erreichbarkeit weiterer Teillebensräume abhängig. Für die Artengruppe Vögel stellt offensichtlich die Ausstattung der direkten Umgebung den wichtigsten Faktor für eine Nutzung dar. Efeuwände, die in Parkanlagen eingebettet sind oder daran angrenzen, haben für Vögel den größten Wert und werden von ihnen mit der größten Wahrscheinlichkeit angenommen. Isoliert stehende begrünte Fassaden in einer stark versiegelten Umgebung reichen für Vögel als Lebensraum nicht aus. Allerdings handelt es sich bei den nachgewiesenen Vögeln überwiegend um Arten, die bislang noch in Parks und Gärten häufig anzutreffen sind. „Efeu-Spezialisten" konnten bei den Vogelarten nicht nachgewiesen werden, und der Anteil gefährdeter Arten ist ebenfalls gering. Trotzdem sind die mit Efeu bewachsenen Fassaden nicht zu unterschätzen, da sie nicht nur als Brutplatz und Nahrungsquelle, sondern auch als geschützter, schattiger Ruhebereich eine Rolle spielen. Diese Funktion dürfte in der durch Überwärmung geprägten Stadt auch für Vögel zunehmend wichtiger werden.

Wirbellose kamen im Efeu in großer Zahl und Vielfalt vor. Obwohl es nicht möglich war, diese Tiergruppe flächendeckend an allen Standorten zu untersuchen, wurden Vertreter aus verschiedenen systematischen und ökologischen Gruppen festgestellt, die auf ganz unterschiedliche Weise vom Efeu profitierten. Es gab dabei Spezialisten, wie den in Deutschland gefährdeten Efeu-Pochkäfer. Für weitere Arten, z. B. verschiedene Spinnen, stellt der Efeubewuchs vermutlich den Hauptlebensraum dar, während manche Arten den Bewuchs nur zu bestimmten Zeiten aufsuchen, z. B. die Blütenbesucher.

Auf der Grundlage der vorliegenden Untersuchung an mit Efeu bewachsenen Mauern in sehr unterschiedlichen Umgebungen wird empfohlen, den Schutz dieser Wände im Stadtgebiet zu verbessern. Der Rückgang konnte bereits in dieser kleinen Stichprobe eindrucksvoll dokumentiert werden (Hochbunker Schmickstraße, Hochbunker Alt-Schwanheim, Außenmauer Höchster Schloss). Doch an jedem Standort wurde eine Nutzung des Efeus durch Tiere festgestellt, d. h. mit Efeu bewachsene Wände haben immer eine Bedeutung für die Fauna, selbst wenn diese im Einzelnen unterschiedlich ausgeprägt ist und von der Umgebung beeinflusst wird.

In Hinblick auf notwendige Rückschnittmaßnahmen besteht die Problematik, dass in den Sommermonaten Neststandorte von Vögeln und Fledermausquartiere gefährdet sein können, andererseits wird im Spätsommer und Herbst zur Blütezeit die größte Aktivität bei den Wirbellosen erreicht. Dies ist ein Unterschied zu Schnittmaßnahmen bei anderen Gehölzen, die in der Regel ab dem Herbst möglich sind. Beim Efeu sollten sie aber auch in diesem Zeitraum unterbleiben. Die günstigste Zeit für Schnittmaßnahmen sind daher die Wintermonate, d. h. nach der Blüte, aber vor der Fruchtreife, da in diesem Zeitraum die wenigsten Störungen verursacht werden.

Darüber hinaus könnten Fassadenbegrünungen mit Efeu gezielt gefördert werden. Allerdings sprechen in vielen Fällen bauliche Gründe gegen die Nutzung von Efeu, daher ist es besonders wichtig, geeignete Bauwerke zu identifizieren. Efeu eignet sich insbesondere zur Begrünung von Hochbunkern (Abb. 114), deshalb sollte eine Begrünung dieser Bauwerke gezielt angegangen werden. Dort, wo im Zuge von Umbaumaßnahmen der Bewuchs bereits abgenommen wurde, z. B. in der Schmickstraße (Abb. 115), sollte Efeu wieder neu angepflanzt werden. Das gilt auch für andere Hochbunker, bei denen die Fassadenbegrünung entfernt wurde, z. B. Alt-Schwanheim. Bei Hochbunkern, die bislang gar nicht begrünt sind, sollte nach Möglichkeit eine Begrünung angelegt werden. Einige Hochbunker in Frankfurt sind bislang vor allem mit nicht einheimischen Jungfernreben-Arten begrünt. Hier sollte eine ergänzende Begrünung mit dem heimischen Efeu vorgenommen werden, das – wie dargestellt – aufgrund seines besonderen Lebenszyklus gerade während des Winterhalbjahres eine besondere Bedeutung für die Tierwelt hat, die eine Begrünung mit nicht einheimischen, sommergrünen Arten nicht bietet.

Es wird empfohlen zu prüfen, wo im Stadtgebiet weitere Bauwerke vorhanden sind, die sich für eine Begrünung mit Efeu eignen könnten. Neben den bereits genannten Hochbunkern könnten sich beispielsweise Kirchen eignen, aber auch technische Bauwerke aus Stahlbeton.

Es bleibt zu hoffen, dass der aktuell rasante Rückgang mit Efeu bewachsener Fassaden gestoppt und dieser wichtige Lebensraum im Stadtgebiet mit seinen vielfältigen Nutzern und Bewohnern langfristig erhalten werden kann.

HEIMLICHE NACHBARN – FLEDERMÄUSE IN FRANKFURT

Indra Starke-Ottich, Fabian Schrauth, Janina Püschel

Abb. 116: Zeit zum Aufstehen! Wenn es Abend wird, gehen die Fledermäuse auf die Jagd. Großer Abendsegler (*Nyctalus noctula*).

Die nächtliche Erfassung von Fledermäusen, besonders auf abgeschiedenen Flächen wie dem Hauptfriedhof, städtischen Waldinseln, im Dickicht der Wildnis-Kernfläche am Nordpark Bonames oder am Alten Flugplatz Kalbach/Bonames, ist nichts für schwache Nerven. Die letzten menschlichen Gäste ziehen sich meist bei Einbruch der Dämmerung zurück. Und während man tagsüber Ruhe und Einsamkeit des weitläufigen Hauptfriedhofs in Kombination mit dem Gezwitscher der Vögel noch genossen hat, ist es tief in der Nacht weniger beruhigend schön als vielmehr beunruhigend still. Zu still. Kaum ein Geräusch dringt dann bis in die Mitte des Hauptfriedhofs vor. Ab und zu ruft der Waldkauz, aus der Ferne klingt eine Polizeisirene herüber. Ein Rascheln im Unterholz, war das eine Maus? Eine Silhouette huscht über den Weg, war das der Fuchs? Der Hauptfriedhof ist nachts vermutlich nicht nur einer der stillsten Orte Frankfurts, sondern auch einer der finstersten. Die großen, alten Bäume schirmen die umliegende Stadtbeleuchtung ab. Die einzigen Lichter in der Dunkelheit sind die kleinen, rötlichen

Grablichter, die hier und da am Wegesrand stehen, und ab zu und auch erschrockene, kleine Augenpaare, die das Licht der Taschenlampe wie erstarrt reflektieren und dann schnell wieder im Unterholz verschwinden. Das Spiel aus diffusem Licht und Schatten zwischen den Grabsteinen, Mausoleen und Skulpturen trägt sein Übriges zur Stimmung bei.

Das menschliche Ohr ist in der Wahrnehmung doch sehr eingeschränkt. Denn weder für den Fuchs noch für die Maus ist es nachts still auf dem Friedhof. Die Gesänge der Vögel werden bei Einbruch der Dämmerung lediglich von den Rufen der Fledermäuse abgelöst (Abb. 116). Zum Glück gibt es heutzutage eine einfache Möglichkeit, jagende Fledermäuse nachzuweisen: Die Erfassung mittels Fledermaus-Detektoren, die die hochfrequenten Rufe der Fledermäuse für uns Menschen hörbar machen. Der für den Menschen hörbare Frequenzbereich liegt zwischen 16 Hz und je nach Alter bis zu 20.000 Hz (= 20 kHz). Die Fledermäuse in Deutschland rufen je nach Art meist zwischen 20 kHz und 60 kHz. Der Ultraschallbereich der Fledermäuse, also alles über 20 kHz, ist für uns schlicht und einfach nicht wahrnehmbar. Sobald man den Fledermaus-Detektor auf dem Hauptfriedhof anschaltet, wird die Stille von einer Vielzahl von Jagd-, Kontakt- und Orientierungsrufen der Fledermäuse durchbrochen. Der Detektor nimmt die Rufe auf und spielt sie in Echtzeit in einer für uns wahrnehmbaren Frequenz ab. Je nach Art, Frequenz und Verhalten klingen die aneinandergereihten Einzelrufe mal schnell ratternd, mal langsam blubbernd, mal laut und mal leise. Überall flattern die quirligen Fledermäuse um die Bäume herum, immer auf der Suche nach Insekten, nach potenziellen Partnern oder nach den besten Baumhöhlen für den nächsten Tag. Und schnell wird klar: Nur für uns ist es nachts still und dunkel auf dem Hauptfriedhof, auf dem Schollenfeld am Alten Flugplatz oder am Nidda-Altarm des Nordparks.

Die Untersuchungen

Frühere Untersuchungen hatten eine verbesserte Kenntnis der Fledermaus-Fauna in Frankfurt zum Ziel. Durch die Kombination von akustischen Erfassungen mit Netzfängen und Sichtbeobachtungen konnten beispielsweise Dietz & Balzer (2006) in den Untersuchungen der Jahre 2005 und 2006 das Vorkommen von 14 Fledermaus-Arten in Frankfurt nachweisen. Mit rein akustischen Erfassungen mittels Echtzeitdetektor wurden dabei zwölf Fledermaus-Arten im Frankfurter Raum nachgewiesen; das entspricht der Hälfte der in Deutschland vorkommenden Arten (Meinig et al. 2009).

Zwischen 2016 und 2021 untersuchte die Arbeitsgruppe Biotopkartierung im Rahmen unterschiedlicher Projekte, Gutachten und Master-Arbeiten die Fledermäuse im Stadtgebiet. Dabei stand nicht die gezielte Erfassung der Fledermaus-Fauna im Vordergrund, die Erhebungen sollten vielmehr andere Untersuchungen ergänzen, um bessere Aussagen über den naturschutzfachlichen Wert der jeweiligen Gebiete treffen zu können. Da aber sehr viele interessante Daten über eine Tiergruppe zusammengekommen sind, deren Leben sich weitestgehend im Verborgenen abspielt, werden die Ergebnisse hier zusammengefasst vorgestellt. Dabei ist zu beachten, dass ausschließlich mit der Methode der Detektorbegehung gearbeitet wurde. Damit können Fledermäuse bei der Jagd „belauscht" werden. Ein Nachweis von Quartieren oder Wochenstuben wurde damit nicht durchgeführt. Die Ergebnisse geben also Auskunft darüber, wie gut ein Gebiet als Jagdrevier für Fledermäuse geeignet ist. Daraus lassen sich Rückschlüsse auf das Vorhandensein verschiedener Insektengruppen, wie z. B. Nachtfalter, ziehen.

Wie das Beispiel der Zwergfledermaus zeigt (Abb. 117), können die Rufe der Fledermäuse nicht nur hör-, sondern auch sichtbar gemacht werden. Die Rufe von Zwergfledermäusen weisen eine hohe Variabilität von Frequenz und Form auf. Die Frequenzen reichen von 43 bis 52 kHz. Typisch sind abnehmend modulierte Einzelrufe, wie in Abbildung 117 (links) zu sehen ist. Im Oszillogramm kann man zudem eine typisch abgerundete Form der Amplitude des Einzelrufs erkennen. In Abbildung 117 (rechts), einem Ausschnitt des Spektrogramms einer Aufnahme aus Gewann 7 des Hauptfriedhofes, ist die typische Rufabfolge einer Zwergfledermaus bei der Nahrungssuche dargestellt: In der „Annäherungsphase" gehen die konstantfrequenten Suchrufe, sobald eine Beute, beispielsweise ein Nachtfalter, erkannt ist, in frequenzmodulierte Rufe mit kürzeren Rufabständen über. In der „Verfolgungsphase" wird die Frequenzbreite weiter erhöht und der Schalldruck (Lautstärke) nimmt ab (im Spektrogramm von heller Gelbfärbung zu Blautönen). Ein Abnehmen des Schalldrucks macht es für das Insekt schwerer, die Fledermaus zu lokalisieren (ähnlich wie ein „Anschleichen"). In der „Endphase" werden der Frequenzverlauf maximiert und der Rufabstand und die Ruflänge minimiert, sodass ein charakteristisches Brummen („buzz") entsteht.

Ein Vorteil der Untersuchungsmethode ist, dass die Fledermäuse dadurch nicht beeinträchtigt werden. Ein Nachteil gegenüber anderen Methoden, z. B. Netzfängen, ist, dass keine Aussagen zu Reproduktion und Populationsstruktur getroffen werden können. Außerdem lassen die erhobenen Daten keine quantitative Auswertung zu, da nicht unterschieden werden kann, ob mehrere aufgezeichnete Rufreihen vom selben Tier stammen, das z. B. über einem Weg hin und her fliegt, oder ob es sich um mehrere Tiere handelt. Zwar ist manchmal in den Aufnahmen erkennbar, dass mehrere Tiere gleichzeitig rufen, also sicher mehrere Individuen vor Ort sind, eine genaue Quantifizierung ist jedoch nicht möglich.

Mit den Detektorbegehungen beginnt man in der Abenddämmerung. Früh fliegende Arten wie der Große Abendsegler (*Nyctalus noctula*, Abb. 116) können dann oft auch noch optisch erfasst und ihr Verhalten beobachtet werden. Je dunkler der Abend, desto unsichtbarer die Fledermäuse, doch dank der technischen Unterstützung wissen wir sicher: Sie sind da!

Die meisten Begehungen fanden am Nordpark Bonames und am Monte Scherbelino statt. Diese

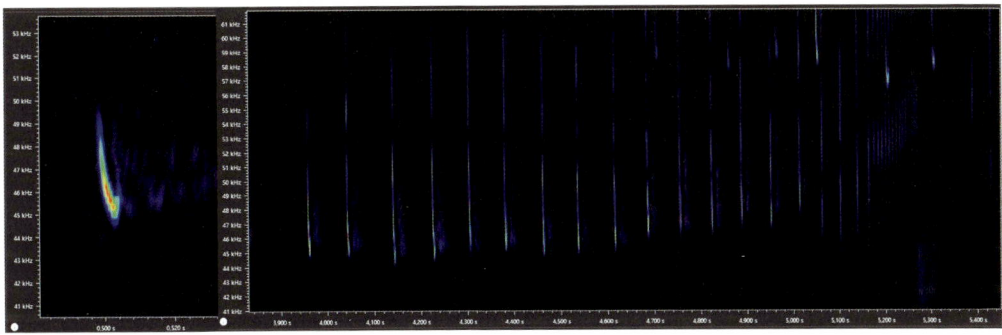

Abb. 117: Grafische Darstellung der Rufe einer Zwergfledermaus (*Pipistrellus pipistrellus*).

Flächen wurden von 2016 bis 2020 in den Sommermonaten regelmäßig begangen, sodass hier eine umfangreiche Datensammlung entstanden ist, am Nordpark Bonames gab es über 1.600 Fledermauskontakte, am Monte Scherbelino sogar über 3.500. Ergänzende Untersuchungen fanden 2020 in der „Flugplatz-Wildnis" in Kalbach/Bonames statt. Weitere Untersuchungsgebiete waren die innerstädtischen Waldbereiche Biegwald und Rebstockwald und, als große innerstädtische Grünfläche, der Hauptfriedhof. Im Rahmen der Untersuchung von mit Efeu bewachsenen Mauern wurden Fledermäuse im Umfeld der Bunker Alt-Schwanheim 2, Petterweilstraße 68 und Goldsteinstraße 302 sowie am Höchster Schloss erfasst.

Fledermäuse in der Wildnis

Auf beiden Untersuchungsflächen – Nordpark Bonames und Monte Scherbelino – konnten verschiedene Fledermäuse nachgewiesen werden. Geeignete Beutetiere (u. a. Nachtfalter, Käfer) halten sich nur dort auf, wo ein hohes Nahrungsangebot vorhanden ist, z. B. Nektar nachtblühender Pflanzen wie *Silene*-Arten. Demzufolge fehlen jagende Fledermäuse über oder entlang von frisch (komplett) gemähten Wiesen. Unter anderem deshalb sollten Wiesenflächen gestaffelt zu unterschiedlichen Terminen gemäht werden, damit ein möglichst großes Angebot an Nahrungspflanzen für Insekten erhalten bleibt. Auch artenarme, intensiv genutzte Wiesen, wie sie im Nordpark Bonames vorhanden sind, werden von den Fledermäusen nur rasch überflogen, ohne dass sie sich dort längere Zeit zur Jagd aufhalten. Fledermäuse jagen bevorzugt an und über Gehölzstrukturen, über blütenreichen Säumen und Gewässern.

Aus diesem Grund wurden gezielt bestimmte Strukturen entlang eines Transektes abgesucht. Abbildung 118 zeigt den Verlauf eines Stop-Go-Transektes, wie es 2020 am Nordpark Bonames durchgeführt wurde. Dabei wartet der oder die Untersuchende an den einzelnen Punkten stets 5 Minuten, bevor es zum nächsten Punkt weitergeht.

Wie erwartet wurde die Zwergfledermaus (*Pipistrellus pipistrellus*) als häufigste Fledermaus-Art festgestellt, auf einigen Flächen machten Kontakte der Zwergfledermaus mehr als 90 % der Registrierungen aus. Die Mückenfledermaus (*Pipistrellus pygmaeus*) war die zweithäufigste Fledermaus-Art und auf der im Wald gelegenen Frankfurter Fläche am Monte Scherbelino mitunter sogar häufiger anzutreffen als die Zwergfledermaus.

Auf den Frankfurter Wildnisflächen wurden mindestens neun der 21 aus Hessen bekannten Arten nachgewiesen (Tab. A9), wobei zu beachten ist, dass einige Aufnahmen nicht sicher bestimmt werden können und sich dahinter möglicherweise noch weitere Arten verbergen, insbesondere innerhalb

Abb. 118: Route des Stop-Go-Transektes zur Fledermaus-Erfassung im Nordpark Bonames 2020.

der Gattung *Myotis*. Bei einer so mobilen Tiergruppe wie den Fledermäusen ist die Dokumentation einer derart hohen Artenzahl nur der intensiven Untersuchung (mit mehreren Aufnahmeterminen über mehrere Jahre) zu verdanken.

Auf Basis dieses umfangreichen Datenmaterials lassen sich auch Vergleiche zwischen den beiden Flächen anstellen. So fiel beispielsweise auf, dass auf der Projektfläche Nordpark Bonames die Rauhautfledermaus (*Pipistrellus nathusii*, Abb. 119) fast ausschließlich im August festgestellt werden konnte. Das ist typisch für die Region Rhein-Main, wo es zur Migrationszeit zu zahlreichen Nachweisen kommt. Auf der Fläche am Monte Scherbelino wurde die Art dagegen den ganzen Sommer über regelmäßig registriert, möglicherweise bestehen Quartiere im nahegelegenen Stadtwald.

Ein anderes Beispiel ist die Breitflügelfledermaus (*Eptesicus serotinus*, Abb. 120), eine Art, die gerne in Gebäuden Quartier bezieht und Parks zur Jagd aufsucht. Sie wurde für das siedlungsnahe Gebiet am Nordpark Bonames erwartet, dort aber nur sehr vereinzelt und wenn dann im Frühsommer angetroffen. Offenbar ist das Angebot der bevorzugten Nahrung – große Käfer und Nachtfalter – in diesem Gebiet nicht ausreichend. Am Monte Scherbelino war die Art dagegen den ganzen Sommer über regelmäßig nachweisbar.

Am Monte Scherbelino wurden zudem regelmäßig weitere Arten beobachtet, v. a. der Große Abendsegler (*Nyctalus noctula*), der abends als Erster ausfliegt, sowie der Kleine Abendsegler (*Nyctalus leisleri*). Das Gebiet hat als offene, aber von Wald umgebene Fläche mit verschiedenen Strukturen und Gewässern eine besondere Bedeutung für die Fledermäuse im Stadtgebiet von Frankfurt am Main. Dazu trägt unter anderem bei, dass sich die Fläche durch den Wildnis-Ansatz langsam entwickeln kann und sie nicht, wie ursprünglich geplant, durch Aufforstung sehr schnell zu einem geschlossenen Waldgebiet geworden ist.

Das Gebiet am Nordpark Bonames wurde aufgrund des alten Baumbestandes mit Höhlenbäumen und Gewässern zunächst als gutes Gebiet für Fledermäuse eingeschätzt. Die Ergebnisse der Untersuchungen legen allerdings nahe, dass es zumindest als Jagdgebiet bisher für Fledermäuse noch nicht besonders interessant zu sein scheint. Ob Quartiere in den Baumhöhlen bestehen, wurde nicht untersucht. Im Laufe des gesamten Projektes wurden zwar insgesamt sieben Arten dort nachgewiesen (Tab. A9), doch nur die Zwergfledermaus

Abb. 119: Die Rauhautfledermaus (*Pipistrellus nathusii*) konnte am Monte Scherbelino regelmäßig nachgewiesen werden, auf anderen Untersuchungsflächen meist nur im August.

nutzt das Gebiet intensiv und regelmäßig zur Jagd. Alle Maßnahmen, die zur Steigerung der Artenvielfalt der Grünlandbestände und Säume führen könnten, würden letztlich auch zur Verbesserung des Nahrungsangebotes für Fledermäuse beitragen.

Zum Vergleich wurde im Sommer 2020 auch die an den Nordpark Bonames angrenzende Fläche des Alten Flugplatzes Kalbach/Bonames mit vier Begehungen untersucht. Auch hier dominiert die Zwergfledermaus, allerdings konnte zudem bei allen Begehungen der Kleine Abendsegler nachgewiesen werden. Das Artenspektrum ist dem des Nordparks sehr ähnlich, doch teilweise gelangen nur sehr wenige Kontakte, z. B. am 2. Juni 2020 nur 34 Aufnahmen bei einer Aufenthaltsdauer von 90 Minuten. Der Alte Flugplatz scheint als Jagdgebiet für Fledermäuse relativ unattraktiv zu sein, vermutlich weil die ausgedehnten Röhricht- und Gehölzbestände wenig Nahrung für die bevorzugten Beutetiere wie Nachtfalter bieten.

Abb. 120: Auch die Breitflügelfledermaus (*Eptesicus serotinus*) wurde regelmäßig am Monte Scherbelino nachgewiesen, am Nordpark Bonames dagegen nur selten.

Fledermäuse im Wald

Der Biegwald wurde in der Saison 2019 zwischen Juni und August untersucht. Da eine Detektorbegehung nur stichprobenartig den Zustand in der jeweiligen Nacht wiedergibt, ist es wichtig, mehrere Begehungen durchzuführen, um umfassendere Aussagen über das Vorkommen von Fledermäusen machen zu können (Gessner 2011). Daher wurden drei Fledermaus-Erfassungen im gesamten Untersuchungsgebiet und eine weitere Erfassung im Bereich des Parks durchgeführt. Die Route deckte dabei einen Großteil des Gebiets ab und verlief entlang von Strukturen (Waldwege, Straße, Randstrukturen von Park und Wald), welche von Fledermäusen bevorzugt genutzt werden (Skiba 2009). Man kann somit von einer repräsentativen Darstellung des Artenspektrums und der Raumnutzung im untersuchten Gebiet während der Sommermonate ausgehen. Mit weiteren Begehungen und einem längeren Untersuchungszeitraum könnten die Genauigkeit weiter erhöht und Arten, die das Gebiet nur zu bestimmten Zeiten – etwa während der Migration – aufsuchen, mit größerer Wahrscheinlichkeit dokumentiert werden.

Bei der Erfassung der Fledermäuse im Untersuchungsgebiet wurden fünf Arten festgestellt (Tab. A9). Für insgesamt 263 Detektornachweise konnten Artbestimmungen durchgeführt werden. Der Hauptanteil von 249 Nachweisen entfiel dabei auf die Zwergfledermaus (*Pipistrellus pipistrellus*), welche in allen Bereichen der abgelaufenen Route anzutreffen war. Die Nachweisdichte war dabei im Norden des Biegwalds am geringsten und entlang der Straße (Biegweg) sowie in den Randbereichen des Parks am höchsten (Abb. 121). Weitere Nachweise gelangen für die Mückenfledermaus (*Pipistrellus pygmaeus*) im Osten des Untersuchungsgebiets sowie für die Breitflügelfledermaus (*Eptesicus serotinus*) und den Kleinen Abendsegler (*Nyctalus leisleri*) im Randbereich des Parks. Bei der fünften Art handelt es sich um ein Braunes (*Plecotus auritus*) oder Graues Langohr (*Plecotus austriacus*), welches im Südteil des Biegwalds registriert wurde. Diese beiden Arten sind anhand von Detektornachweisen nicht zu unterscheiden.

Bei früheren Untersuchungen mit Detektorbegehungen und Netzfängen in den Jahren 2006 und 2011 konnten drei bzw. vier Arten nachgewiesen werden (Dietz & Balzer 2006, Dietz et al. 2013a). Das dabei ermittelte Artenspektrum war ähnlich: Mit Zwergfledermaus, Breitflügelfledermaus und Kleinem Abendsegler waren dieselben drei Arten im Gebiet festgestellt worden wie 2019. Der Große Abendsegler (*Nyctalus noctula*), der früher noch im Biegwald vorkam, war bei der aktuellen Erfassung nicht vertreten. Von der Art wurden im Jahr 2006 noch drei Balzquartiere gefunden, zudem gab es in den Jahren 2006 und 2011 jeweils einen Netzfang. Neu im Untersuchungsgebiet waren dagegen Mückenfledermaus und Braunes/Graues Langohr.

Im Hinblick auf die Habitatansprüche der festgestellten Arten handelt es sich bei Zwerg- und Mückenfledermaus überwiegend um Gebäudebewohner, die seltener auch Baumhöhlen als Wochenstubenquartiere nutzen (LBV-SH 2011). Für die Jagd werden Wälder oder Waldrandbereiche bevorzugt (Dietz & Balzer 2006). Somit besteht die Möglichkeit, dass der Biegwald von diesen Arten sowohl zum Nahrungserwerb als auch als Fortpflanzungsstätte und Sommerquartier genutzt wird. Die Breitflügelfledermaus (Abb. 122) ist dagegen ein typischer Gebäudebewohner (Dietz & Balzer 2006) und steuert zur Jagd überwiegend Offenland wie Parks oder Waldränder an (Lubeley 2003). In Übereinstimmung hiermit wurden alle Beobachtungen dieser Art im Randbereich des Parks gemacht, was darauf schließen lässt, dass sie den Biegwald nur zum Nahrungserwerb aufsucht.

Der Kleine Abendsegler gilt dagegen als eine baumbewohnende Art, die in Parkanlagen und an Waldrändern jagt (Skiba 2009). Angesichts der Detektornachweise im Randbereich des Parks erscheint es daher möglich, dass der Biegwald für diese Art sowohl Sommerquartiere als auch geeignete Jagdmöglichkeiten bietet. Braunes und Graues Langohr unterscheiden sich deutlich bezüglich ihrer Quartier- und Jagdgebiete. Während das Braune Langohr Baumhöhlen als Quartiere nutzt und bevorzugt in Wäldern jagt (Dietz & Simon 2003a), handelt es sich beim Grauen Langohr um eine gebäudebewohnende Art, welche offene Kulturlandschaften oder Waldränder zur Nahrungssuche ansteuert (Dietz & Simon 2003b). Im Hinblick auf den Ort des Detektornachweises an einem Waldweg im Süden des Biegwalds liegt die Vermutung nahe, dass es sich um ein Braunes Langohr handelt. Von dieser Art liegen zudem weitere Nachweise im Frankfurter Stadtwald vor, während bisher nur zwei Fundpunkte des Grauen Langohrs am östlichen Rand des Stadtgebiets existieren (Dietz & Balzer 2006).

Artübergreifend war eine Häufung der Detektornachweise im Randbereich des Parks und entlang der beleuchteten Straße (Biegweg) zu erkennen.

Abb. 121: Detektornachweise der Fledermäuse im Biegwald entlang der begangenen Route.

Abb. 122: Die Breitflügelfledermaus (*Eptesicus serotinus*) wurde im Biegwald nur im Areal des Parks im Norden festgestellt.

Der Park besteht aus einer freien Fläche, die von hohen Bäumen eingerahmt wird und an den Wald grenzt. Solche Landschaftsstrukturen werden gerne von Fledermäusen als Jagdhabitat angenommen (Skiba 2009). Die hohe Dichte an Detektornachweisen der Zwergfledermaus entlang des Biegwegs kann mit der Straßenbeleuchtung in Verbindung gebracht werden. Da Zwergfledermäuse im Gegensatz zu anderen Arten eine geringe Empfindlichkeit gegenüber Lichtimmissionen haben, suchen sie gezielt solche Orte auf, um die angelockten Insekten zu fangen (BfN 2022a). Zudem stellt die Straße einen geeigneten Flugkorridor zwischen dem Wohngebiet östlich des Biegwalds und der Nidda dar.

Bis auf das Langohr sind alle im Untersuchungsgebiet nachgewiesenen Fledermaus-Arten wenig empfindlich gegenüber Lebensraumzerschneidungen (LBV-SH 2011), empfindlichere Arten wie die Bechsteinfledermaus (*Myotis bechsteinii*) wurden dagegen nur in weiter am Stadtrand gelegenen Waldgebieten nachgewiesen (Dietz & Balzer 2006). Für diese Arten stellen großflächige Zerschneidungen geeigneter Lebensräume aufgrund ihres strukturgebundenen Fluges schwer überwindbare Hindernisse dar (Dietz & Balzer 2006, LBV-SH 2011,

Brinkmann et al. 2012). Dies legt nahe, dass sich die isolierte Lage des Biegwalds auch auf die Artenzahl und das Artenspektrum auswirkt. Als zusätzlicher Faktor muss die relativ geringe Größe des Areals berücksichtigt werden. So stellten Dietz & Balzer (2006) fest, dass die Anzahl der Fledermaus-Arten in Frankfurter Waldgebieten mit steigender Fläche zunimmt.

Vergleicht man das Artenspektrum im Biegwald mit den 15 in Frankfurt vorkommenden Fledermaus-Arten (Dietz et al. 2013b), gehören die Zwergfledermaus, der Kleine Abendsegler und die Breitflügelfledermaus zu den fünf am häufigsten akustisch nachgewiesenen Arten (Dietz & Balzer 2006). Dabei entfallen sowohl im Untersuchungsgebiet als auch im gesamten Stadtgebiet die mit Abstand meisten Detektornachweise auf die Zwergfledermaus. Von Mückenfledermaus und beiden Langohr-Arten liegen in Frankfurt dagegen bisher nur wenige Beobachtungen vor (Dietz & Balzer 2006).

Der Rebstockwald befindet sich südlich des Biegwaldes und ist von diesem durch eine Bahntrasse und die Bundesautobahn 648 getrennt. Er wurde großflächig gerodet, um Raum für Verkehrsflächen und Gebäude zu schaffen. Heute existiert nur noch

Abb. 123: Verteilung der Fledermauskontakte im Rebstockwald 2021. Rot – Zwergfledermaus, blau – Rauhautfledermaus.

ein kleiner Waldrest direkt an der Autobahn. 2021 wurden dort drei Begehungen zur Erfassung von Fledermäusen durchgeführt. Mit den Rufaufnahmen konnten lediglich zwei Fledermaus-Arten nachgewiesen werden. Wie die aus den drei Begehungen kompilierte Karte (Abb. 123) zeigt, nutzen Zwergfledermäuse (*Pipistrellus pipistrellus*) den Rebstockwald auf der gesamten Fläche und sind dort regelmäßig anzutreffen. Nur einmal gelang der Nachweis einer Rauhautfledermaus (*Pipistrellus nathusii*). Diese migrierende Art nutzt den Rebstockwald nicht regelmäßig als Jagdgebiet oder gar Vermehrungsraum und muss daher als Gast bewertet werden.

Abb. 124: Der Große Abendsegler (*Nyctalus noctula*) gehört zu den auf dem Frankfurter Hauptfriedhof nachgewiesenen Arten.

Fledermäuse am Hauptfriedhof

Als reine Insektenfresser reagieren Fledermäuse sehr empfindlich auf die Intensivierung der Land- und Forstwirtschaft und die dabei verwendeten Pestizide und Herbizide, auf Überdüngung sowie auf die Zerstörung von Habitaten durch Überbauung und Fragmentierung. Hinzu kommen Nebeneffekte urbaner Lebensräume wie die Störung durch Lärmemission und durch künstliche Lichtquellen. Da das nächtliche Betreten des Frankfurter Hauptfriedhofs (Stadt Frankfurt am Main 2018) sowie vieler anderer Friedhöfe aufgrund von möglichem Vandalismus verboten ist, besteht hier auch kein Bedarf an künstlicher Beleuchtung. Insekten und Fledermäuse können somit unbeeinflusst von künstlichen Lichtquellen ihre ökologische Funktion erfüllen.

Um das Artenspektrum der Fledermaus-Fauna auf dem Frankfurter Hauptfriedhof zu untersuchen, erfolgte zwischen Juli und August 2019 eine akustische Erfassung der dort jagenden Fledermäuse. Es fanden insgesamt drei Begehungen statt, bei welchen das Friedhofsgelände ab Sonnenuntergang bis nach Einbruch der Nacht mit einem Echtzeitdetektor abgelaufen wurde.

Wie die Untersuchung zeigt, kommen dort fünf Fledermaus-Arten vor. Die mit großem Abstand häufigste Fledermaus-Art auf dem Frankfurter Hauptfriedhof ist die Zwergfledermaus (*Pipistrellus pipistrellus*), welche in der parkähnlichen Landschaft einen idealen Lebensraum vorfindet. Zu den sicher nachgewiesenen Arten zählen weiterhin die Breitflügelfledermaus (*Eptesicus serotinus*), der Große Abendsegler (*Nyctalus noctula*, Abb. 124) und der Kleine Abendsegler (*Nyctalus leisleri*). Hinzu kommt eine Art der Gattung *Myotis*, welche anhand der aufgenommenen Rufe nur auf Gattungsniveau bestimmt werden konnte, aber vermutlich zu den Bartfledermäusen zählt.

Damit konnte etwa ein Drittel der im Raum Frankfurt vorkommenden Fledermaus-Arten auch auf dem Frankfurter Hauptfriedhof ausgemacht werden (Dietz et al. 2006). Das ist in Anbetracht der Größe des Geländes nicht sehr artenreich, jedoch wurde vor allem die Zwergfledermaus in sehr hoher Dichte festgestellt. Neben dem hohen Strukturreichtum bietet das Fehlen künstlicher Lärm- und vor allem Lichtquellen den größten Vorteil für Fledermäuse auf dem Frankfurter Hauptfriedhof, nämlich dass sie dadurch unbeeinträchtigt nach Insekten jagen können. Insgesamt stellt sich der Frankfurter Hauptfriedhof als wichtiger Lebensraum für Fledermäuse dar, insbesondere als Tagesquartier (Sommerquartier, Wochenstubenquartier etc.). Die Existenz von Quartiermöglichkeiten ist neben der Nahrungsverfügbarkeit ein wichtiger Faktor für die Eignung eines Gebietes als Lebensraum für Fledermäuse. Als Tages- und Sommerquartier können dabei neben Höhlen und Spalten in Bäumen auch Felshöhlen dienen, welche in urbanen Gebieten häufig durch kleine Hohlräume in Gebäuden repräsentiert werden.

Die für urbane Lebensräume typischen Fledermaus-Arten wie Zwerg- und Mückenfledermaus sind dabei wie bereits erwähnt meist Generalisten, die sowohl Gebäude- als auch Baumquartiere beziehen können. Der Große und der Kleine Abendsegler bevorzugen dagegen fast immer Baumhöhlenquartiere. Dass während der Erfassungen keine anderen weit verbreiteten und häufigen Fledermaus-Arten wie Mücken- und Wasserfledermaus beobachtet wurden, könnte auf das Fehlen von Wasserflächen im Hauptfriedhof zurückzuführen sein, da diese beiden Arten Stillgewässer als bevorzugte Nahrungshabitate aufsuchen. Somit ist es aufgrund des hohen Anteils an Höhlenbäumen auf dem Hauptfriedhof sehr wahrscheinlich, dass weitere Arten dort ihre Quartiere haben, das Gelände jedoch bei Einbruch der Dämmerung auf dem Weg zu ihren Nahrungshabitaten verlassen und dann auch nicht mit einem Detektor erfasst werden können.

Können Fledermäuse von Efeu profitieren?

Mit Efeu bewachsene Mauern können für Fledermäuse aus zwei verschiedenen Gründen interessant sein. Wegen der dort lebenden Wirbellosen kommen sie als Jagdgebiet in Frage. Dieser Aspekt wurde im Rahmen einer Untersuchung zur Bio-

Abb. 125: Mückenfledermaus (*Pipistrellus pygmaeus*).

diversität an von Efeu bewachsenen Mauern von Bunkern und am Höchster Schloss näher beleuchtet. Darüber, ob mit Efeu bewachsene Wände Fledermäusen auch als Tagesquartier dienen, herrscht in der Literatur Uneinigkeit. Während einige Autoren die Ansicht vertreten, dass Fledermäuse Bäume mit Efeubewuchs meiden, um die empfindlichen Flughäute nicht an den Trieben zu verletzen, geht Zinke (2013) davon aus, dass zumindest Zwergfledermäuse Efeubewuchs an Fassaden und Bäumen als temporäres Quartier nutzen. Dieser Aspekt konnte mit der gewählten Methodik jedoch nicht näher beleuchtet werden.

Um zu ermitteln, inwieweit mit Efeu bewachsene Mauern als Jagdgebiet für Fledermäuse relevant sind, wurde mit den Detektoraufnahmen in der Dämmerung begonnen, sodass sich auch das Verhalten der Tiere noch beobachten ließ. Bei künstlicher Beleuchtung konnte die Beobachtung des Verhaltens in der Regel selbst nach Einbruch der Dunkelheit (zumindest in Teilbereichen) fortgesetzt werden.

Bei allen Begehungen waren Fledermäuse vor Ort. Dabei bestanden jedoch große Unterschiede hinsichtlich des Artenspektrums und der Raumnutzung. Einen Überblick darüber, welche Arten an welchem Standort nachgewiesen wurden, gibt Tabelle A9.

Obwohl der Hochbunker Petterweilstraße dreimal begangen wurde, konnte dort lediglich eine Art, die Zwergfledermaus (*Pipistrellus pipistrellus*), festgestellt werden und das auch nur in geringer Individuenzahl (maximal vier Tiere gleichzeitig). Diese Tiere hielten sich jedoch dauerhaft in der Nähe des Gebäudes auf und flogen die mit Efeu bewachsenen Wände gezielt bei der Nahrungssuche ab. Am 28. August 2018 erfolgten zwei kurze Registrierungen eines Großen Abendseglers (*Nyctalus noctula*). Das Tier hielt sich jedoch nicht länger im Gebiet auf und nutzte die Efeuwand nicht gezielt, wird also nur als „überfliegend" bewertet.

Am Hochbunker Alt-Schwanheim wurden vier Fledermaus-Arten festgestellt. Ein Großer Abendsegler (*Nyctalus noctula*) kam jedoch nur kurz in die Nähe des Bunkers. Da diese Art meist in größeren Höhen jagt, handelte es sich vermutlich um ein überfliegendes Tier. Dagegen hielten sich Individuen der Arten Zwergfledermaus (*Pipistrellus pipistrellus*), Mückenfledermaus (*Pipistrellus pygmaeus*) und Rauhautfledermaus (*Pipistrellus nathusii*) über einen längeren Zeitraum in der Nähe des Bunkers auf. Allerdings flogen die Fledermäuse die Efeuwand kaum gezielt an, vielmehr konzentrierte sich die Aktivität auf die Krone der großen Rosskastanie, die im Hof vor dem Bunker gepflanzt ist.

Am Hochbunker Goldsteinstraße wurden zahlreiche Fledermäuse angetroffen. Auf fast jeder Aufnahme sind die Rufe mehrerer Individuen gleichzeitig zu hören, dabei meist sowohl Zwergfledermäuse (*Pipistrellus pipistrellus*) als auch Mückenfledermäuse (*Pipistrellus pygmaeus*, Abb. 125). Auch optisch waren zahlreiche Individuen auszumachen. Die Tiere flogen sowohl die Efeuwände ab als auch die Kronen der in der Nähe stehenden alten Eichen.

Am Höchster Schloss, im sogenannten Burggraben, also dem eingetieften Bereich zwischen Innen- und Außenmauer, konnten Zwergfledermäuse (*Pipistrellus pipistrellus*), Rauhautfledermäuse (*Pipistrellus nathusii*) und eine akustisch nicht näher zu bestimmende *Myotis*-Art nachgewiesen werden. Im Osten, wo sich die auf ganzer Höhe bewachsene Efeuwand befindet, wurden ausschließlich Zwergfledermäuse registriert, die diese Wand auch gezielt anflogen. Im übrigen Teil des Burggrabens spielte der niedrige Efeubewuchs für jagende Fledermäuse keine besondere Rolle. Sie hielten sich überwiegend in deutlich größerer Höhe auf. Insbesondere zwischen dem Burggraben und dem westlich angrenzenden Brüningpark bestand reger „Flugverkehr".

Die Ergebnisse zeigen, dass mit Efeu bewachsene Wände eine Bedeutung für jagende Fledermäuse haben. Das Vorkommen von Fledermaus-Arten hängt dabei aber weniger von der direkten Umgebungsgestaltung ab, wie es bei den in derselben Untersuchung nachgewiesenen Vogelarten der Fall war (vgl. Kap. „Vertikale Wildnis – Efeu an Mauern und seine Bewohner"). Vielmehr scheint die Vernetzung, also die Entfernung zu anderen geeigneten Lebensräumen, eine große Rolle zu spielen (Tab. 9). Obwohl der Hochbunker Petterweilstraße über den gesamten Zeitraum dreimal begangen wurde und sich die direkte Umgebungsgestaltung durch den aufgegebenen Park und die Innenhof-Situationen für Vögel als günstig erweist, kommt in dieser urbanen Lage lediglich die Zwergfledermaus vor. Es ist wahrscheinlich, dass diese Art auch im Efeu selbst oder im Gebäude ihre Quartiere hat. Andere Arten erreichen den isolierten Standort dagegen nicht.

Am Hochbunker Alt-Schwanheim stellte sich die Situation völlig anders dar. Der Efeubewuchs und die Umgebungsgestaltung mit hohem

Versiegelungsgrad sind für Vögel schlecht geeignet. Dagegen wurden hier besonders viele Fledermaus-Arten registriert, die allerdings den Efeubewuchs selbst nicht nutzten. Das Vorkommen der Fledermäuse geht hier sicherlich auf die Nähe zum Stadtwald zurück, dessen Grenze sich nur einige Hundert Meter südlich befindet.

Auch das Höchster Schloss und der Hochbunker Goldsteinstraße sind für jagende Fledermäuse vom Stadtwald oder von Jagdgebieten entlang des Mains aus erreichbar, zusätzlich befinden sie sich eingebettet in größere Parks und Grünanlagen, teilweise mit Altbaumbestand. Es erstaunt daher nicht, dass hier neben der Zwergfledermaus weitere Arten beobachtet werden können.

Bei den beobachteten Rauhautfledermäusen handelte es sich wahrscheinlich um durchziehende Tiere. Die Nachweise erfolgten jeweils Ende August am Höchster Schloss und am Hochbunker Alt-Schwanheim. Zu dieser Zeit wird die Art auch in anderen Teilen des Stadtgebietes registriert, z. B. am Nordpark Bonames, wo sie bei Begehungen in den Monaten Mai bis Juli nicht nachgewiesen werden konnte. Aus der Literatur ist bekannt, dass es sich bei der Rauhautfledermaus um eine ziehende Fledermausart handelt (Skiba 2014), die Ende August bereits auf dem Weg ins Winterquartier sein könnte. Dietz & Balzer (2006) beobachteten Rauhautfledermäuse ebenfalls vor allem zur Migrationszeit im Spätsommer im Frankfurter Stadtgebiet, allerdings fanden sie vereinzelt auch Sommerquartiere dieser Art.

Damit Efeuwände von Fledermäusen als Jagdrevier genutzt werden, müssen sie offenbar eine gewisse Höhe haben. Am Höchster Schloss erwies sich nur der auf voller Höhe bewachsene Teil der Außenmauer als relevant für Fledermäuse. Dort wo das Efeu aus Gründen des Denkmalschutzes niedrig gehalten wird, ignorieren sie es.

Für einige Fledermaus-Arten können Efeuwände also ein interessantes Jagd-Revier sein, z. B. für Zwergfledermäuse und Mückenfledermäuse. Für alle weiteren registrierten Arten ließ sich im Rahmen dieser Untersuchung kein direkter Zusammenhang mit dem Efeu feststellen. Die Kronen großer freistehender Bäume in der Nähe der Fassaden scheinen für sie wesentlich interessanter zu sein. Bemerkenswert ist vor allem der Befund aus Alt-Schwanheim, wo eine einzelne große Rosskastanie in einer ansonsten ökologisch wenig attraktiven Umgebung von zahlreichen Fledermäusen angeflogen wurde.

Standort	Entfernung zum Fluss	Entfernung zum Wald
Bunker Petterweilstraße	groß	groß
Bunker Goldsteinstraße	gering	gering
Bunker Alt-Schwanheim	gering	gering
Höchster Schloss	sehr gering	mittel

Tab. 9: Entfernung der untersuchten, mit Efeu bewachsenen Mauern zu Flüssen und Wäldern.

FAZIT

Die Methode der Detektorbegehung ist zwar mit Einschränkungen verbunden, bietet aber eine gute Annäherung an das Leben der Fledermäuse, ohne diese bei ihren Aktivitäten zu stören. Es hat sich gezeigt, dass Frankfurt über ein reiches „tierisches Nachtleben" verfügt, das sich unseren Blicken weitestgehend entzieht. Fledermäuse waren in allen untersuchten Gebieten anzutreffen, zumindest die Zwergfledermaus (Abb. 126), die nur geringe Ansprüche bei der Wahl ihrer Quartiere stellt und die überall im Stadtgebiet vorkommt. Arten mit höheren Ansprüchen sind dagegen eher in den Gebieten mit geringerer Störungsintensität zu finden, wie dem Hauptfriedhof und dem „Fledermaus-Hotspot" Monte Scherbelino.

Während der Vogelzug gut im Bewusstsein der Bevölkerung verankert ist, wissen nur wenige, dass auch viele Fledermäuse zwischen Sommer- und Winterquartieren wechseln. Ein Beispiel ist die Rauhautfledermaus, die während der Migrationszeit in vielen Frankfurter Gebieten nachgewiesen werden konnte.

Die Ergebnisse der Untersuchung zeigen sehr deutlich, dass Betrachtung und Bewertung der Flächen nicht isoliert von ihrer Umgebung durchgeführt werden können. Während die Gestaltung der ihrem Brutplatz nahegelegenen Lebensräume für die Nahrungssuche von Vögeln entscheidend ist, legen Fledermäuse auf ihren nächtlichen Jagdflügen teilweise erhebliche Distanzen zurück. Alle untersuchten Flächen stellen somit für Fledermäuse immer nur einen Teillebensraum dar. Es hängt davon ab, in welcher Entfernung Strukturen wie Wälder oder Gewässer vorhanden sind, ob bestimmte Arten diese Gebiete erreichen oder nicht. Umso wichtiger sind Vernetzungskonzepte und die Förderung blütenreicher Säume als Trittsteinbiotope, die verschiedenen Insektengruppen, insbesondere Nachtfaltern, Nahrung bieten. Die Ergebnisse aus den unterschiedlichen Arealen in der Stadt unterstreichen die Wichtigkeit eines optimierten Grünflächenmanagements, von dem nicht nur die tagaktiven Wildbienen und Tagfalter abhängen, sondern auch das weniger bekannte tierische Nachtleben.

Abb. 126: Junges Weibchen der Zwergfledermaus (*Pipistrellus pipistrellus*).

WILDNISELEMENTE IM SIEDLUNGSBEREICH

Wildniselemente sind nach Kowarik (2015) definiert als Lebensräume, die sich auf von Menschen gemachten Standorten im urbanen Raum – zumindest für eine gewisse Zeit – weitgehend unbeeinflusst von gezielten menschlichen Eingriffen entwickeln. Diese Habitate können sehr unterschiedliche Größen besitzen. Es ist erstaunlich, dass einige davon – selbst im dicht besiedelten städtischen Raum – immer noch wenig Beachtung finden, obwohl sie in großer Zahl vorkommen und ihre Gesamtfläche dadurch erheblich sein kann. Vor allem die in den Städten oft zur Belastung werdende wachsende Zahl heißer Tage und Nächte, die zu erwartende zunehmende Erwärmung und das daraus resultierende stark gestiegene Interesse an der Stadtnatur als „klimatischem Dienstleister" haben solche Lebensräume wieder mehr in den Fokus gerückt.

Die Untersuchung zu den Pflasterfugen belegt eine erstaunliche Artenvielfalt an diesen Standorten in Frankfurt, dokumentiert aber auch die Unterschiede zwischen den verschiedenen Pflastertypen. Hier kann ohne zusätzlichen Flächenbedarf Platz für mehr Stadtnatur geschaffen werden. Dasselbe gilt für Baumscheiben (die nicht versiegelten Flächen an der Basis von Straßenbäumen), auf denen sich ohne großen Aufwand kleine Vegetationsinseln im versiegelten

Abb. 127: Wildniselement im Siedlungsraum: Baumscheibe mit Mäusegerste (*Hordeum murinum*).

Bereich entwickeln können (Abb. 127). Da beide Habitate in unmittelbarer Nähe des Menschen zu finden sind, kann eine Verbesserung im Hinblick auf Artenvielfalt und damit verknüpfte Ökosystemleistungen allerdings nur gelingen, wenn die Kleinlebensräume von Bürgerinnen und Bürgern entsprechend rücksichtsvoll behandelt werden. Hier wird noch viel Informations- und Überzeugungsarbeit zu leisten sein, um Wertschätzung und angemessenes Verhalten zu erreichen.

Ein dritter Beitrag befasst sich mit dem Götterbaum, einem Neophyten, der in Frankfurt wie in vielen anderen Städten inzwischen fest etabliert ist. Auch hier können wir eine „wilde", vom Menschen nicht gezielt beeinflusste und auch nicht gewünschte Entwicklung beobachten, nämlich die starke Ausbreitung der Art in den letzten Jahren. Der Götterbaum ist so konkurrenzstark und regenerationsfähig, dass er sich vielerorts trotz Bekämpfung durch den Menschen hält und weiter ausbreitet. Interessanterweise ist die Verbreitung vor allem auf die klimatisch extremen Innenstädte konzentriert. Mit fortschreitendem Klimawandel kann die Art aber auch bei uns zur Gefahr für seltene und geschützte Lebensräume werden, z. B. Halbtrockenrasen oder Auenstandorte.

DIE ÜBERSEHENE STADTNATUR – VEGETATION DER PFLASTERFUGEN

Franziska Walther, Indra Starke-Ottich, Georg Zizka

Abb. 128: Gepflasterte Flächen wie dieser breite Gehweg im Ostend sind ein typisches Element von Städten.

Gepflasterte Flächen gehören zum Bild einer Stadt einfach dazu. Selbst wenn der Anteil asphaltierter Flächen wächst und das unregelmäßige Kopfsteinpflaster vielerorts ausgedient hat, so prägen die unterschiedlichen Pflastertypen unverändert Gehwege, Fußgängerzonen und öffentliche Plätze (Abb. 128). Dabei unterscheidet man zwischen Funktions- und Gestaltungspflastern. Die Funktionspflaster, die vor allem auf hohe Stabilität ausgelegt sind, überwiegen meist. Am bekanntesten ist in Frankfurt sicherlich das Doppel-T-Verbundstein-Pflaster, das auf vielen Bürgersteigen zum Einsatz kommt (Abb. 129). Besondere Varianten dienen der visuellen oder taktilen Leitung von Verkehrsteilnehmern. Gestaltungspflaster hingegen erfüllen vorwiegend dekorative oder reprä-

Abb. 129: Das Doppel-T-Verbundsteinpflaster ist typisch für viele Frankfurter Gehwege.

sentative Zwecke, z. B. durch Verwendung verschiedener Steinarten oder Farben; sie werden in der Regel auf öffentlichen Plätzen eingesetzt.

Alle Pflastertypen haben gemeinsam, dass sich zwischen den einzelnen Elementen Fugen befinden (Abb. 130), wodurch sie sich von den flächig asphaltierten Bereichen unterscheiden. Diese Fugen bieten einen Lebensraum für Pflanzen, der nur auf den ersten Blick sehr klein zu sein scheint, denn im Großen betrachtet überziehen Pflasterfugen das ganze Stadtgebiet mit einem riesigen Netzwerk. In der stark zerschnittenen Stadtumgebung können Pflasterfugen unter Umständen – im wahrsten Sinne des Wortes – als Trittsteinbiotope Lebensräume verbinden.

In ländlichen Regionen besteht häufig eine gesellschaftliche Verpflichtung, Bürgersteige und Höfe frei von jeglichem Bewuchs zu halten. In kurzen Abständen kommen mechanische Methoden wie Kratzer, Fugenbürste und Gasbrenner zum Einsatz und § 12 des Pflanzenschutzgesetzes, der den Einsatz von Pflanzenschutzmitteln auf gepflasterten Flächen verbietet, wird für den gepflegten Eindruck gelegentlich außer Acht gelassen. In der Stadt, wo die Reinigung der Fußwege der Stadtreinigung unterliegt, sind die Bearbeitungsabstände dagegen oft sehr viel größer, und vielerorts spielt die Entfernung der Pflanzen gegenüber der eigentlichen Reinigung nur eine untergeordnete Rolle. Somit kann sich in Städten eine reiche Pflasterfugenflora entwickeln. Dieser „Wildwuchs" kann als Wildniselement im Sinne von Kowarik (2015) verstanden werden und verdient als stadtspezifischer (bzw. dort besonders ausgedehnter) Lebensraum Aufmerksamkeit.

Grund genug also, die Pflasterfugenflora von Frankfurt genauer zu betrachten. Wie viele und welche Pflanzenarten können diesen Lebensraum tatsächlich nutzen? Gibt es Unterschiede in der Besiedlung zwischen den verschiedenen Pflastertypen? Welchen Beitrag können Pflasterfugen zur Biodiversität in der Stadt leisten? Diese und weitere Fragen wurden im Rahmen einer Master-Arbeit (Walther 2014) bearbeitet.

Abb. 130: Allen Pflastertypen gemeinsam sind die Fugen zwischen den Pflastersteinen. Hier bewachsen mit Horn-Sauerklee (*Oxalis corniculata*).

Untersuchungsgebiete

Nach Auskunft des Amtes für Straßenbau und Erschließung sowie des Grünflächenamtes waren 2014 in Frankfurt insgesamt 6,45 km² gepflasterte Fläche (rund 2,6 % der Stadtfläche) im öffentlichen Raum vorhanden. Davon entfallen 5,1 km² auf gepflasterte Wege (etwa 2 % des Stadtgebietes), 1,1 km² (0,4 %) auf gepflasterte Wege in Grünanlagen und 0,25 km² (0,1 %) auf öffentliche Plätze. Für die detaillierte Untersuchung der Fugen wurden drei miteinander verbundene Gebiete ausgewählt, die typische Stadtbereiche darstellen. Das Untersuchungsgebiet Innenstadt, das die Altstadt mit einschließt, repräsentiert einen Bereich, der seit langer Zeit gepflastert ist und einen hohen Anteil an gepflasterten Flächen aufweist. Dieses Areal hat eine Gesamtfläche von 192 ha (1,92 km²). Den Gegensatz dazu bildet das 285 ha (2,85 km²) große Untersuchungsgebiet Riedberg. Hierbei handelt es sich um neu angelegte Siedlungsbereiche, die auf ehemaligen Ackerflächen entstanden sind. Verbunden werden die beiden Areale durch das als „Transekt" bezeichnete Untersuchungsgebiet, das 379 ha (3,79 km²) groß ist und durch die Stadtteile Nordend-West, Dornbusch, Eschersheim, Heddernheim und Niederursel führt. Hier befindet sich eine Mischung verschiedener Formen von Wohnbebauung, durchsetzt mit gewerblichen Großkomplexen.

Für die Untersuchungen wurden die Gebiete mit einem Raster überzogen. Jedes Rasterfeld hat eine Größe von 6,25 ha. In den Untersuchungsgebieten Innenstadt und Riedberg wurde jedes zweite Rasterfeld ausgewählt, im Transekt jedes dritte. Sofern in einem ausgewählten Feld mindestens 1 % der Fläche aus öffentlich zugänglichem Pflaster bestand, wurde es in die Untersuchung einbezogen. Insgesamt flossen in die Analyse jeweils 14 kartierte Rasterfelder in den Untersuchungsgebieten Riedberg und Innenstadt sowie 13 kartierte Rasterfelder aus dem Gebiet Transekt ein (Tab. 10).

Pflastertypen

Die in Frankfurt verlegten Pflastertypen weisen eine überraschende Vielfalt auf. Die verwendeten

Abb. 131: Betonplatten wurden in den Untersuchungsgebieten am zweithäufigsten für Pflaster verwendet. Im Vordergrund Kleines Leinkraut (*Chaenorrhinum minus*).

	Innenstadt	Transekt	Riedberg
Gesamtgröße [ha]	192	379	285
bearbeitete Felder	14	13	14

Tab. 10: Gesamtgröße und Anzahl der bearbeiteten Rasterfelder in den drei Untersuchungsgebieten. Jedes Rasterfeld umfasst 6,25 ha.

Beläge lassen sich zwar nur vier Kategorien zuordnen: Betonplatte, Betonstein, begrünbarer Belag und Naturstein. Die Größe der einzelnen Elemente und die Art ihrer Verlegung sind dagegen sehr vielfältig. Auf den ausgewählten Flächen fanden sich 63 verschiedene Typen. Würde man Pflaster auf Privatgelände, z. B. in Höfen und Einfahrten mit einbeziehen, wäre diese Zahl noch deutlich höher. Für die Analysen wurden schließlich die Daten von 52 verschiedenen Typen ausgewertet, da einige keinerlei Bewuchs aufwiesen oder beispielsweise nur auf Autostellplätzen vorkamen.

Mit 58 % machten Betonsteine den größten Anteil der vorgefundenen Pflastertypen aus, es folgten Betonplatten mit 19 % (Abb. 131). Beide Materialien waren vor allem großflächig zur Befestigung von Bürgersteigen im Einsatz. Nur 15 % der Pflastertypen bestanden aus Natursteinen. Diese wurden oft zur Einpassung von Objekten in die Pflasterfläche genutzt, z. B. um Gullideckel herum. Andererseits wurden sie auch zu dekorativen Zwecken auf öffentlichen Plätzen oder zur Gestaltung von geschwungenen Wegen in Parkanlagen verwendet. Den geringsten Anteil machen mit 8 % die begrünbaren Pflaster aus. Diese waren in der Regel nur kleinflächig oder linear verlegt, z. B. am Rand von Rasenflächen oder nahe Spielgeräten.

Fugenfläche

Um die Pflastertypen miteinander vergleichen zu können, wurden der prozentuale Anteil der Fugenfläche und die Anzahl der Steine pro Quadratmeter berechnet. Bei rechteckigen Steinen ließ sich das sehr einfach messen und berechnen (Abb. 132), für anders geformte Steine, z. B. das Doppel-T-Verbundstein-Pflaster waren Zusatzberechnungen nötig. Für fünf sogenannte Mehrformatpflaster, bei denen Pflastersteine verschiedener Größe miteinander kombiniert wurden, musste zunächst der Anteil der einzelnen Formate im Pflaster ermittelt werden, bevor die eigentliche Berechnung der Fugenfläche erfolgen konnte. Unregelmäßige Pflaster, z. B. Kopfsteinpflaster, konnten auf diese Weise nicht berechnet werden. Für diese Sonderfälle wurden Fotos aufgenommen und diese nach schwarzweiß transformiert, sodass nach einem weiteren Bearbeitungsschritt anhand des Kontrastes zwischen Fugen und Steinen und mithilfe des Programms Fiji (Schindelin et al. 2012) der Anteil der Fugenfläche berechnet werden konnte. Diese Methode war für andere Pflastertypen nicht

Abb. 132: Bei rechteckigen Steinen war die Fugenfläche am einfachsten zu messen und zu berechnen. Dieser Pflastertyp weist nur sehr schmale Fugen auf. Herbst-Milchkraut (*Scorzoneroides autumnalis*).

geeignet, da in vielen Fällen der Kontrast zwischen Fugen und Steinen nicht ausreichend stark ist.

Die 52 bearbeiteten Pflastertypen weisen große Unterschiede hinsichtlich des Fugenanteils auf. Es wurden drei Kategorien gebildet:

|||| Kategorie 1: über 35 % Fugenanteil
|||| Kategorie 2: 15–35 % Fugenanteil
|||| Kategorie 3: unter 15 % Fugenanteil

Die begrünbaren Pflaster sowie die Natursteinpflaster sind alle in den Kategorien 1 und 2 zu finden, weisen also mindestens 15 % Fugenanteil auf. Zur Kategorie 1 gehören insgesamt nur 3 der 52 Typen, zur Kategorie 2 sind 10 Typen zu rechnen. 39 Pflastertypen – und damit der größte Teil – gehören zu Kategorie 3; sie weisen nur einen geringen Anteil Fugenfläche auf und bieten daher weniger Lebensraum für Moose und höhere Pflanzen. Die Fugenbreite variiert von 0,13 cm bei mosaikartig verlegten Betonsteinen bis 5,54 cm bei einem begrünbaren Pflaster mit Abstandshaltern, im Mittel beträgt sie 0,75 cm. Die Variation der Fugenbreite ist innerhalb eines Pflastertyps meistens sehr gering, als Maximum wurde eine Standardabweichung von 0,78 cm bei einem großformatigen Kopfsteinpflaster festgestellt.

Flora im Pflaster

Im Rahmen der Untersuchung wurden im Sommer 2013 alle öffentlich zugänglichen, gepflasterten Flächen der Rasterfelder (1,03 % des Stadtgebietes) begangen und insgesamt 317 verschiedene Pflanzensippen dokumentiert. Einige Taxa wurden in Aggregaten zusammengefasst und Hybride mit unklarem Status nicht berücksichtigt, sodass insgesamt 292 Sippen in die Auswertung eingingen. Dabei gibt es Unterschiede zwischen den einzelnen Untersuchungsgebieten. Die höchste Sippen-Zahl wurde im Untersuchungsgebiet Transekt gefunden (209), die niedrigste in der Innenstadt (173). Der Riedberg liegt dazwischen (185).

Die insgesamt nachgewiesenen Taxa sind 64 Pflanzenfamilien zuzuordnen. Dieses Ergebnis wurde dem zum Untersuchungszeitpunkt aktuellen Stand der Flora des gesamten Stadtgebietes gegenübergestellt (Bönsel et al. 2008). Es zeigte sich, dass die vier am häufigsten in Pflasterfugen vertretenen Pflanzenfamilien den vier häufigsten Familien im gesamten Stadtgebiet entsprechen (Tab. 11), da Arten aus diesen Familien häufig besonders gut an das Stadtleben angepasst sind. Dabei übersteigt der Anteil der beiden häufigsten Familien – Korbblütler

Stadtgebiet von Frankfurt am Main			Untersuchungsgebiet		
Familie	Anzahl Sippen	Anteil [%]	Familie	Anzahl Sippen	Anteil [%]
Asteraceae	167	10,7	Asteraceae	49	16,8
Poaceae	131	8,4	Poaceae	33	11,3
Rosaceae	127	8,2	Rosaceae	17	5,8
Brassicaceae	84	5,4	Brassicaceae	17	5,8
Fabaceae	81	5,2	Caryophyllaceae	15	5,1

Tab. 11: Vergleich der Pflanzenfamilien mit den meisten Arten im gesamten Stadtgebiet und in den Pflasterfugen des Untersuchungsgebietes (Bönsel et al. 2008).

(Asteraceae, Abb. 133) und Süßgräser (Poaceae, Abb. 134) – den jeweiligen Anteil, den sie an der Gesamtflora haben, noch deutlich. Bei der fünfthäufigsten Familie ergab sich jedoch ein Unterschied: Während in Fugen die Nelkengewächse (Caryophyllaceae, Abb. 135) diese Position einnehmen, sind es stadtweit die Schmetterlingsblütler (Fabaceae). Zu dieser Familie gehören viele windende Arten, z. B. Platterbsen (*Lathyrus* spp.) und Wicken (*Vicia* spp.), die aufgrund ihrer Wuchsform nicht gut in den Lebensraum Pflasterfuge passen. Dafür gibt es eine Reihe von Nelkengewächsen, die mit kleinem, niederliegendem Wuchs und kurzem Lebenszyklus besonders gut für diesen Lebensraum geeignet sind. Ein Vergleich des floristischen Status der Arten zwischen der Flora von Frankfurt insgesamt und dem Untersuchungsgebiet ergab, dass der Anteil von Indigenen, d. h. von einheimischen Arten, in den Pflasterfugen 8 % geringer ist als im gesamten Stadtgebiet. Dieser Unterschied wird jedoch nicht etwa durch einen höheren Anteil von Neueinwanderern (Neophyten) ausgeglichen, der in Frankfurt insgesamt und in den Pflasterfugen bei 37 % liegt (Abb. 136), sondern durch einen erhöhten Anteil von Alteinwanderern (Archäophyten), die 21 % der Pflasterfugenarten ausmachen. Dies ist bemerkenswert, da der Anteil der Archäophyten an der gesamten Stadtflora innerhalb der letzten 200 Jahre deutlich zurückgegangen ist. Zu den Archäophyten zählen viele Segetalarten (Arten der Acker-Begleitflora), von denen einige in den Pflasterfugen einen neuen Lebensraum gefunden haben.

Abb. 133: Korbblütler (Asteraceae) wie die Wegwarte (*Cichorium intybus* var. *intybus*) sind in der Pflasterfugenflora besonders stark vertreten.

Abb. 134: Süßgräser (Poaceae) wie das Kleine Liebesgras (*Eragrostis minor*) sind die zweithäufigste Pflanzenfamilie der Pflasterfugenflora.

Stetigkeit

Die Aufteilung der Untersuchungsgebiete in Rasterfelder erlaubte die Untersuchung der Stetigkeit des Vorkommens der einzelnen Arten. Dafür wurde ermittelt, in wie vielen Rasterfeldern eine Art im Pflaster nachgewiesen werden konnte. Mit der höchsten Stetigkeit im gesamten Untersuchungsgebiet wurden folgende sieben Arten gefunden:

- Kohl-Gänsedistel (*Sonchus oleraceus*, Asteraceae) , Abb. 137)
- Kanadisches Berufkraut (*Erigeron canadensis*, Asteraceae)
- Löwenzahn (*Taraxacum officinale* agg., Asteraceae)
- Kleines Liebesgras (*Eragrostis minor*, Poaceae)
- Einjähriges Rispengras (*Poa annua*, Poaceae)
- Vogel-Knöterich (*Polygonum aviculare* agg., Polygonaceae)
- Breit-Wegerich (*Plantago major*, Plantaginaceae)

Dabei handelt es sich überwiegend um einjährige oder einjährig überwinternde bis zweijährige Arten (eine Ausnahme bildet *Taraxacum officinale* agg.). Es dominieren Asteraceae und Poaceae. Die Minimalhöhe ist gering und die Blütezeit ausgesprochen lang.

Abb. 135: Der Anteil von Nelkengewächsen (Caryophyllaceae) wie dem Quendel-Sandkraut (*Arenaria serpyllifolia*) an der Pflasterfugenflora ist höher als an der Stadtflora insgesamt.

Abb. 136: Neophyten wie die Strahllose Kamille (*Matricaria discoidea*) haben einen Anteil von 37 % sowohl an der Pflasterfugenflora als auch an der Stadtflora insgesamt.

Abb. 137: Die Kohl-Gänsedistel (*Sonchus oleraceus*) gehört zu den Arten mit der höchsten Stetigkeit in der Frankfurter Pflasterfugenflora.

Interessanterweise ergaben sich beim Vergleich zwischen den drei Untersuchungsgebieten deutliche Unterschiede in der Stetigkeit der Arten (Tab. 12). So wurden im Untersuchungsgebiet Riedberg nur drei Arten mit der höchsten Stetigkeit (d.h. in jedem Rasterfeld vorkommend) gefunden, die zudem alle ihren Verbreitungsschwerpunkt eher auf Äckern und (Acker-)Brachen haben. Im Transekt wurden fünf Arten mit höchster Stetigkeit gefunden, darunter mit dem Ausdauernden Weidelgras (*Lolium perenne*) auch eine typische Art der

Abb. 138: Das Einjährige Berufkraut (*Erigeron annuus*) erreicht in zwei Untersuchungsgebieten die höchste Stetigkeit.

Scherrasen, die häufig in Parks und Gärten anzutreffen ist. In der Innenstadt wurden sieben Arten mit höchster Stetigkeit gefunden, darunter mit der Sal-Weide (*Salix caprea*) auch ein Pioniergehölz.

Innenstadt	Transekt	Riedberg
Erigeron canadensis	*Cirsium arvense*	*Cirsium arvense*
Oxalis corniculata	*Digitaria sanguinalis*	*Lactuca serriola*
Sagina procumbens	*Erigeron canadensis*	*Solidago canadensis*
Salix caprea	*Lolium perenne*	
Senecio vulgaris	*Sagina procumbens*	
Solanum nigrum agg.		
Stellaria media agg.		

Tab. 12: Sippen mit der höchsten Stetigkeit (= in allen Rasterflächen vorhanden) in den Untersuchungsgebieten Innenstadt, Transekt und Riedberg.

Abb. 139: Auch das Niederliegende Mastkraut (*Sagina procumbens*) erreicht in zwei Untersuchungsgebieten die höchste Stetigkeit.

Mit der Acker-Kratzdistel (*Cirsium arvense*), die am Riedberg und im Transekt die höchste Stetigkeit erreicht, sowie dem Einjährigen Berufkraut (*Erigeron annuus*, Abb. 138) und dem Niederliegenden Mastkraut (*Sagina procumbens*, Abb. 139) gibt es nur drei Arten, die in jeweils zwei Untersuchungsgebieten mit höchster Stetigkeit vorkommen, keine Art erreicht die höchste Stetigkeit in allen drei Bereichen. Dies unterstreicht die Annahme, dass trotz weitgehend ähnlicher Bedingungen in den jeweiligen Pflasterfugen die Umgebung einen prägenden Einfluss auf die Zusammensetzung der Pflasterfugenflora hat, z. B. durch Bereitstellung von Diasporen.

Der deutliche Unterschied zwischen den Untersuchungsgebieten Riedberg und Innenstadt setzt sich auch bei Betrachtung der weniger häufigen Arten fort. So wurden 45 Sippen ausschließlich am Riedberg gefunden, darunter zahlreiche Zierpflanzen (Abb. 140) wie Kosmee (*Cosmos bipinnatus*) und Ysop (*Hyssopus officinalis*). Dafür fehlten in diesem Gebiet Arten mit höheren Ansprüchen hinsichtlich der Verfügbarkeit von Wasser und Nährstoffen, z. B. Schöllkraut (*Chelidonium majus*, Abb. 141), Stinkender Storchschnabel (*Geranium robertanium*) und Mauerlattich (*Mycelis muralis*). Gerade diese Sippen waren jedoch unter den 40 Arten, die allein im Untersuchungsgebiet Innenstadt auftraten. 67 Arten kamen nur im Transekt vor, darunter viele Gartenpflanzen wie die Berg-Flockenblume (*Centaurea montana*, Abb. 143).

Abb. 140: Im Stadtgebiet lassen sich sogar verwilderte Zierpflanzen in Pflasterfugen finden, z. B. Garten-Petunie (*Petunia* x *atkinsiana*).

Abb. 141: Schöllkraut (*Chelidonium majus*) gehört zu den nur im Untersuchungsgebiet Innenstadt in Fugen gefundenen Sippen.

Abb. 142: Der Hopfenklee (*Medicago lupulina*) ist mit niederliegendem Wuchs häufiger in Pflasterritzen zu finden.

Abb. 143: Die Berg-Flockenblume (*Centaurea montana*) ist eine von 67 Arten, die nur im Transekt nachgewiesen wurden.

Abb. 144: An betretenen Stellen kann das Kahle Bruchkraut (*Herniaria glabra*) sehr klein bleiben und wächst dann nur innerhalb der Fugen, wo es vor Tritt geschützt ist.

Abb. 145: Viele Pflanzen umgehen den Tritt, indem sie in der Nähe von Hindernissen wachsen, z. B. der Weiße Mauerpfeffer (*Sedum album*).

Trittintensität

Einige Arten der Pflasterfugenflora können bis zu einem gewissen Grad Tritt aushalten. Dazu gehören beispielsweise der Breit-Wegerich (*Plantago major*) mit seinen besonders zähen Blättern und der Vogel-Knöterich (*Polygonum aviculare* agg.) mit seinen extrem kleinen Blättern und robusten, kriechenden Stängeln. Solche Arten sind nicht nur in Pflasterfugen, sondern auch auf anderen stark betretenen Standorten zu finden, z. B. auf Trampelpfaden innerhalb von Wiesen. Der überwiegende Teil der Pflanzen im Pflaster verträgt Tritt dagegen nicht. Um trotzdem dort wachsen zu können, müssen sie dieser Belastung ausweichen. Dafür gibt es unterschiedliche Strategien. Entweder bleiben sie besonders klein und wachsen ausschließlich innerhalb der Fugen (Abb. 144), denn Schuhsohlen und Autoreifen berühren nur die Pflasteroberfläche und nicht die eingetiefte Fuge. Oder die Pflanzen beschränken sich in ihrem Vorkommen auf geschützte Stellen in der Nähe von Hindernissen, die in der Regel nicht betreten werden. Dies gilt für die ersten Zentimeter vor jeder Hauswand oder Mauer, aber auch am Fuß jeder Laterne und jedes Pfostens (Abb. 145), denn Menschen und Fahrzeuge halten stets einen Mindestabstand zu solchen Objekten. Im Stadtbild fallen diese Bereiche durch die deutlich höher wachsenden Pflanzen auf (Abb. 146). Für die Untersuchung wurden die Fundorte der Pflanzen als „trittbelastet" oder als „hindernisnah" eingestuft. Alle 292 nachgewiesenen Sippen kamen in hindernisnahen Bereichen vor. Das Überleben auf trittbelasteten Standorten gelang dagegen nur 120 Sippen, also nicht einmal der Hälfte der in den Fugen nachgewiesenen Arten.

Überraschungen im Pflaster

Die intensive Beschäftigung mit der Flora der Pflasterfugen brachte einige Überraschungen. So wurde mit dem Japanischen Lippenmäulchen (*Mazus pumilus*) in der Battonnstraße eine Art entdeckt, die bis dahin aus Deutschland noch nicht als wild wachsend bekannt war (Starke-Ottich et al. 2015). Aus dem tropischen Amerika stammt das Frischgrüne Zypergras (*Cyperus eragrostis*), dessen Vorkommen im Pflaster der Hauptwache das erste

Abb. 146: Im Schutz von Hindernissen können sich auch größere Arten in Fugen entwickeln.

Neben diesen Funden, für die kein erkennbarer Zusammenhang mit Pflanzungen nachgewiesen werden konnte, finden sich Verwilderungen von Zierpflanzen in Pflasterfugen oft in direkter Nähe zu Blumenkübeln oder Gärten, in denen die Arten kultiviert werden. Es ist umstritten, ob solche häufig als „subspontan" bezeichneten Vorkommen bei der floristischen Erfassung eines Gebietes aufgenommen werden sollten oder nicht. In vielen Fällen überleben die Arten den nächsten Winter nicht, pflanzen sich nicht weiter fort und stellen somit keinen regelmäßigen Bestandteil der Flora eines Gebietes dar. Eine solche Verwilderung kann aber auch den Beginn einer Einbürgerung darstellen.

bekannte in Hessen ist. Und das Vierblättrige Nagelkraut (*Polycarpon tetraphyllum*, Abb. 147), ein kleines Nelkengewächs aus Amerika, wurde erstmals für Frankfurt dokumentiert. Bis 2021 hat es sich weiter ausgebreitet und kommt beispielsweise in den Stadtteilen Sachsenhausen, Oberrad und Bockenheim häufig vor.

Neben diesen Neueinwanderern wurden auch einige Arten dokumentiert, die in Hessen oder in

Abb. 147: Das Vierblättrige Nagelkraut (*Polycarpon tetraphyllum*) wurde im Rahmen dieser Untersuchung erstmals für Frankfurt nachgewiesen und hat sich seitdem weiter ausgebreitet.

Abb. 148: Der Australische Drüsengänsefuß (*Dysphania pumilio*) war auf den nach Norden ausgerichteten Flächen kaum zu finden.

Deutschland auf der Roten Liste stehen oder die geschützt sind. Für die meisten dieser Nachweise muss aber konstatiert werden, dass es sich um Verwilderungen von Anpflanzungen oder Ansaaten handelt, deren Vorkommen in Frankfurter Pflasterfugen keinen Einfluss auf die gefährdeten natürlichen Populationen dieser Arten hat, z. B. bei der Akelei (*Aquilegia vulgaris*). Bemerkenswert ist aber das Vorkommen des Aufrechten Glaskrautes (*Parietaria officinalis*). Diese Art gehört zu einer Gruppe, die sich früher in Dörfern wohlgefühlt hat und durch die Verstädterung der alten Dorfkerne selten geworden ist. Das Aufrechte Glaskraut wird in Frankfurt nur noch selten gefunden, wenn, dann vor allem in Fechenheim und im Osthafen-Gebiet.

Abb. 150: Großes Exemplar vom Portulak (*Portulaca oleracea*). Die Pflanze zeigt einige Trittschäden, aber der größte Teil wurde nicht betreten. Dies zeigt das große Potenzial an ungenutzten Gehwegflächen, die zur Förderung der Biodiversität in Frankfurt genutzt werden könnten.

Vegetation

Um genauere Aussagen über die Zusammensetzung der Pflasterfugenflora treffen zu können, wurden 174 Vegetationsaufnahmen angefertigt von jeweils 1 m² großen Flächen. Jede Aufnahme wurde fotografiert, zudem wurden die geografischen Koordinaten jeder Aufnahme erhoben. In jedem Rasterfeld sollten nach Möglichkeit Aufnahmen für alle Himmelsrichtungen durchgeführt werden. Beispielsweise ist ein Bürgersteig auf der nördlichen Seite einer Straße nach Süden hin geöffnet und erfährt im Laufe des Tages die stärkste Erwärmung. Einige Aufnahmen auf Plätzen oder in Grünanlagen waren nach allen Richtungen offen.

Für die Vegetationsaufnahmen wurden die besonders häufigen Pflastertypen ausgewählt, im Transekt und in der Innenstadt das Doppel-T-Verbundstein-Pflaster, am Riedberg ein Mehrformatpflaster. Ergänzend wurden Aufnahmen auf Natursteinpflaster durchgeführt, um zu untersuchen, ob sich die größeren Fugenbreiten auf die Vegetation auswirken.

Abb. 149: Kopfsteinpflaster und andere Natursteinpflaster mit größeren Fugenbreiten fördern die Ausbildung einer reichhaltigen Pflasterfugenflora.

Abb. 151: Selbst Tomaten (*Lycopersicum esculentum*) schaffen es, in Fugen zu blühen und sogar Früchte zu bilden.

Abb. 152: Das Aktionsprogramm „Krautschau" (s. auch https://www.senckenberg.de/de/krautschau/) im Jahr 2021 hatte als wesentliches Ziel, auf die Pflanzenvielfalt in Pflasterritzen aufmerksam zu machen.

Bei der Anzahl der Arten pro Quadratmeter waren keine Unterschiede zwischen den Himmelsrichtungen festzustellen, im Durchschnitt wurden drei Arten gefunden, maximal acht. Auf den nach allen Seiten offenen Flächen lagen die Zahlen etwas höher, dort wurden bis zu neun Sippen gefunden, im Durchschnitt fünf. Bei der Artenzusammensetzung bestanden jedoch einige Unterschiede zwischen den unterschiedlich exponierten Flächen. So scheint sich das Niederliegende Mastkraut (*Sagina procumbens*) auf den nach Süden offenen Flächen nicht wohl zu fühlen, umgekehrt waren Kleines Liebesgras (*Eragrostis minor*) und Australischer Gänsefuß (*Dysphania pumilio*, Abb. 148) auf den nach Norden exponierten Flächen kaum zu finden. Der Vergleich der Ellenberg'schen Zeigerwerte für die jeweils fünf häufigsten Arten jeder Orientierung ergab, dass die Pflanzen auf den nach Süden offenen Standorten ein kontinentaleres Klima bevorzugen, die Arten der nach Norden geöffneten Standorte dagegen ein feuchteres Klima und einen nährstoffreicheren Boden benötigen.

In 44 Vegetationsaufnahmen konnte jeweils nur eine Pflanzenart festgestellt werden. Dabei handelte es sich durchwegs um Pflaster mit sehr engen Fugenbreiten. Die Natursteinpflaster mit ihren größeren Fugenbreiten wiesen immer mehr als eine Art auf und sind daher als besonders förderlich für die Vielfalt zu bewerten (Abb. 149).

FAZIT

Die Artenvielfalt der Pflasterfugen ist erheblich. Auf nur rund 1 % der Fläche des Stadtgebietes wurde fast ein Viertel der Flora Frankfurts nachgewiesen. Dabei enthielt die untersuchte Fläche sogar Pflastertypen, denen jeglicher Bewuchs fehlte oder in denen aufgrund der sehr engen Fugen nur eine Art pro Quadratmeter festzustellen war. Größere Fugenbreiten und eine Verminderung der Trittintensität führen zu einer Erhöhung der Artenvielfalt. Dies ließe sich in Zukunft gezielt nutzen, um den Anteil von Grün im besiedelten Bereich zu erhöhen (Abb. 150). So könnten beispielsweise in wenig betretenen Bereichen begrünbare oder Natursteinpflaster zum Einsatz kommen, die mehr Raum für natürliche Entwicklung bieten. Vielerorts wären beispielsweise die bekannten Rasengittersteine völlig ausreichend, um die Fläche zu sichern. Neben einer Förderung der Artenvielfalt würde dies auch die Versickerung von Regenwasser erleichtern.

Abb. 154: Nächtliche Wanderin auf dem Pflasterfugen-Pfad: die Gefleckte Weinbergschnecke (*Cornu aspersum*) in Frankfurt-Goldstein.

Am Fuß von Schildern oder Laternen oder entlang von Mauern wäre es sogar denkbar, den Bewuchs durch gezielte Ansaaten zu fördern, um eine höhere Akzeptanz in der Bevölkerung zu erzielen. Aber bereits jetzt schaffen es viele Arten, auf den hindernisnahen Wuchsorten eine beträchtliche Höhe zu erreichen, zu blühen und zu fruchten – sogar Tomaten (*Lycopersicon esculentum*, Abb. 151).

In jedem Fall ist es wichtig, Maßnahmen zur Förderung der Pflasterfugenflora durch gezielte Öffentlichkeitsarbeit zu begleiten (Abb. 152). Pflasterfugen bieten viel Potenzial, das noch lange nicht ausgeschöpft ist. Dazu muss aber das in der Bürgerschaft tief verankerte Denken, dass eine gepflasterte Fläche nur ohne Bewuchs eine gepflegte Fläche sein kann, verändert werden. Denkbar wäre auch ein Konzept, das die Anwohner als Paten in die Pflege mit einbindet. Unerwünschte Arten, z. B. Gehölze (Abb. 153), die auf die Dauer Schäden im Pflaster oder im angrenzenden Mauerwerk verursachen, könnten gezielt entfernt werden. Dann könnten Pflasterfugen in Zukunft einen wichtigen Beitrag zur Förderung der Pflanzenwelt in der Stadt und der von ihr abhängigen Tierwelt (Abb. 154) leisten. Denn die Versiegelung des Stadtgebietes schreitet voran, mit jedem neu gebauten Quartier entstehen neue gepflasterte Flächen.

Abb. 153: Es empfiehlt sich, Gehölze wie diesen Feld-Ahorn (*Acer campestre*) aus der Pflasterfugenflora zu entfernen, damit keine Schäden in Mauerwerk und Pflasterung entstehen.

BAUMSCHEIBEN – EIN UNTERSCHÄTZTER STÄDTISCHER LEBENSRAUM

Georg Zizka, Indra Starke-Ottich, Dirk Bönsel

Abb. 155: Als Baumscheibe bezeichnet man den unversiegelten Bereich am Fuß eines Baumes. Sie erfüllt wichtige Funktionen für den Wasserhaushalt und den Gasaustausch.

Als Baumscheiben bezeichnet man die nicht versiegelte Fläche an der Stammbasis von Bäumen, insbesondere von Straßenbäumen (Abb. 155). Diese nur wenige Quadratmeter großen Flächen sind Lebensräume, deren Wert und Möglichkeiten für Biodiversität und „Wildnis" in der Stadt bei Weitem noch nicht ausgeschöpft sind. Die Bedeutung dieser kleinen, aber tausendfach vorhandenen Oasen im versiegelten Bereich lässt sich ermessen, wenn man z. B. für Frankfurt die Gesamtfläche der Baumscheiben von Stadtbäumen überschlägt. Laut Baumkataster gibt es in Frankfurt, der „Europäischen Stadt der Bäume 2014", rund 200.000 Stadtbäume (www.offenedaten.frankfurt.de/dataset/baumkataster-frankfurt-am-main). Davon sind 55.000 Straßenbäume, die anderen befinden sich in Parks, auf Friedhöfen, Spielplätzen etc.; der Stadtwald ist im Baumkataster nicht berücksichtigt. Die durchschnittliche Größe einer Frankfurter Baumscheibe beträgt derzeit 2,36 m² (Mitteilung Robert Kreissl, Grünflächenamt), somit ergibt sich für die Straßenbäume im Stadtgebiet eine Baumscheiben-Gesamtfläche von 118.000 m², also knapp 12 ha. Der Wert dieser stattlichen Fläche Stadtnatur wird noch dadurch gesteigert, dass sich diese Lebensräume zum großen Teil im dicht bebauten, grünflächenarmen Teil der Stadt befinden.

Lebensraum mit Defiziten

Baumscheiben sind für den Wasserhaushalt und den Gasaustausch der Bäume wichtig, und ihre Größe und Ausgestaltung damit ein wichtiger Faktor für die Gesundheit der Straßenbäume. Bereits vor über 20 Jahren legte die Stadt Frankfurt daher Ausbaustandards für Baumscheiben fest (Stadt Frankfurt am Main 2000). Demzufolge sollten Baumscheiben mindestens 6 m² groß und durch entsprechende Vorrichtungen vor Betreten und Befahren geschützt sein (Abb. 156). In Frankfurter Neubaugebieten wird zunehmend darauf geachtet, Straßenbäumen den entsprechenden Platz einzuräumen, mitunter werden die Straßenbäume dort in durchgehende Grünstreifen platziert (Abb. 157). Doch Untersuchungen in der Alt- und Innenstadt zeigten erhebliche Defizite auf (Massing et al. 2019, Massing et al. 2021).

Abb. 157: Straßenbäume in Neubaugebieten werden mitunter in durchgehende Grünstreifen platziert, wie hier am Riedberg.

Abb. 156: Diese Baumscheibe ist durch große Metallbügel und den Unterwuchs vor Betreten und Befahren geschützt.

Betrachtet man die Baumscheiben in unseren Großstädten, so wird schnell klar, dass bei ihrer Ausgestaltung selten „vom Grün her" gedacht wurde, sondern bis heute die einfache Pflege belebter Plätze und die Bedürfnisse von Autos respektive Autofahrern im Vordergrund stehen. Vielfach ermöglichen eiserne Abdeckungen und neuartige Sickerbeläge das Betreten, Befahren sowie das Abstellen von Fahrrädern und Rollern (Abb. 158). Damit können sich aber Pflanzen und Bodenorganismen auf diesen Flächen nur schlecht oder gar nicht entwickeln. Weitere schädliche Faktoren, die die Entstehung von Artenvielfalt auf einer Baumscheibe verhindern oder einschränken, sind

Abb. 158: Vielerorts in der Innenstadt, wie hier auf der Zeil, ermöglichen Sickerbeläge das Betreten und Befahren der Baumscheiben. Sie werden nicht selten als Abstellplätze für Fahrräder und Roller benutzt.

Vermüllung (Abb. 159) – z. B. mit hochgiftigen Zigarettenstummeln (Abb. 160) – und Hundekot bzw. -urin. Negativ wirkt sich auch zu intensive Pflege aus.

Das wachsende Bedürfnis der Städter nach Zugang zu Natur, gerade in Innenstädten, hat in den letzten Jahren zu einem stark gestiegenen Interesse an „Urban Gardening" geführt. Dies schließt Kleingärten ebenso ein wie temporäre Nutzgärten im besiedelten Bereich (in Frankfurt z. B. am Ostbahnhof, in Offenbach im Hafenviertel) oder auch die Bepflanzung und Betreuung von Baumscheiben durch Anwohner (Abb. 161). Letzteres wird unter anderem mit umfangreichen Informationsbroschüren gefördert („Begrünung von Baumscheiben – aber richtig!", Gaisbauer et al. 2015). Wegen des Schattenwurfs und des Wurzelsystems der Bäume ist eine gärtnerische Nutzung der Baumscheiben jedoch nur mit einigen Einschränkungen und entsprechender Umsicht möglich. Mit der Initiative „Stadtgrün sucht dich" versucht die Stadt Frankfurt, Baum- und Baumscheibenpaten zu gewinnen.

Abb. 159: Ein großes Problem ist die Vermüllung von Baumscheiben und straßenbegleitenden Grünstreifen.

Abb. 160: In den Schlitzen der Metallgitter, mit denen Baumscheiben oft abgedeckt werden, sammeln sich Zigarettenstummel, die für Bodenorganismen schädliche Inhaltsstoffe enthalten.

Abb. 161: Viele Baumscheiben sind für „Urban Gardening" geeignet.

Besondere Vorteile der Straßenbäume und ihrer Baumscheiben sind, dass sie – neben den allgemeinen Ökosystemleistungen – zumindest ein kleines Stück Natur zu den Bürgerinnen und Bürgern im dicht besiedelten Innenstadtbereich bringen und dadurch einen kleinen Beitrag zur Umweltgerechtigkeit leisten. Ein weiterer wichtiger Nutzen einer bewachsenen Baumscheibe ist, dass sie einen wirksamen Schutz für den Stamm und den oberen Wurzelbereich des Straßenbaums darstellt.

Umfragen belegen, dass bewachsene Baumscheiben von der Mehrzahl der Bürger positiv gesehen werden. Dabei spielt weniger eine Rolle, ob der Bewuchs angepflanzt wurde oder spontan entstanden ist, für eine negative Einschätzung sind vor allem Müll und Hundekot verantwortlich. Um das große Potenzial der Baumscheiben zu nutzen, muss daher der Vermüllung und der Nutzung als Hundeklo Einhalt geboten werden.

Zu wenig berücksichtigt und propagiert wird bisher noch die Möglichkeit, eine spontane Begrünung (d. h. ohne direktes Zutun des Menschen) zuzulassen. Greift man nicht in die Entwicklung des Bewuchses ein, so stellt die Baumscheibe ein kleines Stück „urbaner Wildnis" dar, in der sich natürliche Prozesse abspielen (Abb. 162). Der Betreuungsaufwand ist geringer als bei der Pflanzung ausgewählter Arten, allerdings kann es im Abstand von einigen Jahren notwendig werden, höherwüchsige Pflanzen (z. B. Gehölzjungwuchs) zu entfernen, u. a. aus Gründen der Verkehrssicherheit (Abb. 163). Solche Flächen, aber auch Gehölzinseln, Brachen oder in die Stadt zurückkehrende Wildtiere können nach Kowarik (2015) als „Wildniselemente" bezeichnet werden.

Wildwuchs am Baumfuß

Der Bewuchs von Baumscheiben kann sehr unterschiedlich sein (Abb. 164, 165), da die auflaufende Flora stark von den lokalen Gegebenheiten abhängt. Eine wichtige Rolle für die Artenvielfalt spielt die Pflege der Baumscheiben: Die Diversität steigt mit abnehmender Pflegeintensität (Schulte & Voggenreiter 1990, Block 2004). Es dominieren Arten der Hackunkraut-, Ruderal-, Tritt- und Wiesengesellschaften. Wittig & Becker (2010) untersuchten die Artenvielfalt auf Baumscheiben in sieben europäischen Großstädten (berücksichtigten dabei aber

Abb. 162: Ohne Pflege entwickelt sich spontane Vegetation auch auf Baumscheiben, die mit Eisengittern belegt sind.

Abb. 163: Gehölzjungwuchs auf Baumscheiben, wie diese Götterbäume (*Ailanthus altissima*), muss aus Gründen der Verkehrssicherheit entfernt werden.

nicht die Jungpflanzen von Gehölzarten) und fanden im Durchschnitt 81 Arten pro Stadt, wobei ein Drittel der Arten in allen Städten vorkam. Block (2004) führte 60 pflanzensoziologische Aufnahmen an Baumscheiben in Erlangen durch und dokumentiert insgesamt 117 Arten von diesen Flächen. Ise (2006) untersuchte Baumscheiben in zwölf mittelgroßen deutschen Städten (darunter Offenbach aus dem Rhein-Main-Gebiet) und fand insgesamt 333 verschiedene Sippen, die Artenzahl der einzelnen Baumscheibe schwankte zwischen eins und 41, die der Arten aller untersuchten Baumscheiben einer Stadt zwischen 64 und 121. Von der Lebensform her handelt es sich erwartungsgemäß vor allem um Einjährige (Therophyten) und Hemikryptophyten. Nur wenige Vertreter zählen zu den Phanerophyten, Chamaephyten sind noch seltener (Block 2004, Ise 2006). Die meisten Arten sind in den Städten weit verbreitet, nur ganz wenige Vertreter sind geschützt.

Ein charakteristisches Element der Frankfurter Baumscheiben ist die Mäusegerste (*Hordeum murinum*), die am Fuß vieler Bäume zu finden ist, wenn dort spontaner Bewuchs zugelassen wird. Weitere häufige Arten sind Weg-Rauke (*Sisymbrium officinale*), Wiesen-Knäuelgras (*Dactylis glomerata*), Hühnerhirse (*Echinochloa crus-galli*), Täuschender Nachtschatten (*Solanum decipiens*), Weißer Gänsefuß (*Chenopodium album*), Beifuß

Abb. 164: Baumscheibenvegetation dominiert von üppigen C4-Gräsern (*Echinochloa colonum, Digitaria sanguinalis*).

Abb. 165: Baumscheibenvegetation mit Bouchon-Amarant (*Amaranthus bouchonii*), Portulak (*Portulaca oleracea*) und Strahlenloser Kamille (*Matricaria discoidea*).

(*Artemisia vulgaris*) und Kanadisches Berufkraut (*Erigeron canadensis*). Manchmal findet sich auch Efeu (*Hedera helix*), der von der Baumscheibe ausgehend am Baum emporklettert.

Grundsätzlich kann sich der Bewuchs in Abhängigkeit von Boden, Baumart, Baumgröße, Flächengröße, Störungsintensität und Lichteinfall stark unterscheiden. Auch die Verfügbarkeit von Samen in der Umgebung spielt eine Rolle. So kann man häufig Jungwuchs verschiedener früchtetragender Gehölze auf Baumscheiben finden, wenn diese in der Nähe vorkommen. Verschiedene Vogelarten, z. B. Amseln (*Turdus merula*), fressen die Früchte von Arten wie Mahonie (*Mahonia aquifolium*, Abb. 166), Liguster (*Ligustrum vulgare*), Eibe (*Taxus baccata*) und Zwergmispeln (*Cotoneaster* spp.). Wenn die Samen oder Steinkerne anschließend abgegeben (meist ausgewürgt) werden, während der Vogel auf einem Ast des Straßenbaumes sitzt, gelangen die Samen auf die Baumscheibe. Auf achtlos von Menschen weggeworfene Früchte gehen dagegen Funde von Kap-Stachelbeere (*Physalis peruviana*) und Tomaten (*Solanum lycopersicum*) zurück.

Je größer die Baumscheibe ist und je besser sie vor Störungen und Vermüllung geschützt wird, desto vielfältiger kann sie sich entwickeln. Davon profitieren unterschiedlichste Lebewesen, etwa Insekten, Spinnentiere, Pilze und nicht zuletzt der Baum! Denn aktuell ist es um die Gesundheit vieler Bäume in der Frankfurter Innenstadt nicht gut bestellt (Massing et al. 2021), wofür fehlende, zu kleine oder ungünstig ausgestaltete Baumscheiben ein wesentlicher Faktor sind. Dabei sind Stadtbäume ein wesentlicher Baustein für die Anpassungen der Stadt an das sich verändernde Klima.

FAZIT

Baumscheiben sind ein nicht zu vernachlässigender Teil des Netzwerks von Freiräumen in Städten und wegen ihres zahlreichen Vorkommens im dicht bebauten Innenstadtbereich besonders wichtig. Im Zuge von Konzepten zur vermehrten Bürgerbeteiligung an Stadtnatur (z. B. Baumpatenschaften) haben Baumscheiben als Standorte für „Urban Gardening" in den letzten Jahren mehr Interesse gefunden. Eine sehr wichtige Rolle, die Baumscheiben erfüllen können, nämlich die als abwechslungs- und artenreiche „Wildniselemente", wird bisher – auch in Frankfurt – nicht angemessen berücksichtigt und beworben. Die Bedeutung und die Ökosystemleistungen solcher spontan begrünten Kleinbiotope sollten noch nachdrücklicher vermittelt werden, um die ihnen gebührende Wertschätzung zu erhöhen.

Abb. 166: Diese Mahonie (*Mahonia aquifolium*) wächst am Fuß eines großes Baumes; der Same, aus dem sie hervorgegangen ist, wurde vermutlich von einem Vogel mitgebracht.

„WILD GEWORDENE" PFLANZEN IN FRANKFURT: DER GÖTTERBAUM

Georg Zizka, Indra Starke-Ottich, Dirk Bönsel, Fabian Schrauth

Abb. 167: Stattlicher, jahrzehntealter Götterbaum (*Ailanthus altissima*) im dicht bebauten Frankfurter Westend.

Eine für die Pflege und die Entwicklung der Stadtnatur sehr wichtige Frage ist die nach den Veränderungen in der Häufigkeit (Abundanz) von Arten im Stadtgebiet. Besonders im Zusammenhang mit den Folgen des Klimawandels wird sie immer häufiger gestellt. Um sie präzise beantworten zu können, sind allerdings aufwendige Untersuchungen (z. B. pflanzensoziologische Aufnahmen) an Dauerbeobachtungsflächen über viele Jahre notwendig – und aus genau diesem Grund gibt es sie bisher kaum. Die existierenden Untersuchungen wurden nur an sehr wenigen Standorten oder nicht lange genug durchgeführt. Wie das Projekt „Städte wagen Wildnis" zeigt (s. gleichnamiges Kap.), können die Effekte der jährlichen Witterungsunterschiede auch in einem 5-Jahres-Zeitraum andere Trends

Abb. 169: Götterbaumbestand in der Nähe des Westbahnhofs, höchstwahrscheinlich durch vegetative Vermehrung. Unter diesen extremen Bedingungen scheint der Götterbaum unter Gehölzen konkurrenzlos zu sein.

Abb. 168: Junge Götterbäume sind fast überall im Stadtbild zu sehen.

überlagern. So lassen sich dann oft nur schwerwiegende Veränderungen verlässlich dokumentieren, seien es negative (starker Rückgang oder Erlöschen von Arten im Stadtgebiet) oder „positive" (z. B. rasche, starke Zunahme von invasiven Neophyten). Über die starke Ausbreitung von Neophyten wurde bereits an verschiedenen Stellen berichtet (z. B. *Epilobium brachycarpum*, Gregor et al. 2013, oder *Senecio inaequidens*, www.flora-frankfurt.de).

Eine ursprünglich in Ostasien beheimatete Art, die in den 1740er Jahren nach Europa eingeführt wurde und dann als Zierbaum rasch auch in andere europäische Länder und nach Amerika gelangte, ist in diesem Zusammenhang von besonderem Interesse: der Götterbaum (*Ailanthus altissima* (Miller) Swingle, Abb. 167) aus der Familie der Simaroubaceae. Seine starke Ausbreitung und zunehmende Häufigkeit in Frankfurt ist vermutlich vor allem auf die Klimaerwärmung zurückzuführen. Die Invasivität (aggressive Ausbreitung und Vermehrung) besonders in Städten ist erkannt, seit 2019 trägt man diesem Umstand auch mit der Aufnahme in die „Unionsliste" Rechnung (s. u.). Wer mit offenen

Augen durch Frankfurt (oder andere Städte des Rhein-Main-Gebiets wie Offenbach oder Darmstadt) geht, wird rasch eine Vielzahl von wild wachsenden Götterbäumen sehen (Abb. 168), darunter sogar stattliche Bäume (Abb. 169). Der Götterbaum stellt die Umsetzung der gesetzlichen Bestimmungen vor große Probleme, die – so ist anzunehmen – mit fortschreitendem Klimawandel noch zunehmen werden.

Biologie und Geschichte

Abb. 172: Blüten des Götterbaums.

Der sommergrüne, bis 30 m hohe Götterbaum ist eine außerordentlich schnellwüchsige Pionierbaumart. Im ersten Jahr können Götterbäume bis 2 m hoch werden (Abb. 170). Dafür sind sie kurzlebig und erreichen selten ein Alter von mehr als 100 Jahren. Man kann sie leicht an den bis über 1 m langen, unpaarig gefiederten, wechselständigen Blättern

Abb. 170: Junge Götterbäume wachsen rasch und können schon im ersten Jahr bis 2 m hoch werden.

Abb. 171: Unterseite einer Blattfieder des Götterbaums mit den charakteristischen Blattzähnen an der Basis und dem jeweils apikalen Nektarium.

Abb. 173: Fruchtstände eines Götterbaums.

erkennen. Die einzelnen Blattfiedern tragen an der Basis meist 2 oder 4 auffällige Ausbuchtungen (Zähne), an deren Unterseite sich apikal je ein extraflorales Nektarium befindet (Abb. 171), das einen süßen Saft absondert und daher von Ameisen besucht wird. Ältere Pflanzen besitzen eine charakteristisch strukturierte Stammoberfläche. Zahlreiche, recht unscheinbare, fünfzählige, eingeschlechtige Blüten stehen in bis 20 cm langen, rispenförmigen Blütenständen (Abb. 172). Weibliche und männliche Blüten sind auf verschiedene Pflanzen verteilt (Diözie; selten kommen auch zwittrige Blüten mit sterilen Staubblättern vor).

Männliche Pflanzen werden in der Regel größer als weibliche, letztere können bereits ab dem dritten Jahr fruchten. Aus jedem der 5–6 freien Fruchtblätter entwickelt sich ein einsamiges Flügelnüsschen mit an zwei Seiten verlängertem häutigen Rand. Vom Wind können die Früchte über 100 m weit

Abb. 174: Fruchtende Götterbaum-Exemplare an der Offenbacher Carl-Ulrich-Brücke.

verbreitet werden (Abb. 173). Die hohe Samenproduktion (nach Klüh 2019 im Schnitt 300.000 Samen/Jahr ab etwa dem 15. Jahr) ist ein Grund für die starke Ausbreitungsfähigkeit der Art (Abb. 174). Ein weiterer ist ihr sehr rasches Wachstum und ihr Regenerationsvermögen durch Wurzelsprosse, das durch das Fällen eines Baumes noch stimuliert wird. Das Wurzelsystem kann über 30 m weit reichen (ausführliche Beschreibung bei Kowarik & Säumel 2007). Die Blätter und besonders die männlichen Blüten haben einen unangenehmen Duft.

Für das Gedeihen des Götterbaums ist offensichtlich eine möglichst lange, warme Vegetationsperiode wichtig. Die Art scheint eine jährliche Durchschnittstemperatur von mindestens 9 °C (Frankfurt: 1979: 9,1 °C, 2020: 11,9 °C, Quelle: https://www.meteoblue.com) zu benötigen, erträgt keine Beschattung, ist ansonsten aber in ihren Ansprüchen bezüglich Wasserversorgung, Schadstoffbelastung und Boden außerordentlich genügsam und vielseitig (Abb. 175). Durch seine Konkurrenzstärke, aber auch durch das Ausscheiden von Stoffen (vor allem Ailanthon), die das Wachstum anderer Pflanzen hemmen, beeinflusst er die Artenvielfalt an seinen Standorten negativ (Sladonja et al. 2015). Der Vollständigkeit halber muss erwähnt werden, dass natürlich auch eine invasive Art erwünschte Ökosystemleistungen erbringt. Im Falle des Götterbaums wären dies z. B. der Beitrag zur Reinhaltung der Luft, zur Absenkung der Temperatur durch Schattenwurf und Verdunstung oder die nektarreichen Blüten. In China liefert der Götterbaum ein wichtiges Nutzholz, verschiedene Pflanzenteile finden in der Volksmedizin Verwendung. Mit den Blättern werden die Raupen des Ailanthus-Spinners (*Samia cynthia*) gefüttert, die die Fasern für die Shantung-Seide liefern. Ursprüngliche Motivation für die Einführung des Baumes in Europa war – neben der attraktiven Gestalt – tatsächlich die Seidenherstellung.

Der Götterbaum ist seit der Eiszeit in China und Nordvietnam heimisch. Aus dem Tertiär ist das Vorkommen der Gattung in Mitteleuropa (z. B. im südhessischen Messel, Mittleres Eozän, vor ca. 47 Millionen Jahren) durch Fossilien belegt (Collinson et al. 2009, Abb. 176). Der französische Jesuit und Botaniker Pierre Nicolas d'Incarville (1706–1757), der von 1740 bis zu seinem Tod in China lebte, sandte wahrscheinlich in den 1740er Jahren Samen von *Ailanthus altissima* nach Paris. Von dort gelangte die Art in den folgenden Jahren rasch in andere europäische Länder (Hu 1979, Kramer 1995). In temperaten und warm gemäßigten

Abb. 175: Götterbäume sind ausgesprochen genügsam. Ihnen reichen kleinste Fugen im versiegelten Bereich.

Abb. 176: Fossile Frucht von *Ailanthus confucii* Unger aus dem Mittleren Eozän von Messel (Südhessen). Beleg SM B Me 28439, Sektion Paläobotanik, Abteilung Paläontologie und Historische Geologie des Senckenberg Forschungsinstituts und Naturmuseums Frankfurt.

Drüsiges Springkraut (*Impatiens glandulifera*) und eben der 2019 in die Unionsliste aufgenommene Götterbaum. Für alle Arten der Liste sind Einfuhr, Haltung, Zucht, Transport, Erwerb, Verwendung, Tausch und Freisetzung verboten! Allerdings mit der Einschränkung, dass in Gebieten, in denen eine dieser Arten etabliert ist, zwischen Aufwand und Nutzen einer Bekämpfung abgewogen werden kann. Dies ist auch für Frankfurt relevant.

Situation in Frankfurt

Die erste verlässliche Meldung von *Ailanthus altissima* für Frankfurt findet sich in Blum & Jänicke (1892) für städtische Parkanlagen. Über viele Regionen Europas und Amerikas ist der Götterbaum heute weit verbreitet und wird vielerorts als schädliche Invasionspflanze bekämpft. Wegen der hohen Regenerationsfähigkeit und der reichen Samenproduktion der Pflanze hat sich die Bekämpfung jedoch als außerordentlich aufwendig und kostspielig erwiesen (s. dazu z. B. Klüh 2019 mit eindrucksvoller Bilddokumentation).

Inzwischen tritt die Art in vielen Städten invasiv auf und gehört zu den Neophyten, deren Kultur europaweit untersagt und deren Bekämpfung gesetzlich vorgeschrieben ist („Unionsliste"). Mit der EU-Verordnung 1143/2014 zu invasiven Arten wurde eine rechtliche Grundlage für den Umgang mit Invasionspflanzen wie dem Götterbaum geschaffen. Die 2016 veröffentlichte „Liste invasiver gebietsfremder Arten von unionsweiter Bedeutung" wurde 2017 und 2019 erweitert und umfasst in der aktuellen Version 66 Pflanzen- und Tierarten. Nicht alle davon sind in Deutschland relevant, am verbreitetsten in Hessen und Frankfurt sind bei den Tieren Nilgans, Nutria und Waschbär, unter den Pflanzen Riesenbärenklau (*Heracleum mantegazzianum*),

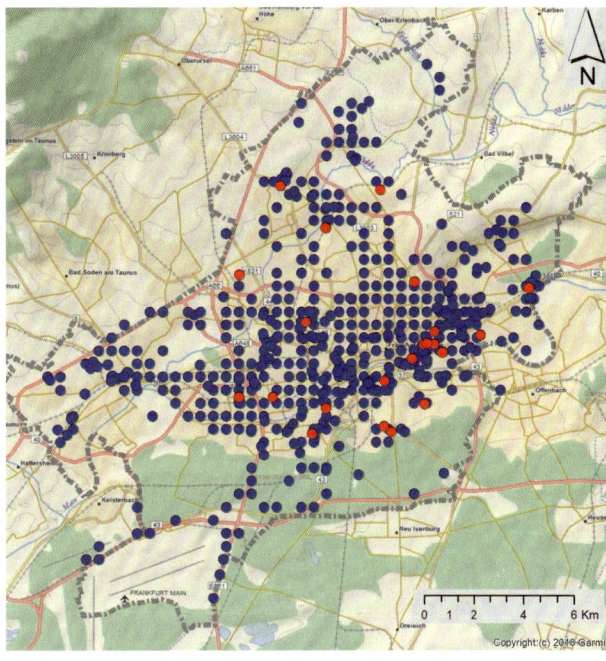

Abb. 177: Dokumentierte Funde des Götterbaums (*Ailanthus altissima*) in Frankfurt am Main in verschiedenen Zeitabschnitten: Rot: vor 2000, Blau: seit 2000. Deutlich zu erkennen ist die Konzentration auf den Siedlungsbereich.

Jahrzehnte hinweg kam die Art in Frankfurt wohl nur vereinzelt als gepflanzter Zierbaum ohne invasive Tendenz vor. Kramer (1995) dokumentiert eine Beobachtung des ehemaligen Palmengarten-Mitarbeiters Heribert von Esebeck, der 1947 zahlreiche *Ailanthus*-Jungpflanzen auf Trümmerflächen fand. Aus einigen Städten, z. B. Berlin, Stuttgart, Dresden, Leipzig, wird über eine Ausbreitung der Art auf Trümmerflächen der Nachkriegszeit berichtet (Kowarik & Böcker 1984). In Frankfurt stellt sich die Situation anders dar: Die Zahl der dokumentierten Funde bleibt bis etwa 1970 sehr gering, erst danach werden zunehmend Vorkommen im Stadtgebiet gemeldet, mit einer sehr starken Zunahme seit 2000 (Abb. 177; www.flora-frankfurt.de). Die Ausbreitung der Art in Frankfurt hat also offensichtlich weniger mit Trümmer- und Brachflächen in der Nachkriegszeit zu tun, wie sie z. B. für den Sommerflieder (*Buddleja davidii*) belegt ist (www.flora-frankfurt.de), entscheidend scheint der Anstieg der Durchschnittstemperatur in den letzten Jahrzehnten sowie die Zunahme der Zahl der warmen Tage in der Vegetationsperiode zu sein.

Ein Rundgang etwa durch das Frankfurter Westend oder entlang des Mains verdeutlicht das Ausmaß des Problems: Der Götterbaum ist in stattlichen Exemplaren in Gärten, Vorgärten und kleinen Freiflächen ebenso präsent wie entlang von Bahnstrecken, Flussufern oder auf Brachflächen und muss in diesen Bereichen als etabliert angesehen werden. Es stehen auch weiterhin große gepflanzte Exemplare, die als „Samenspender" dienen, in verschiedenen Parks und Gärten (Abb. 178). Eine gezielte Bekämpfung findet in Frankfurt bisher nicht statt, und es ist anzunehmen, dass sie – angesichts der zahlreichen Exemplare und der Regenerationsfähigkeit der unterirdischen Teile – kaum mit vertretbarem Aufwand durchzuführen und auch erfolgreich wäre. In anderen Städten werden derzeit Bekämpfungsmöglichkeiten erprobt, z. B. in Wien durch Injektion eines Pilzes in die Stämme.

Erfreulicherweise ist die Art in Frankfurt aber im Wesentlichen auf den bebauten Bereich, Verkehrswege und Flussufer beschränkt und stellt bislang weder in den Wald- noch in den Naturschutzgebieten und naturnäheren Lebensräumen ein Problem dar. Zwar dokumentieren Gregor & Kasperek (2021) *Ailanthus altissima* für 13 Gehölze in Frankfurt am Main, dabei handelt es sich aber vor allem um eher

Abb. 178: Große Götterbäume in Parks und Gärten dienen noch immer als „Samenspender" und tragen zur weiteren Ausbreitung bei.

kleinflächige Gehölzbestände im bebauten Bereich oder entlang von Verkehrswegen und am Mainufer, die starken anthropogenen Störungen unterliegen.

Langjährige Untersuchungen der Biotopkartierung zeigen, dass auf ausgedehnten, der Sukzession überlassenen Brachflächen am Alten Flugplatz Kalbach/Bonames und dem angrenzenden Nordpark Bonames keine großen Götterbäume auftraten; vereinzelt beobachtete Jungpflanzen konnten sich nicht etablieren (Bönsel et al. 2018, Kohn et al. 2019). Auch auf den umfangreichen Pionierstandorten im Bereich der „Städte wagen Wildnis"-Flächen am Monte Scherbelino (Haffner et al. 2019) oder im Renaturierungsbereich des Fechenheimer Mainbogens stellt der Götterbaum bisher kein Problem dar (im Gegensatz zum im Mainbogen häufigen, ebenfalls invasiven Eschen-Ahorn, *Acer negundo*). Auf Streuobstwiesen, einem für Frankfurt sehr wichtigen, wertvollen Lebensraum, spielen Götterbäume keine Rolle. In manchen städtischen Waldinseln wie dem Biegwald wurden junge Götterbäume zumindest seit 1989 vereinzelt beobachtet, konnten sich aber nicht etablieren und verschwanden nach einigen Jahren wieder. Die eingeschränkte Fähigkeit zur Fernverbreitung und die Empfindlichkeit gegenüber Beschattung sind wesentliche Faktoren für die (derzeit noch bestehende) Limitierung der Vorkommen.

FAZIT

Es ist davon auszugehen, dass der wärmeliebende Götterbaum mit Fortschreiten des Klimawandels und ansteigender Durchschnittstemperatur in Frankfurt in Zukunft noch konkurrenzstärker werden wird. Dies zeigt auch der Blick auf Gebiete mit wärmerem (submediterranem) Klima, wo die Art z. B. in Au- und Eichenwälder eindringt (Kowarik & Böcker 1984). Um die weitere Ausbreitung der Art in Frankfurt und dann zu erwartende nachteilige Folgen für die Stadtnatur in Zukunft zu verhindern, sind folgende Maßnahmen notwendig: keine Neupflanzung von Götterbäumen und Entfernen der Art, wo immer mit vertretbarem Aufwand möglich (EU-Verordnung) sowie ein Monitoring der Verbreitung im Stadtgebiet, um bei einem Vordringen in naturnähere Bereiche rasch geeignete Maßnahmen (z. B. Entfernung der Jungpflanzen) ergreifen zu können. Hierzu könnten interessierte Bürgerinnen und Bürger einen wichtigen Beitrag leisten, indem sie Vorkommen dieser sehr leicht zu erkennenden Art dokumentieren, z. B. mit dem Smartphone und einem Foto über die App iNaturalist (s. dazu z. B. Starke-Ottich et al. 2021, Abb. 179).

Abb. 179: Götterbäume in Frankfurt dokumentiert auf der Plattform www.inaturalist.org.

STÄDTE WAGEN WILDNIS

Das Projekt „Städte wagen Wildnis – Vielfalt erleben" wurde von 2016 bis 2021 in den drei Partnerstädten Frankfurt am Main, Hannover und Dessau-Roßlau durchgeführt. Begleitet von einem Wissenschaftspartner in jeder Stadt (für Frankfurt die Arbeitsgruppe Biotopkartierung am Senckenberg Forschungsinstitut und Naturmuseum Frankfurt) und der übergeordneten Öffentlichkeitsarbeit (BioFrankfurt e.V.) wurden Wege des Umgangs mit der Stadtnatur erprobt. Erste Ergebnisse dieses interessanten Projektes wurden bereits vorgestellt (Starke-Ottich & Zizka 2019).

Die Stadt Frankfurt hat zwei sehr unterschiedliche Flächen für das Projekt ausgewählt: den Nordpark Bonames und Brachflächen am Fuß des Monte Scherbelino im Stadtwald. Schon die Flächenwahl lässt erahnen, dass es zum Verständnis von Stadtwildnis durchaus Diskussionsbedarf gab. Schließlich bestehen wesentliche Teile des Nordparks aus Flächen, die einer Nutzung unterliegen, z.B. als Garten, Grillplatz, Sportplatz oder Grünland zur Heugewinnung. Beide Flächen haben eine Kernzone, in der natürliche Sukzession stattfinden kann, wohl das, was sich die meisten Menschen unter „Wildnis" vorstellen. Jedoch bestehen die Flächen nicht ausschließlich aus Prozessschutz-Gebieten. Im Rhein-Main-Gebiet ist der Platz für Stadtnatur knapp. Entsprechend nutzte man auf beiden Flächen die Chance, um Artenschutzmaßnahmen durchzuführen, obwohl diese mit lokalen Eingriffen, wie der Beseitigung von Gehölzen auf besonnten Hügeln, verbunden sind. Rechtliche Vorgaben sorgen außerdem dafür, dass am Monte Scherbelino Biotoppflegemaßnahmen für den Erhalt des Flussregenpfeifers (*Charadrius dubius*) durchgeführt werden müssen. Nicht zuletzt ist ein wesentlicher Unterschied zu den großen Wildnisgebieten, in denen der menschliche Einfluss so weit als möglich vermieden werden soll, dass in der Stadtwildnis der Mensch als Spezies mitgedacht werden muss, die diesen Raum ebenfalls für verschiedene Zwecke nutzt und sich dort aufhält. Somit ist zwar nicht alles in der Frankfurter Stadtwildnis wirklich „wild" im traditionellen Sinne und doch bieten die Flächen Platz für Entwicklungen, die ohne das Projekt so nicht möglich gewesen wären.

Abb. 180: Wildnisfläche am Nordpark Bonames.

PFLANZENVIELFALT DER FRANKFURTER WILDNISFLÄCHEN

Indra Starke-Ottich, Georg Zizka

Abb. 181: Die temporären Stillgewässer sind ein wichtiger Lebensraum auf der Wildnisfläche am Monte Scherbelino und wurden besonders intensiv untersucht.

Auf den beiden Flächen des Projektes „Städte wagen Wildnis" am Fuße des Monte Scherbelino und im Nordpark Bonames fanden in den Jahren 2017 bis 2020 floristische Untersuchungen statt. Im ersten Jahr wurden mit Magneten markierte Dauerbeobachtungsflächen (Größe 3 x 3 m) im Offenland angelegt und der Bestand an Farn- und Samenpflanzenarten erfasst. Diese Ergebnisse, inklusive vollständiger Artenlisten, sind bereits publiziert (Haffner et al. 2019, Kohn et al. 2019). Eine erneute pflanzensoziologische Bearbeitung der Dauerbeobachtungsflächen erfolgte in den Jahren 2018 bis

2019; dabei wurden auch im Gelände neu aufgetretene Arten notiert und die Stillgewässer am Monte Scherbelino intensiver untersucht (Schäfer 2020, Schäfer et al. 2019, Abb. 181). Im letzten Untersuchungsjahr fand eine weitere Vollerfassung der Flora beider Gebiete statt.

Neben den systematisch erhobenen Daten zu den Farn- und Samenpflanzen wurde eine erhebliche Zahl von weiteren Beobachtungen zu Moosen, Flechten und Pilzen zusammengetragen. Diese stammen zum einen aus Experten-Exkursionen, zum anderen handelt es sich um Funde, die zum großen Teil von Bürgerwissenschaftlern über das Portal iNaturalist (Moose, Flechten, Pilze) gemeldet bzw. von Frieder Leuthold, einem Projekt-Mitarbeiter des Umweltamtes, ehrenamtlich dokumentiert wurden (Pilze).

Monte Scherbelino und Nordpark Bonames im Vergleich

Die beiden Frankfurter Wildnisflächen unterscheiden sich gravierend in ihrer Biotopstruktur. Während die Fläche am Fuße des Monte Scherbelino zu Projektbeginn von jungen, offenen Brachflächen und zahlreichen kleinen Stillgewässern geprägt war, präsentierte sich der Nordpark Bonames als von Fließgewässern umgrenzte Kulturlandschaft mit Gehölzbeständen (Abb. 182). Überraschenderweise konnten in diesen beiden so unterschiedlichen Gebieten etwa gleich viele Pflanzenarten

Abb. 182: Die Prozessschutz-Flächen am Nordpark Bonames befinden sich bereits in einem späteren Sukzessionsstadium als die am Monte Scherbelino.

nachgewiesen werden, nämlich 374 am Monte Scherbelino und 375 am Nordpark Bonames (Tab. 13). Insgesamt dokumentierte das Projekt 523 Arten von Farn- und Samenpflanzen (Tab. A10); das bedeutet, dass die beiden Projektflächen nur 224 Arten (43 %) gemeinsam haben. Angesichts der sehr unterschiedlichen Habitatausstattung erstaunt der Unterschied in der Flora nicht. Bei den in beiden Gebieten vorkommenden Arten handelt es sich überwiegend um in Frankfurt grundsätzlich weit verbreitete Vertreter mit breiter ökologischer Amplitude. Die 523 insgesamt gefundenen Arten machen rund 34 % der aktuell aus Frankfurt nachgewiesenen Arten aus. Somit ist der geringe Anteil der Übereinstimmung im Artenspektrum als Vorteil zu sehen, denn die beiden Flächen ergänzen sich und können durch ihre Verschiedenartigkeit einen

Anzahl Arten	Monte Scherbelino	Nordpark Bonames	Gesamt
2017	312	294	443
2020	307	324	446
Gesamt	**374**	**375**	**523**

Tab. 13: Anzahl der Arten von Farn- und Samenpflanzen in den Projektgebieten am Monte Scherbelino und am Nordpark Bonames in den Jahren 2017 und 2020 sowie insgesamt.

größeren Beitrag zum Erhalt der Artenvielfalt in Frankfurt leisten.

Trotz der übereinstimmenden Gesamtartenzahl ergeben sich Unterschiede in der Entwicklung der Flächen zwischen 2017 und 2020. Die erste Vollerfassung am Nordpark Bonames hatte 294 Arten gefunden. Die pflanzensoziologische Arbeit im Gebiet, d. h. die Erfassung von Arten und ihrer Häufigkeit auf speziellen Teilflächen, wurde bis 2020 kontinuierlich fortgesetzt, was zu einer sehr viel genaueren Gebietskenntnis führte. Daher war zu erwarten, dass die zweite Vollerfassung eine etwas höhere Artenzahl ergibt. Dies bestätigte sich, denn 2020 wurden 324 Arten nachgewiesen, also 30 Arten mehr.

Auch am Monte Scherbelino wurde fortlaufend pflanzensoziologisch gearbeitet, wobei mehrere Untersuchungen von Spezialisten für bestimmte Organismengruppen die eigenen Erhebungen ergänzten. Dennoch wurden im Jahr 2020 dort nur 307 Arten nachgewiesen, während es bei der ersten Erfassung 2017 noch 312 Arten gewesen waren. Dieses Ergebnis lässt sich mit der Entwicklung der beiden Gebiete plausibel erklären. Am Nordpark Bonames hat keine große Veränderung auf Ebene der Lebensräume stattgefunden, darum sind auch die Artenzahlen stabil. Die Fläche am Monte Scherbelino hat sich dagegen durch Sukzession stark verändert. Einige Flächen sind

Abb. 183: Am Monte Scherbelino haben sich Dominanzbestände des einheimischen Land-Reitgrases (*Calamagrostis epigejos*) ausgebildet, die sehr artenarm sind.

Abb. 184: Die besonders geschützte Echte Schlüsselblume (*Primula veris*) am Nordpark Bonames.

inzwischen durch Land-Reitgras-Fluren geprägt (Abb. 183). Diese weisen natürlicherweise eine geringere Artenvielfalt auf als Brachflächen in einem frühen Sukzessionsstadium. Die freie Entwicklung der Vegetation hat am Monte Scherbelino daher zu einem leichten Rückgang in der Zahl der Pflanzenarten geführt.

Eine Heimat für seltene und gefährdete Arten?

Auf beiden Wildnisflächen wurden seltene, besonders geschützte oder gefährdete Arten gefunden. Am Nordpark Bonames war dies z. B. das Breitblättrige Knabenkraut (*Epipactis helleborine*). Die Orchidee wächst gerne am Rand von Gehölzen und profitiert von der Wildnis-Entwicklung. 2020 kam sie an mehr Stellen und in größerer Individuenzahl vor als 2017.

2017 wurde die besonders geschützte Echte Schlüsselblume (*Primula veris*, Abb. 184) auf einem besonnten Hügel entdeckt. Als dort Gehölze überhandnahmen, verschwand nicht nur die Schlüsselblume (die 2018 nicht mehr nachzuweisen war), sondern der Lebensraum verschlechterte sich auch für verschiedene Wildbienen-Arten und Zauneidechsen (*Lacerta agilis*). Aufgrund der engen Zusammenarbeit mit dem Umweltamt der Stadt Frankfurt konnten Maßnahmen eingeleitet werden, die dazu führten, dass im Jahr 2020 wieder Schlüsselblumen auf dem Hügel blühten (Abb. 185) und das sogar mit mehr Individuen als zu Projektbeginn.

Nicht alle Arten reagieren positiv auf die Entwicklungen im Gebiet. Insbesondere für Arten der Kulturlandschaft wirkt sich fortschreitende Sukzession mitunter negativ aus. So konnte sich der ebenfalls besonders geschützte Knöllchen-Steinbrech (*Saxifraga granulata*), der 2017 am Rand einer Wiese gefunden wurde, nicht im Gebiet halten.

Abb. 185: Besonnter Hügel im Nordpark nach der Entnahme von Gehölzen. Im Vordergrund eine blühende Schlüsselblume.

Ebenso verschwand die Acker-Röte (*Sherardia arvensis*) aus dem Gebiet. Beide Arten sind konkurrenzschwach und profitieren in der Kulturlandschaft von regelmäßigen Eingriffen wie der Mahd. Gegen Stauden und hochwüchsige Gräser konnten sie sich nicht behaupten.

Entlang des Nidda-Ufers gelangen allerdings auch Neufunde. Die Bucklige Wasserlinse (*Lemna gibba*) und die besonders geschützte Gelbe Schwertlilie (*Iris pseudacorus*, Abb. 186) konnten 2020 neu im Gebiet nachgewiesen werden. Einige weitere Arten aus dem Gebiet gelten zwar als besonders geschützt, werden aber dennoch hier nicht weiter berücksichtigt, da sich ihre Vorkommen auf Ansaaten zurückführen lassen oder es sich um Gartenflüchtlinge handelt, z. B. die Bart-Nelke (*Dianthus barbatus*), die Riesen-Nelke (*Dianthus giganteus*) und die Eibe (*Taxus baccata*).

Abb. 187: Das besonders geschützte Echte Tausendgüldenkraut (*Centarium erythraea*) wurde im gesamten Untersuchungszeitraum am Monte Scherbelino gefunden.

Abb. 186: Die besonders geschützte Gelbe Schwertlilie (*Iris pseudacorus*) gedeiht am Nidda-Ufer.

Am Monte Scherbelino wurden 2017 zwölf besonders geschützte oder gefährdete Arten gefunden, die meisten davon im Bereich der temporären Stillgewässer. Acht dieser Arten konnten im Jahr 2020 nicht mehr nachgewiesen werden. Hauptursache für den Rückgang von Arten wie der Borstigen Schuppensimse (*Isolepis setacea*) ist vermutlich das Trockenfallen der Gewässer in den Trockenjahren 2018 und 2019. Bleibt zu hoffen, dass diese Arten in feuchteren Jahren dort wieder geeignete Habitate finden und aus im Boden ruhenden Samen auflaufen oder aus Rhizomen austreiben werden. Eine weitere Ursache ist die mit Fortschreiten der Sukzession dichter und höher werdende Vegetation, wodurch Arten wie die besonders geschützte Büschel-Nelke (*Dianthus armeria*) zurückgegangen sind.

Einige geschützte Arten konnten sich aber über den gesamten Untersuchungszeitraum halten, darunter das besonders geschützte Kleine Tausendgüldenkraut (*Centaurium pulchellum*), das ebenfalls besonders geschützte Echte Tausendgüldenkraut (*Centaurium erythraea*, Abb. 187) sowie die Scheinzypergras-Segge (*Carex pseudocyperus*). Auch am Monte Scherbelino sind 2020 neue gefährdete Arten hinzugekommen: Gewöhnlicher Steinquendel (*Acinos arvensis*, Abb. 188), Gewöhnliches Zittergras (*Briza media*) und Großes Flohkraut (*Pulicaria dysenterica*).

Ein besonderer Fall ist der Fund von Shuttleworths Rohrkolben (*Typha shuttleworthii*). Die in Deutschland stark gefährdete Art ist in Hessen nicht einheimisch und als Neophyt zu bewerten. Wie sie an den Monte Scherbelino gelangte, ist unklar. Möglicherweise handelt es sich um ein Relikt früherer Nutzungen des Geländes. Entdeckt wurde Shuttleworths Rohrkolben 2018 im Rahmen einer studentischen Arbeit (Schäfer et al. 2019). Zu diesem Zeitpunkt befand er sich an verschiedenen Stellen im Gebiet, teilweise mit dem einheimischen Breitblättrigen Rohrkolben (*Typha latifolia*) vergesellschaftet. Vermutlich kam die Art 2017 bereits im Gebiet vor und war bei der ersten Bestandsaufnahme übersehen worden. 2018 fiel auf, dass die Art empfindlicher auf die Trockenheit reagierte als der Breitblättrige Rohrkolben, aber sie entwickelte noch Blüten- und Fruchtstände. 2019 und 2020 konnte die Art in den über Monate trockengefallenen Gewässern nicht mehr blühend nachgewiesen werden. Bei einigen vegetativen Trieben an den Fundorten des Jahres 2018 könnte es sich um Reste des Bestandes handeln.

Beide Gebiete sind Lebensräume von besonders geschützten und gefährdeten Arten, wobei deren Zahl am Monte Scherbelino höher ist. Wie zu erwarten, können Arten infolge der Sukzession oder auch als Reaktion auf Jahre mit extremen Wetterlagen in den Gebieten zurückgehen oder sich neu ansiedeln. Die Untersuchungen zeigen sehr deutlich, dass Sonderstandorte wie besonnte

Abb. 188: Der Gewöhnliche Steinquendel (*Acinos arvensis*) ist im Laufe des Untersuchungszeitraums am Monte Scherbelino neu aufgetreten.

Hügel oder Stillgewässer für diese Arten große Bedeutung haben. Diese Bedeutung wurde auch für verschiedene Tiergruppen gefunden (vgl. Beitrag Wildbienen). Daraus lässt sich ableiten, dass wertvollen Strukturen grundsätzlich besondere Aufmerksamkeit bei der Entwicklung und Pflege der Wildnisgebiete und von Biotopen allgemein beigemessen werden sollte.

Welchen Anteil haben Neophyten in der Wildnis?

Pflanzliche Neubürger, die sogenannten Neophyten, besiedeln insbesondere urbane Lebensräume. Aus diesem Grund sollte im Rahmen des Wildnis-Projektes unter anderem geklärt werden, welche Rolle Neophyten in der Stadtwildnis spielen und ob die Wildnisflächen ein „Einfallstor" für Neophyten sein und zu ihrer Verbreitung beitragen könnten. Als Neophyten werden hier alle Arten betrachtet, die erst nach dem Jahr 1492 n. Chr. durch direkten oder indirekten Einfluss des Menschen in die Region gekommen sind, z. B. als Zierpflanzen, und sich nun selbstständig vermehren. Dabei wird zwischen etablierten Arten unterschieden, die bereits fester Bestandteil der Stadtflora geworden sind und sich schon über mehrere Generationen selbstständig fortpflanzen, und unbeständig vorkommenden Arten, die gerade erst beginnen, sich im Gebiet anzusiedeln. Aus Frankfurt am Main sind bisher insgesamt 674 Neophyten nachgewiesen, davon 382 unbeständige. Insgesamt machen die Neophyten 37 % der Stadtflora aus (zur Geschichte der verschiedenen Neophyten in Frankfurt siehe die Arten-Steckbriefe in der Online-Flora von Frankfurt, www.flora-frankfurt.de, Bönsel et al. 2009).

Es war zu erwarten, dass die jungen Sukzessionsflächen am Monte Scherbelino stärker von Neophyten besiedelt werden (Abb. 189) als die Kulturlandschaft am Nordpark Bonames. Überraschenderweise ist der Anteil von Neophyten jedoch mit 19 % der nachgewiesenen Arten in beiden Flächen identisch. Es wurden 71 Arten am Nordpark Bonames und 72 Arten am Monte Scherbelino gefunden. Der Anteil liegt damit deutlich geringer als der Anteil an der Stadtflora insgesamt.

Abb. 190: Zum Erhalt des Flussregenpfeifers abgeschobene Fläche am Monte Scherbelino, März 2020.

Die Ursachen für das Vorkommen von Neophyten in den beiden untersuchten Gebieten sind jedoch völlig verschieden. Die Flächen am Monte Scherbelino liegen isoliert in großer Entfernung zu den nächsten Gärten und Siedlungsstrukturen. Zudem ist das Gelände nicht öffentlich zugänglich und überwiegend von Wald umgeben. Ein Diasporeneintrag von außen kann daher nur eingeschränkt stattfinden. Das bedeutet, dass die im Gebiet vorkommenden Neophyten auf anderen Wegen dorthin gelangt sein müssen. Da der Monte Scherbelino nach der Nutzung als Mülldeponie einige Zeit als Ausflugsort mit Abenteuerspielplatz diente, können viele Arten auf diese Zeit zurückgehen. In der Nähe der Wildnisflächen befinden sich auch heute noch Anpflanzungen von fremdländischen Gehölzen, auf die die Vorkommen im Gebiet vermutlich zurückgehen, z. B. vom Essigbaum (*Rhus typhina*). Die Strobe (*Pinus strobus*) kommt dagegen auf den angrenzenden Forstparzellen vor.

Abb. 189: Junge, blütenreiche Sukzessionsfläche am Monte Scherbelino. Im Vordergrund das neophytische Einjährige Berufkraut (*Erigeron annuus*).

Auch die Einschleppung durch Baumaschinen ist möglich, denn im Gebiet fanden in der Vergangenheit aufgrund von Baumaßnahmen viele Erdbewegungen statt. Derartige Eingriffe erfolgen immer noch regelmäßig (Abb. 190) zum Erhalt des Lebensraums für den Flussregenpfeifer (*Charadrius dubius*). Dies führt dazu, dass Arten, die sonst eher gehäuft an wenigen Stellen vorkommen, im Gebiet verstreut in vielen kleinen Beständen gefunden werden, z. B. Topinambur (*Helianthus tuberosus*, Abb. 191), vermutlich weil unterirdische Pflanzenteile bei den Arbeiten verteilt wurden.

Der Nordpark Bonames ist dagegen öffentlich zugänglich, im Norden grenzt der Stadtteil Bonames an und im Gebiet selbst liegen einige Freizeitgärten. Es gibt illegale Ablagerungen von Gartenabfall, die eine Quelle für Neophyten sein können. Andere Arten breiten sich über Samen auf natürliche Weise aus den Gärten aus, z. B. mit dem Wind oder durch Vögel. Für das Vorkommen des Echten Lungenkrauts (*Pulmonaria officinalis*, Abb. 192) wird angenommen, dass nicht mehr benötigte Gartenpflanzen „ausgesetzt" wurden. Andere Arten wie Luzerne (*Medicago* x *varia*) gehen auf Ansaat-Streifen zurück, in denen sie sich über die Jahre etabliert haben und von dort teilweise in angrenzende Lebensräume einwandern. Solche Streifen gibt es seit über zehn Jahren entlang der Homburger Landstraße. Eine weitere Ansaat erfolgte im Gebiet zur Wiederbegrünung nach einer Baumaßnahme. Zudem liegt die Fläche an einem Fließgewässer. Dadurch werden im Uferbereich wachsende Neophyten auch von außen eingetragen, z. B. Silber-Ahorn (*Acer saccharinum*) und Indisches Springkraut (*Impatiens glandulifera*).

Sind Neophyten ein Problem in der Wildnis?

Die Gestaltung der Fläche am Monte Scherbelino mit unterschiedlichen Bodentypen, Erd-, Sand- und Steinhügeln sowie Stillgewässern hat so viele verschiedene ökologische Nischen geschaffen, dass kein Neophyt es schaffen kann, sich in allen Bereichen durchzusetzen. Im ersten Untersuchungsjahr war das aus Nordamerika stammende Kurzfrüchtige Weidenröschen (*Epilobium brachycarpum*) auf

Abb. 191: Die Topinambur (*Helianthus tuberosus*) wurde vermutlich durch Erdbewegungen auf der Fläche ausgebreitet.

Abb. 192: Das Gefleckte Lungenkraut (*Pulmonaria officinalis*) am Nordpark Bonames stammt vermutlich aus einem Garten.

den Brachflächen weit verbreitet und kam dort zu Tausenden vor. Diese Art kann junge Brachflächen rasant besiedeln (Gregor et al. 2013). Allerdings ist die Art wenig konkurrenzstark und ging im Rahmen der natürlichen Sukzession bis 2020 schon wieder sehr stark zurück. Sie kommt heute in Einzelexemplaren eingestreut in der Vegetation vor, kann aber keine Dominanzbestände mehr bilden.

Auf der anderen Seite haben im Laufe der Zeit ausdauernde und holzige Neophyten zugenommen. Zu nennen ist insbesondere der Sommerflieder (*Buddleja davidii*), der eingestreut zwischen Besenginster (*Cytisus scoparius*) für eine interessante, blütenreiche Fläche sorgt (Abb. 193). Auf der Fläche

Abb. 194: Auf dieser Fläche am Scherbelino-Weiher wuchs zuvor die Armenische Brombeere (*Rubus armeniacus*).

Abb. 193: Sommerflieder (*Buddleja davidii*) zwischen bereits verblühtem Besenginster (*Cytisus scoparius*), davor Kanadische Goldrute (*Solidago canadensis*) und noch nicht blühende Topinambur (*Helianthus tuberosus*).

kommen außerdem die Kanadische Goldrute (*Solidago canadensis*) und die Späte Goldrute (*Solidago gigantea*) vor. In Frankfurt wird ein gemeinsames Vorkommen beider Arten sonst nur selten beobachtet. Eingestreut sind die beiden Arten auch in den Bereichen mit Land-Reitgras (*Calamagrostis epigejos*) zu finden. Dieses Gras ist zwar einheimisch und typisch für Lichtungen im Frankfurter Wald, doch bildet es Dominanzbestände, in denen Artenvielfalt und Blütenreichtum herabgesetzt sind. Man kann die neophytischen Goldruten daher durchaus als Bereicherung des Nahrungsangebotes für Insekten im Spätsommer betrachten.

Das Vorkommen der Armenischen Brombeere (*Rubus armeniacus*) ist dagegen kritisch zu sehen. In sehr strukturarmen Gebieten könnte man die Art als Bereicherung sehen. Sie bietet Blüten, Früchte und mögliche Nistplätze für Vögel (Astley 2010). Andererseits belegen Studien, dass die Art auch zum Rückgang der Artenvielfalt führen kann (McDowell & Turner 2002, Sandiford et al. 2001). Die Armenische Brombeere breitet sich sehr schnell aus und überzieht Flächen mit einem dichten, mitunter mehrere Meter hohen Gestrüpp. Für die

Vielfalt krautiger Arten bleibt hier kein Raum mehr. Auch für Tierarten der offenen und halboffenen Landschaft ist diese rasche Ausbreitung von Nachteil. Die natürliche Entwicklung hin zu einem Wald wird ausgebremst. Aus diesem Grund wurde entschieden, die Art im Gebiet zurückzudrängen. Im Winterhalbjahr 2020/2021 sind erste Maßnahmen erfolgt (Abb. 194). Dabei ist es sicher nicht mehr möglich, die Armenische Brombeere völlig aus dem Gebiet zu entfernen. Aber die Ausbreitung der Art kann zumindest punktuell eingeschränkt werden, um wertvolle Bereiche zu erhalten.

Am Nordpark Bonames kommt die Kanadische Goldrute (*Solidago canadensis*) ebenfalls vor (Abb. 195). Die Art ist bekannt dafür, dass sie

Abb. 196: Armenische Brombeere (*Rubus armeniacus*) im Uferbereich des Altarms am Nordpark Bonames.

Abb. 195: Die Kanadische Goldrute (*Solidago canadensis*) an einem Gehölzsaum am Nordpark Bonames.

Dominanzbestände bilden kann, insbesondere auf brachgefallenen Äckern. Im Gebiet tritt sie aber in Säumen zwischen Gebüschen und Wegen auf. Dort sorgt sie für einen spätsommerlichen Blühaspekt und stellt eine Nahrungsquelle für Insekten dar, wenn die Wiesen bereits gemäht sind. Die Struktur des Geländes erlaubt es auch am Nordpark Bonames nicht, dass die Goldrute zu einer dominanten Pflanzenart wird. Weitere Neophyten werden – meist in geringer Individuenzahl – eingestreut in die verschiedenen Pflanzengesellschaften beobachtet.

Trotz der so unterschiedlichen Habitatausstattung ist auch am Nordpark Bonames die Armenische Brombeere (*Rubus armeniacus*) die einzige Art, die Kopfzerbrechen bereitet. Durch ihr starkes Wachstum verändert sie wichtige Sonderstandorte, z. B. im Uferbereich (Abb. 196), im Saumbereich oder an dem bereits erwähnten besonnten Hügel. Das Umweltamt der Stadt Frankfurt hat sich daher auch hier zum Zurückdrängen der Art im Gebiet entschlossen.

Grundsätzlich müssen die Neophyten heute als Teil der Stadtnatur und Stadtwildnis betrachtet werden, eine Bekämpfung kann bei einigen Arten aber gesetzliche Gründe haben oder zum Schutz seltener und bedrohter Habitate notwendig sein. Auf den Wildnisflächen zeigten sich die meisten Arten eingestreut in verschiedene Pflanzengesellschaften ohne Bildung von Dominanzbeständen. Einige können durchaus als Bereicherung des Blühaspekts und des Nahrungsangebotes für Insekten angesehen werden. Auch wenn darunter Arten sind, die in anderen Gebieten als problematisch bewertet und bekämpft werden, z. B. die Kanadische Goldrute. In den Untersuchungsgebieten erwies sich lediglich die Armenische Brombeere als so ausbreitungsstark, dass sie dadurch den Charakter der Lebensräume veränderte und eine Bekämpfung angezeigt erschien.

Weitere Arten

Wie eingangs angedeutet, wurden über die Farn- und Samenpflanzen hinaus weitere Arten nachgewiesen. Hier ist allerdings ein großes Ungleichgewicht festzustellen. Am Monte Scherbelino wurden lediglich die Gewöhnliche Armleuchteralge (*Chara vulgaris*) und zwei Flechten nachgewiesen, während am Nordpark Bonames weitere 137 Arten, vor allem Flechten und Pilze, erfasst wurden. In diesen Artengruppen gibt es praktisch keine Nachweise von Bürgerwissenschaftlern, da die Arten oft als weniger attraktiv angesehen werden, größere Kenntnisse zur Bestimmung nötig sind und auf künstlicher Intelligenz basierende Online-Tools wie

Abb. 197: Heißt auf Deutsch zwar Eichenmoos, ist aber eine Flechte: *Evernia prunasti* im Nordpark Bonames.

Abb. 198: Die Teerfleckenkrankheit auf Ahorn-Blättern wird von einem Pilz, dem Ahorn-Runzelschorf (*Rhytisma acerinum*) ausgelöst.

Abb. 199: Gemeiner Schwefelporling (*Laetiporus sulphureus*) an einem Obstbaum auf einer kleinen Streuobstwiese im Nordpark Bonames.

iNaturalist nur sehr eingeschränkt angewendet werden können. Die Funde von Flechten gehen daher fast alle auf eine Experten-Exkursion und die Meldungen der Pilze überwiegend auf Frieder Leuthold zurück.

Zu den gefundenen Flechten gehört die unter dem deutschen Namen Eichenmoos bekannte *Evernia prunastri* (Abb. 197). Sie gilt in Deutschland als gefährdet, kommt aber in Frankfurt noch verbreitet vor. Bemerkenswert sind die Funde mehrerer wärmeliebender Arten, etwa der Afrikanischen Grauschüsselflechte (*Hypotrachyna afrorevoluta*), die ihren Verbreitungsschwerpunkt im südlichen Mitteleuropa hat.

Das Spektrum der Pilze reicht vom Ahorn-Runzelschorf (*Rhytisma acerinum*), der im Spätsommer und Herbst auf Blättern des Berg-Ahorns (*Acer pseudoplatanus*) zu finden ist und dort ein als Teerfleckenkrankheit bekanntes Schadbild auslöst (Abb. 198), über das essbare Judasohr (*Auricularia auricula-judae*) bis hin zu Großpilzen wie dem Gemeinen Schwefelporling (*Laetiporus sulphureus*, Abb. 199).

FAZIT

Die beiden Projektflächen am Monte Scherbelino und am Nordpark Bonames beinhalten auf kleiner Fläche einen großen Anteil der Frankfurter Flora und ergänzen sich in ihrer Arten- und Lebensraumausstattung. In beiden Gebieten können seltene, gefährdete oder besonders geschützte Pflanzenarten gefunden werden, wobei sich deren Vorkommen im Laufe der Projektjahre verändert hat und weiter verändern wird. Am Monte Scherbelino fanden vor allem Pionierarten in den ersten Jahren gute Lebensbedingungen und werden nun im Laufe der natürlichen Sukzession von anderen Arten abgelöst. Am Nordpark Bonames profitieren die Arten der Gehölzsäume, wie die Orchidee Breitblättiges Knabenkraut, während die Arten der Kultur-Landschaft durch den Wildnis-Ansatz nicht gefördert werden. Mittels Pflegemaßnahmen ist es allerdings gelungen, den Bestand der Echten Schlüsselblume nicht nur zu erhalten, sondern sogar zu vergrößern. Die langfristige Sicherung beider Flächen als Wildnisflächen und Teil der Stadtnatur kann durch die vielfältige Artenausstattung zum Erhalt der Artenvielfalt in Frankfurt beitragen.

In beiden Flächen kommen allerdings auch Neophyten vor, wobei ihr Anteil kleiner ist als in der Stadtflora insgesamt. Die Befürchtung, dass die Brachestadien zu einer starken Förderung von Neophyten führen würden, hat sich nicht bestätigt. Die meisten Neophyten-Arten haben aufgrund der vielfältigen Habitatstrukturen beider Gebiete nicht das Potenzial, dominant zu werden und sich übermäßig stark auszubreiten. Die Projektflächen sind damit ein gutes Beispiel dafür, dass es möglich ist, Neophyten (bis auf wenige Ausnahmen) als Teil der Stadtwildnis zu akzeptieren.

VÖGEL IN DER WILDNIS

Indra Starke-Ottich, Andreas Malten, Fabian Schrauth

Abb. 200: Der Mäusebussard (*Buteo buteo*) ist „Stammgast" im Nordpark Bonames und nutzt insbesondere die Wiesenflächen zur Jagd.

Die Untersuchung der Avifauna auf den beiden Frankfurter Wildnisflächen fand von Herbst 2016 bis Herbst 2020 statt. Wie in Hannover und Dessau-Roßlau, den beiden Partnerstädten des Projektes, lagen die Schwerpunkte zum einen auf den Brutvögeln, zum anderen auf der Nutzung der Flächen durch Vögel im Winter. Im Gegensatz zu den beiden anderen Städten wurden die Frankfurter Flächen jedoch ganzjährig mindestens einmal im Monat begangen, um die Vermutung zu überprüfen, dass die Gebiete auch für Rastvögel während der Zugzeiten eine wichtige Bedeutung besitzen. Am

Monte Scherbelino wurden zudem Sichtungen von Rastvögeln auf dem angrenzenden Deponiehügel miterfasst, da das Gebiet für rastende Vögel als Biotopkomplex zu betrachten ist. Vogelarten, die das Gebiet ohne erkennbare Nutzung der Fläche nur in großer Höhe überflogen, wurden nicht aufgenommen, z. B. verschiedene Möwen-Arten oder ziehende Greifvögel.

Die Flächen am Monte Scherbelino und am Nordpark Bonames sind im Hinblick auf vorhandene Lebensräume, Strukturelemente, Nahrungsangebot und Störungen sehr verschieden und können daher von unterschiedlichen Arten genutzt werden.

Abb. 201: Die Mönchsgrasmücke (*Sylvia atricapilla*) gehört zu den häufigsten Brutvögeln am Nordpark Bonames.

Amsel, Drossel, Fink und Star – rund ums Jahr am Nordpark Bonames

Am Nordpark Bonames wurden über die gesamte Projektlaufzeit 76 Vogelarten festgestellt, etwa die Hälfte davon als Brutvögel. Die Vogelgemeinschaft ist dabei ziemlich stabil, es gab über die Jahre kaum Veränderungen in der Artenzusammensetzung. Als Brutvogel ist im Laufe der Untersuchungen der Pirol (*Oriolus oriolus*) neu dazu gekommen, während die Gartengrasmücke (*Sylvia borin*) nur in einem Jahr nachgewiesen wurde und der Mittelspecht (*Dendrocoptes medius*) im letzten Jahr nicht sicher als Brutvogel bestätigt werden konnte, davor aber regelmäßig im Gebiet brütete. Der Mäusebussard (*Buteo buteo*) brütete in den ersten Jahren auf seinem Horst in einem ungenutzten Garten am Rand des Gebietes. Nach der Wiederaufnahme der Nutzung wurde dieser Brutplatz aufgegeben. Mäusebussarde kamen aber auch danach weiterhin zur Nahrungssuche ins Gebiet (Abb. 200).

Die häufigsten Arten am Nordpark Bonames sind typische Park- und Gartenvögel wie Amsel (*Turdus merula*), Kohlmeise (*Parus major*), Mönchsgrasmücke (*Sylvia atricapilla*, Abb. 201), Rotkehlchen (*Erithacus rubecula*) und Zilpzalp (*Phylloscopus collybita*). Viele Arten sind als Standvögel ganzjährig im Gebiet anzutreffen. So besetzt der Zaunkönig

Abb. 202: Früchte von Weißdorn (*Crataegus* spp.) und anderen Gehölzen sorgen für ein üppiges Nahrungsangebot für Früchte fressende Vogelarten.

(*Troglodytes troglodytes*) auch im Winter Reviere und lässt seinen Gesang vor allem entlang des Altarms erklingen. Auch die außerhalb der Brutzeit häufig im Trupp auftretenden Schwanzmeisen (*Aegithalos caudatus*) halten sich das ganze Jahr über im Gebiet auf. Viele der im Winter anzutreffenden Vogelarten wie Ringeltaube (*Columba palumbus*) und Star (*Sturnus vulgaris*) profitieren vom reichen Angebot der Früchte von Weißdorn (Abb. 202), Rose, Efeu und anderen (Abb. 203). Hierzu gehört auch die Wacholderdrossel (*Turdus pilaris*, Abb. 204), die im Gegensatz zu anderen Arten nur während der Wintermonate im Gebiet anzutreffen ist.

In den alten Bäumen entlang des Altarms befinden sich vor allem durch die Tätigkeit des Buntspechts (*Dendrocopos major*) zahlreiche Baumhöhlen. Diese werden von „Nachmietern", besonders vom Star, genutzt, aber auch Kleiber (*Sitta europaea*) und verschiedene Meisen sind dort zu finden. Das ins Wasser ragende Totholz (Abb. 205) dient Eisvögeln (*Alcedo atthis*, Abb. 206) häufig als Ansitz. Außerdem sind am Altarm regelmäßig Stockenten (*Anas platyrhynchos*) und Teichhühner (*Gallinula*

Abb. 204: Die Wacholderdrossel (*Turdus pilaris*) ist nur im Winter im Nordpark Bonames zu beobachten.

chloropus) anzutreffen. Andere Wasservögel halten sich lieber auf der Nidda auf und kommen zur Nahrungssuche ins Gebiet, darunter Graureiher (*Ardea cinerea*, Abb. 207), Höckerschwan (*Cygnus olor*, Abb. 208) und Kormoran (*Phalacrocorax carbo*).

Als seltene Gäste kann man manchmal Weißstörche (*Ciconia ciconia*) auf den Wiesen bei der Nahrungssuche beobachten. Auch der Fasan

Abb. 203: Auch die nicht einheimische Jungfernrebe (*Parthenocissus inserta*), die als Liane Bäume im Uferbereich überzieht, trägt zum Fruchtangebot für Vögel bei.

Abb. 205: Das Totholz stellt ein wichtiges Strukturelement dar und trägt viel zum Wildnischarakter des Altarms bei.

Abb. 206: Der Eisvogel (*Alcedo atthis*) sucht regelmäßig den Altarm am Nordpark Bonames auf.

Abb. 207: Der Graureiher (*Ardea cinerea*) ist ein regelmäßiger Nahrungsgast.

(*Phasianus colchicus*) hält sich trotz der großen Störungen regelmäßig im Nordpark Bonames auf, brütet aber vermutlich in der angrenzenden Feldflur. Auf den häufiger gemähten Bereichen von Sport- und Grillplatz sind häufig Elstern (*Pica pica*) und Amseln bei der Nahrungssuche am Boden zu sehen. Aus den Gehölzen lassen jedes Jahr im Sommer gleich mehrere Männchen der Nachtigall (*Luscinia megarhynchos*, Abb. 209) ihren lautstarken Gesang erklingen. Der Grünspecht (*Picus viridis*, Abb. 210) besetzt mitunter Reviere beiderseits des Flusses und wechselt zwischen beiden Seiten der Nidda hin und her. Ein kleiner Teil des Nordparks besteht aus Gärten und Streuobstwiesen – ein geeigneter Lebensraum für Grünfink (*Chloris chloris*), Girlitz (*Serinus serinus*) und Gartenrotschwanz (*Phoenicurus phoenicurus*, Abb. 211), die sich fast ausschließlich dort aufhalten.

Obwohl die Mehrzahl der regelmäßigen Nahrungsgäste und Brutvögel zu den eher häufigen Arten der Kulturlandschaft gehört, sind doch einige Arten mit rückläufigen Bestandstrends dort zu finden, etwa der Gartenrotschwanz, der in Hessen als stark gefährdet gilt, oder der in Deutschland als gefährdet eingestufte Star. Eisvogel, Stockente und Pirol stehen in Hessen auf der Vorwarnliste, Grauschnäpper (*Muscicapa striata*) und Pirol werden deutschlandweit in dieser Kategorie geführt. Während der Zugzeit werden gelegentlich seltenere Arten im Nordpark Bonames beobachtet, wie etwa der Flussuferläufer (*Actitis hypoleucos*).

Abb. 208: Höckerschwäne (*Cygnus olor*) lassen sich vor allem auf dem Hauptlauf der Nidda beobachten.

Abb. 209: Nicht zu überhören: Der Gesang der unscheinbaren Nachtigall (*Luscinia megarhynchos*).

Abb. 210: Reviere des Grünspechts (*Picus viridis*) können sich über beide Flussufer erstrecken.

Immer in Bewegung – der Monte Scherbelino

Das Gelände des Monte Scherbelino hat eine bewegte Geschichte, die noch lange nicht abgeschlossen ist. Da sich vor einigen Jahren der in Hessen vom Aussterben bedrohte Flussregenpfeifer (*Charadrius dubius*, Abb. 212) im Gebiet angesiedelt hat, wird viel getan, um ihm möglichst langfristig einen geeigneten Lebensraum zu erhalten. Dazu wurden in den letzten Jahren Kiesflächen sowohl auf dem Deponiehügel als auch auf der Wildnisfläche angelegt (Abb. 213). Ein Teil der Wildnisfläche wird im mehrjährigen Turnus regelmäßig abgeschoben, um die aufkommende Vegetation zurückzudrängen und wieder einen offenen Lebensraum zu schaffen. So bleibt die Fläche auch weiterhin in Bewegung, und es ergeben sich immer wieder neue Bedingungen. Davon profitiert die Feldlerche (*Alauda arvensis*), die zunächst nur auf dem Deponiehügel, später aber auch auf der Wildnisfläche als Brutvogel registriert wurde.

Die offene Kernfläche des Wildnis-Projektes ist allerdings nur für sehr wenige Vogelarten direkt als Brutplatz nutzbar. Bachstelzen (*Motacilla alba*, Abb. 214) legen im Schutz der Steinhaufen ihre Nester an. Bodenbrüter der offenen Bereiche wie Flussregenpfeifer und Feldlerche haben es trotz geeigneter Lebensräume schwer, dort ihre Jungen erfolgreich großzuziehen. In einem Jahr spülte vermutlich ein starkes Unwetter die Eier des Flussregenpfeifers fort. In anderen Jahren gelingt es ihnen nicht, die Jungvögel aufzuziehen, weil der

Abb. 211: Der Gartenrotschwanz (*Phoenicurus phoenicurus*) gehört zu den Arten, die sich vor allem im Bereich der Gärten aufhalten.

Abb. 212: Der in Hessen vom Aussterben bedrohte Flussregenpfeifer (*Charadrius dubius*) hat sich am Monte Scherbelino angesiedelt.

Abb. 214: Die Bachstelze (*Motacilla alba*) nutzt vor allem die im Gebiet angelegten Steinhaufen.

Druck durch Prädatoren zu hoch ist. Diese lauern in der Luft, z. B. Rabenkrähen (*Corvus corone*), oder am Boden, z. B. Fuchs (*Vulpes vulpes*, Abb. 215) und der Neueinwanderer Waschbär (*Procyon lotor*). Darunter leiden auch andere Arten. So ist selbst der flinke Zwergtaucher (*Tachybaptus ruficollis*) während der Brutzeit vor den Waschbären nicht sicher. Die in den ersten Jahren mit mehreren Brutpaaren vertretenen Kanadagänse (*Branta canadensis*) sind ebenfalls kaum noch im Gebiet anzutreffen, wofür allerdings neben der Prädation auch das Trockenfallen einiger Stillgewässer ursächlich sein dürfte (Abb. 216).

Während der Projektlaufzeit hat sich die Fläche von Schilf- und Rohrkolbenröhricht ausgedehnt (Abb. 217). Dadurch konnten sich mehrere Brutpaare

Abb. 213: Auf der Wildnisfläche wurden mehrere Kiesflächen angelegt, um die Bedingungen für den Flussregenpfeifer zu verbessern.

Abb. 215: Der Rotfuchs (*Vulpes vulpes*) gehört zu den im Gebiet vorkommenden Prädatoren, die eine Gefahr für bodenbrütende Vogelarten darstellen.

des Teichrohrsängers (*Acrocephalus scirpaceus*, Abb. 218) und sogar der deutschlandweit gefährdete Feldschwirl (*Locustella naevia*) ansiedeln.

Die offene Kernfläche mit den Stillgewässern ist zwar nur für wenige Arten Bruthabitat, aber für viele andere ein wichtiger Teillebensraum. So können etwa Mauersegler (*Apus apus*), Rauchschwalbe (*Hirundo rustica*) und Mehlschwalbe (*Delichon urbicum*) regelmäßig bei der Wasseraufnahme an den Gewässern und natürlich auch bei der Jagd nach Insekten dicht über dem Wasser beobachtet werden. Stare, die im angrenzenden Forstrevier brüten, fliegen im Frühjahr rege zwischen Brutplatz und Wildnisfläche hin und her, um Nistmaterial zu sammeln. Die Rotmilane (*Milvus milvus*, Abb. 219) eines nahe gelegenen Horstes kreisen häufig bei der Nahrungssuche über der Fläche. Vom Neuntöter (*Lanius collurio*, Abb. 220) befinden sich gleich mehrere Reviere auf der Grenze zwischen Wildnisfläche und Deponiehügel. Diese in Frankfurt seltene Vogelart benötigt einen strukturreichen Lebensraum mit Büschen, Bäumen und offenen Flächen und findet daher am Monte Scherbelino bislang sehr gute Bedingungen vor.

In den Gehölzen im Randbereich der Wildnisfläche herrscht zwar eine höhere Revierdichte vor als auf der offenen Kernfläche, allerdings handelt es sich dabei vor allem um weit verbreitete Arten

Abb. 216: Mehrere der kleinen Tümpel auf der offenen Wildnisfläche am Monte Scherbelino fielen in Folge der Trockenheit immer häufiger trocken. Damit ging der Rückgang der Kanadagans (*Branta canadensis*) einher.

wie Mönchsgrasmücke, Zilpzalp, Rotkehlchen und Singdrossel (*Turdus philomelos*), die auch am Nordpark Bonames vorkommen. In Hinblick auf die Quantität erscheint die offene Fläche am Monte Scherbelino daher zunächst weniger wertvoll für Vögel zu sein. Tatsächlich sind die dort brütenden Arten aber gerade diejenigen, die anderswo im Stadtgebiet kaum noch geeignete Bedingungen vorfinden und sehr selten sind, wie Flussregenpfeifer und Feldschwirl. Die meisten Arten der Gebüsche und Wälder sind dagegen in Frankfurt noch weit verbreitet und finden an vielen Stellen geeignete Lebensräume.

Abb. 218: Der Teichrohrsänger (*Acrocephalus scirpaceus*) kam im letzten Untersuchungsjahr mit mehreren Brutpaaren im Röhricht am Monte Scherbelino vor.

Abb. 217: Schilf- und Rohrkolbenröhrichte, wie hier am technischen Gewässer, haben sich im Laufe der Projektlaufzeit weiter ausgedehnt.

Der Monte Scherbelino ist durch Fluglärm stark belastet (Abb. 221) und die nahe Autobahn ist ebenfalls zu hören, dieser Verkehrslärm wird allerdings durch einen schmalen Waldbereich deutlich abgepuffert. Die Flugzeuge scheinen jedoch keine Auswirkungen auf die Avifauna zu haben. Der aufgrund der Corona-Pandemie reduzierte Flugbetrieb im Jahr 2020 führte zu keinen ersichtlichen Veränderungen. Durch die isolierte Lage und den beschränkten Zugang sowie die Habitatvielfalt haben der Deponiehügel und die Wildnisfläche eine wichtige Funktion für rastende Zugvögel. Regelmäßig zur Zugzeit kann der Waldwasserläufer (*Tringa ochropus*) an den Ufern der Stillgewässer beobachtet werden. Auch die Krickente (*Anas crecca*) und verschiedene andere Enten-Arten nutzen dann die Gewässer, vor allem den Scherbelino-Weiher (Abb. 222). Mit 94 Arten ist die Liste nachgewiesener Vogelarten lang (Tab. A11). Darunter sind viele seltene und teilweise stark gefährdete oder sogar vom Aussterben bedrohte Arten, z.B. Steinschmätzer (*Oenanthe oenanthe*), Wendehals (*Jynx torquilla*), Uferschwalbe (*Riparia riparia*), Ringdrossel (*Turdus torquatus*) und Braunkehlchen (*Saxicola rubetra*).

Abb. 219: Jagende Rotmilane (*Milvus milvus*) kreisen regelmäßig über der Wildnisfläche.

Abb. 220: Der Neuntöter (*Lanius collurio*) wurde in allen Untersuchungsjahren als Brutvogel im Randbereich der Wildnisfläche am Monte Scherbelino festgestellt.

Abb. 221: Der Fluglärm am Monte Scherbelino scheint wenige Auswirkungen auf die Avifauna zu haben.

FAZIT

Vögel sind eine hoch mobile Tiergruppe, deren Aktivitäten sich auf verschiedene Teillebensräume erstrecken. Sehr häufig steht beim Vogelschutz das Anlegen geeigneter Brutplätze im Vordergrund und verschiedene Vogelarten lassen sich auch durch künstliche Nisthilfen erfolgreich fördern. Schaffung und Erhalt von Rastmöglichkeiten für Zugvögel steht im Binnenland dagegen weniger im Fokus. Die Ergebnisse vom Monte Scherbelino zeigen, dass störungsarme, reich strukturierte Räume von einer Vielzahl von Vogelarten auf dem Zug angenommen werden. Somit hat das Gelände im Rhein-Main-Gebiet eine große Bedeutung für die Avifauna, obwohl sich viele der Tiere nur wenige Tage oder einige Stunden zur Rast im Gebiet aufhalten, vergleichbar mit einem Rastplatz an der Autobahn, auf dem ja auch niemand wohnt, der aber bei langen Autofahrten eine wichtige Funktion erfüllt. Wichtig ist die Fläche auch als Teillebensraum für verschiedene andere Arten, z.B. Rauch- und Mehlschwalben, die vielleicht in Oberrad oder Neu-Isenburg brüten und zur Aufnahme von Wasser und Baumaterial für ihre Nester oder zur Insektenjagd eine erhebliche Strecke bis zum Monte Scherbelino zurücklegen.

Der besondere Wert des Gebietes ergibt sich durch den Strukturreichtum und die Verbindung mit den angrenzenden Flächen, also dem Deponiehügel und den Waldbereichen. Wäre die Wildnisfläche wie ursprünglich geplant nach Abschluss der Bauarbeiten direkt aufgeforstet worden, hätte sie nicht die hohe Bedeutung für die Avifauna entwickeln können, die sie heute hat. Auf eine Aufforstung sollte daher auch weiterhin verzichtet werden, damit der Strukturreichtum möglichst lange erhalten bleibt. Das Interesse der Bevölkerung an einer Öffnung der Fläche ist groß. Für verschiedene Tiergruppen, darunter auch Vögel, ist es allerdings ein Glücksfall, dass die Fläche aufgrund möglicher Gefahren für Besucher sowie zum Schutz technischer Anlagen bislang nicht öffentlich zugänglich ist. Somit stellt sie im dicht besiedelten Rhein-Main-Gebiet für störungsempfindliche Arten einen wichtigen Rückzugsort dar.

Aber auch der Nordpark Bonames kann als wichtige Fläche zum Erhalt der biologischen Vielfalt in Frankfurt am Main angesehen werden, da dort – trotz der in Teilbereichen sehr hohen Störungsintensität – eine große Zahl von Vogelarten auf kleiner Fläche nachgewiesen werden konnte. Die Avifauna setzt sich schwerpunktmäßig aus Arten der Kulturlandschaft und des Siedlungsraums zusammen, von denen viele die Fläche ganzjährig nutzen. Wichtig für den langfristigen Erhalt der Vielfalt im Gebiet sind das Nebeneinander von unterschiedlichen Nutzungen und Sukzessionsstadien sowie die weiterhin ungestörte Entwicklung des Altarms mit seinem Altbaumbestand und Totholz, auch im Wasser.

Abb. 222: Vor den Sanierungsmaßnahmen befand sich der Scherbelino-Weiher in einem schlechten ökologischen Zustand. Heute können dort zahlreiche Wasservögel beobachtet werden.

WILDBIENEN IN DER WILDNIS

Indra Starke-Ottich, Stefan Tischendorf

Abb. 223: Die Mai-Langhornbiene (*Eucera nigrescens*) gehört zu den grabenden Arten, die Bodennester selbst anlegen.

Wildbienen und das Bienensterben sind seit einigen Jahren verstärkt in das Interesse von Öffentlichkeit und Medien gerückt. Die Zahl der sogenannten Bienenhotels, also künstlicher Nisthilfen für einige Wildbienen-Arten, steigt seit Jahren rasant, egal ob auf Schul- oder Firmengeländen oder in privaten Gärten. Dadurch entsteht der Eindruck, dass „Wohnungsnot" für Frankfurter Wildbienen heute kein Thema mehr sein sollte. Außerdem ist vielen Menschen klar geworden, dass Bienen auch ein ausreichendes Angebot an Blüten zu ihrer Ernährung benötigen; denn ohne Essen hilft die schönste

Wohnung nichts. Unzählige Tütchen mit Blütenmischungen, die das Herz von Menschen und Bienen erfreuen sollen, wurden verteilt, verkauft, verschenkt, Förderprogramme ließen zusätzlich Blühstreifen auf Äckern entstehen. Trotzdem hört man über Wildbienen keine positiven Neuigkeiten in der Presse. Grund genug, sich etwas intensiver mit dieser Artengruppe und ihren Bedürfnissen zu befassen und sie im Rahmen des Projektes „Städte wagen Wildnis" näher untersuchen zu lassen. Die Untersuchungen wurden von 2016 bis 2020 von Stefan Tischendorf, 2018 mit Unterstützung von Daniela Warzecha, durchgeführt. Nach Abschluss der Untersuchungen im Gelände stand bei der Auswertung der Daten die Frage im Mittelpunkt, ob der Ansatz des Projektes „Städte wagen Wildnis" zum Schutz von Wildbienen beitragen kann.

Honigbienen und ihre wilden Verwandten

Bienen gehören zur Ordnung der Hautflügler (Hymenoptera). Am bekanntesten ist hierzulande die Europäische Honigbiene (*Apis mellifera*). Sie steht häufig im Fokus von Maßnahmen, und der Begriff „Bienensterben" ist eng mit dieser Art verknüpft. Dabei handelt es sich bei dieser Art genau genommen um ein Haustier. Sie wird zur Produktion von Honig und Wachs, vor allem aber zur Bestäubung von Kulturpflanzen gehalten und versorgt (Winterfütterung, medizinische Versorgung usw.) wie andere Haustiere auch. Für viele Menschen ist sie der Inbegriff „der Biene" und das Wissen über ihre wilden Verwandten meist gering.

Dabei sind in Deutschland 565 Wildbienen-Arten nachgewiesen (Westrich 2018), allein in Hessen kommen mindestens 371 Arten vor. Eine erstaunliche – und oft übersehene – Vielfalt! Sie erfüllen als Bestäuber wichtige Funktionen im Ökosystem. Dabei wird die Honigbiene inzwischen mehr und mehr als Konkurrenz zu den einheimischen Wildbienen gesehen (Burger 2018). Zur Förderung der Wildbienen ist die Imkerei in Naturschutzgebieten heute in der Regel nicht mehr erlaubt.

Die Lebensweise der Wildbienen hat mit der der Honigbienen wenig zu tun. Viele Wildbienen bilden keine großen Staaten mit einer Königin, sondern sie leben in der Regel solitär. Sie betreiben eine hochentwickelte Brutvorsorge, indem sie Nester anlegen und die Versorgung der Larven mit Nahrung sicherstellen. Die meisten ernähren sich selbst von Nektar und tragen als Larvennahrung ein Pollen-Nektar-Gemisch ein, wobei von etwa einem Drittel der Arten spezifische Präferenzen bekannt sind. So haben sich einige Arten beispielsweise auf das Sammeln an Kreuzblütlern (Brassicaceae) oder Korbblütlern (Asteraceae) spezialisiert. Man spricht in diesem Fall von oligolektischen Arten. Viele Arten gelten jedoch als polylektisch, d.h. sie suchen Blüten aus verschiedenen Pflanzenfamilien als Nahrungsquelle auf.

Ein erheblicher Teil der Arten – in Hessen etwa 25 % – sind sogenannte Kuckucksbienen, d.h. sie legen ihre Eier in die Nester von anderen Wildbienen-Arten. Die meisten sind auf eine oder wenige Wirtsarten spezialisiert. Zudem sind diese parasitischen Bienen in der Regel seltener als ihre Wirtsarten, da sie die größeren Bestände der Wirte für ihre eigene Fortpflanzung benötigen.

Lebensräume der Wildbienen

Wildbienen bevorzugen trockene, besonnte Flächen zur Anlage ihrer Nester. An feuchten Stellen oder mitten im Wald findet man diese Artengruppe kaum. Allerdings besteht der Lebensraum einer Art aus mehreren Teillebensräumen. Die Nester werden nicht unbedingt in direkter Nähe der bevorzugten Futterpflanzen angelegt. Je nach den räumlichen

Gegebenheiten können wenige Meter bis sogar einige Hundert Meter zwischen Nest und Futterpflanze liegen. Für den erfolgreichen Schutz von Wildbienen ist es sehr wichtig, alle Anforderungen der jeweiligen Arten zu kennen, damit Schutzbemühungen erfolgreich sein können, d. h. es müssen sowohl die Bedürfnisse bei der Nahrungssuche als auch bei der Nistplatzwahl berücksichtigt werden.

Grundsätzlich kann zwischen im Boden (endogäisch) und über dem Boden (hypergäisch) nistenden Arten unterschieden werden. Viele Arten, insbesondere viele gefährdete Arten, nisten in vegetationsarmen Böden, in die sie ihre Erdnester selbst graben (z. B. Sandbienen) oder vorhandene Hohlräume im Boden weiternutzen (meist Hummeln). Besonnte Sandböschungen bieten einen bevorzugten Lebensraum für grabende Arten (Abb. 223). Die hypergäischen Arten nisten häufig in hohlen Stängeln und Totholz, auch Nester in Nischen von Gestein kommen vor. Einige Arten haben sich auf das Mörteln von Nestern spezialisiert, die sie auf der Außenseite von Felsen und Steinen anbringen, einzelne besiedeln leere Schneckenhäuser oder alte Pflanzengallen.

Abb. 224: Die Wildnisfläche am Monte Scherbelino im Juli 2020. Der Besenginster (*Cytisus scoparius*) im Vordergrund ist längst verblüht. Dahinter schließen sich grasreiche Bereiche und Kiesaufschüttungen für den Flussregenpfeifer an, die Wildbienen wenig Nahrung bieten.

Angesichts dieser vielfältigen Ansprüche wird schnell klar, dass sich mit dem Aufhängen von Bienenhotels allein der Rückgang von Wildbienen nicht stoppen lässt, da nur wenige Arten, vor allem die Rostrote Mauerbiene (*Osmia bicornis*), diese überhaupt besiedeln können. In Hessen werden 125 Wildbienen-Arten, das heißt rund 30 % aller vorkommenden Arten in einer Gefährdungskategorie der Roten Liste geführt (Tischendorf et al. 2009). Fast alle diese Arten gehören zur Gruppe der endogäisch, also im Boden nistenden Bienen.

Auswirkungen der Witterung auf die Zahl der Wildbienen-Arten am Monte Scherbelino

Abb. 225: Auf den jungen Sukzessionsflächen breitete sich Weißer Steinklee (*Melilotus albus*) aus.

Die Untersuchungsfläche am Monte Scherbelino befand sich zu Projektbeginn großflächig in einem sehr jungen Sukzessionsstadium. Das mosaikartig strukturierte Gelände bot viele offene Bodenflächen für Erdnester grabende Wildbienen. Im Jahr 2016 konnte wegen des späten Projektbeginns nur noch zum Ende der Saison ein erster Eindruck von der Wildbienen-Fauna gewonnen werden, von 2017 bis 2020 erfolgten dann jährlich umfangreiche Untersuchungen. 2017 wurden 48 Arten nachgewiesen, davon sechs Arten der Roten Liste oder der Vorwarnliste (Tab. 14).

In 2018 zeigte sich ein völlig anderes Bild. Es konnten nur noch 18 Arten nachgewiesen werden! Der Einbruch auf unter 40 % des Vorjahres war eine Folge des extremen Dürrejahres 2018. Die überwiegend krautige Vegetation auf den Brachflächen war im Sommer schon frühzeitig abgestorben, sodass dort bereits sehr früh im Jahr kaum noch Wildbienen gefunden wurden. Auch der Sommer 2019 war überdurchschnittlich trocken, doch war der Niederschlagsverlauf ein anderer, und es konnten immerhin wieder 34 Arten nachgewiesen werden, davon fünf Rote-Liste-Arten.

Bis zum letzten Untersuchungsjahr 2020 hatte es auf der Fläche viele Veränderungen gegeben – nicht alle mit positiven Folgen für Wildbienen. Teile der Fläche waren für den Flussregenpfeifer mit Kies aufgeschüttet worden. Der Ausbau von Forstwegen hatte zur Zerstörung von Neststandorten geführt. Auf einem Teil der Fläche machten sich ausdauernde Gräser breit, die Bienen keine Nahrung bieten (Abb. 224). Andererseits war die Fläche teilweise abgeschoben worden, wodurch die Sukzession zurückgesetzt wurde. Auf dieser Fläche blühte massenhaft Weißer Steinklee (*Melilotus albus*, Abb. 225) und sorgte für reichlich Nahrung. In einem anderen Bereich machte sich Besenginster (*Cytisus scoparius*, Abb. 226) breit. Seine großen Blüten sind an die Bestäubung durch Hummeln angepasst; nach dem Besuch einer Hummel können kleinere Wildbienen die Blüten ebenfalls ausbeuten, sie tragen aber nicht zur Bestäubung bei. Die Esparsetten-Kleesandbiene (*Andrena gelriae*) und die Rotklee-Sandbiene (*Andrena labialis*) wurden beispielsweise an den Besenginster-Blüten gefunden. Im Jahr 2020 regnete es zwar etwas öfter als in den beiden Vorjahren und viele Pflanzenarten kamen zur Blüte, allerdings waren ab Ende Juli wiederum kaum noch für Wildbienen relevante Blüten zu finden. Dennoch konnten 50 Arten nachgewiesen werden, davon fünf Arten der Roten Liste. Besonders hervorzuheben ist der Nachweis der Pelzbiene *Anthophora bimaculata*, einer in Hessen sehr seltenen Art, die nur in wärmebegünstigten Lebensräumen mit offenen Sanden und blütenreicher Umgebung vorkommt.

Insgesamt wurden am Monte Scherbelino 65 verschiedene Wildbienen-Arten nachgewiesen (vgl. Tab. A12), was etwa 17 % der aus Hessen bekannten Arten entspricht, davon zehn Arten der Roten Liste oder der Vorwarnliste. Die Artenzusammensetzung schwankte relativ stark, nur zwölf Arten konnten in allen Jahren nachgewiesen werden, darunter keine gefährdeten Arten (Tab. 15). Nur zwei gefährdete Arten wurden in drei Untersuchungsjahren dokumentiert. Beide Arten werden in der Roten Liste Hessens (Tischendorf et al. 2009) mit G eingestuft, das bedeutet, dass das Ausmaß der Gefährdung nicht genau bekannt ist. Es handelt sich dabei um die Bärtige Sandbiene (*Andrena barbilabris*), die in Deutschland auf der Vorwarnliste steht. Sie ist eine ausgesprochene Pionierart, die nur in offenen Sandböden nistet. Sie wurde am Monte Scherbelino lokal an einem Sandhügel nachgewiesen. Die zweite Art ist die Langobarden-Furchenbiene (*Halictus langobardicus*). Diese Art ist wärmeliebend und wird in Folge des Klimawandels in den letzten Jahren häufiger gefunden.

Für die großen Unterschiede zwischen den einzelnen Untersuchungsjahren kommen verschiedene Ursachen in Frage. Einerseits befindet sich die Fläche in einem jungen Sukzessionsstadium und verändert sich von Jahr zu Jahr stark. Andererseits liegt die Fläche isoliert innerhalb eines Waldgebietes und wird daher von einigen Arten erst mit Verzögerung erreicht. Zuletzt könnte es auch ein Indiz dafür sein, dass viele Arten nur in geringer Individuenzahl vorkommen und in der zur Verfügung stehenden Untersuchungszeit nicht in jedem Jahr erfasst werden konnten.

Entwicklung der Zahl der Wildbienen-Arten am Nordpark Bonames

Der Nordpark Bonames befand sich zu Beginn der Untersuchungen bereits in einem fortgeschrittenen Stadium der Sukzession. Die Kernfläche bestand überwiegend aus einem Gehölz mit eingestreuten kleinen Lichtungen. Die angrenzenden Flächen waren größtenteils in landwirtschaftlicher oder Freizeitnutzung; es handelt sich hauptsächlich um

	Gesamtzahl der nachgewiesenen Arten	Arten der Roten Liste oder der Vorwarnliste
2017	48	6
2018	18	0
2019	34	5
2020	50	5

Tab. 14: Gesamtzahl der nachgewiesenen Wildbienen-Arten am Monte Scherbelino in den Jahren 2017–2020 und Anzahl der Arten, die auf der Roten Liste oder der Vorwarnliste Hessens (Tischendorf et al. 2009) geführt sind.

	Zahl der nachgewiesenen Arten	Arten der Roten Liste oder der Vorwarnliste
in 1 Jahr	15	4
in 2 Jahren	24	3
in 3 Jahren	13	2
in 4 Jahren	12	0

Tab. 15: Stetigkeit der Wildbienen-Arten am Monte Scherbelino in den Jahren 2017–2020 und Anzahl der Arten, die auf der Roten Liste oder der Vorwarnliste Hessens (Tischendorf et al. 2009) geführt sind.

Grünland und Grünland-Brachen. Dazu kommen Gartenflächen, die Böschungen entlang der Nidda und der Altbaum-Bestand entlang des Nidda-Altarms. Im Untersuchungszeitraum fanden keine großen Veränderungen der Vegetation von einem Jahr zum nächsten statt.

In der ersten vollständig untersuchten Saison 2017 konnten insgesamt 65 Wildbienen-Arten nachgewiesen werden, davon sieben Arten der Roten Liste oder der Vorwarnliste (Tab. 16).

Während die Artenzahl am Monte Scherbelino 2018 extrem einbrach, blieb sie am Nordpark Bonames mit 63 Arten nahezu auf dem Niveau des Vorjahres; allerdings wurden nur vier Arten der Roten

Abb. 227: Die Rotschopfige Sandbiene (*Andrena haemorrhoa*) konnte am Nordpark Bonames in allen Untersuchungsjahren festgestellt werden.

Abb. 226: Im Bereich des Mutterbodenauftrags hat sich ein ausgedehnter Bestand des Besenginsters (*Cytisus scoparius*) entwickelt.

Liste oder der Vorwarnliste festgestellt. Der zweite Dürresommer im Jahr 2019, der die Wiesen und Säume frühzeitig vertrocknen ließ, sorgte dann auch hier für einen Rückgang der Artenzahl. Es wurden nur 43 Arten festgestellt, darunter weiterhin vier Arten der Roten Liste oder der Vorwarnliste. Im Jahr 2020 wurden 60 Arten gefunden – darunter fünf Arten der Roten Liste oder der Vorwarnliste – und damit fast wieder das Niveau der Vorjahre erreicht. Insgesamt sind in den Jahren 2017 bis 2020 am Nordpark Bonames 95 Wildbienen-Arten dokumentiert worden (Tab. A12), was 25,6 % der aus Hessen bekannten Arten entspricht; zehn dieser Arten stehen auf der Roten Liste oder der Vorwarnliste. Wie auch am Monte Scherbelino schwankte die Artenzusammensetzung von Jahr zu Jahr stark, 21 Arten wurden in allen Untersuchungsjahren gefunden (Tab. 17, Abb. 227). Mit der Dickkopf-Schmalbiene (*Lasioglossum glabriusculum*) konnte eine Art, für die eine Gefährdung unbekannten Ausmaßes anzunehmen ist, in allen vier Jahren nachgewiesen werden. Wie bei der Langobarden-Furchenbiene am Monte Scherbelino handelt es sich auch hier um eine wärmeliebende

Abb. 228: Aufgrund der besonderen Bedeutung für Wildbienen und andere Artengruppen wurde dieser Sandhügel am Monte Scherbelino freigestellt.

Art, die möglicherweise infolge des Klimawandels in Ausbreitung begriffen ist.

Insgesamt wurden auf den beiden Projektflächen 118 Arten von Wildbienen im Projektzeitraum nachgewiesen, rund 32 % der aus Hessen bekannten Arten. Diese Vielfalt hängt auch damit zusammen, dass das Lebensraumspektrum der beiden Flächen – Monte Scherbelino und Nordpark Bonames – sehr unterschiedlich ist, wodurch nur relativ wenige Arten (41) in beiden Gebieten vorkommen.

	Gesamtzahl der nachgewiesenen Arten	Arten der Roten Liste oder der Vorwarnliste
2017	65	7
2018	63	4
2019	43	4
2020	60	5

Tab. 16: Gesamtzahl der nachgewiesenen Wildbienen-Arten am Nordpark Bonames in den Jahren 2017–2020 und Anzahl der Arten, die auf der Roten Liste oder der Vorwarnliste Hessens (Tischendorf et al. 2009) geführt sind.

	Zahl der nachgewiesenen Arten	Arten der Roten Liste oder der Vorwarnliste
in 1 Jahr	23	4
in 2 Jahren	29	3
in 3 Jahren	22	2
in 4 Jahren	21	1

Tab. 17: Stetigkeit der Wildbienen-Arten am Nordpark Bonames in den Jahren 2017–2020 und Anzahl der Arten, die auf der Roten Liste oder der Vorwarnliste Hessens (Tischendorf et al. 2009) geführt sind.

Abb. 229: Nicht nur bei Bienen beliebt: Das Taubenkropf-Leimkraut (*Silene vulgaris*) im Blühstreifen duftet nachts, um Nachtfalter anzulocken.

Auf die Details kommt es an

Beide Gebiete sind zwar grundsätzlich durch die vorherrschenden Lebensräume charakterisiert, für Wildbienen können allerdings kleine Sonderlebensräume, die in ihrer Fläche kaum ins Gewicht fallen, von großer Bedeutung sein. Am Monte Scherbelino ist dies in erster Linie eine ältere Sandböschung. Nachdem sich in den ersten Jahren des Projektes gezeigt hatte, welche Bedeutung dieser Hügel für Wildbienen hat, wurde der Sandhügel freigestellt (Abb. 228), denn er drohte von Balsam-Pappeln (*Populus balsamifera* agg.) überwuchert zu werden. Davon profitierten mehrere Wildbienen-Arten, aber auch die Zauneidechse (*Lacerta agilis*). Unübersehbar ist die Kolonie der Frühlings-Seidenbiene (*Colletes cunicularius*), die zu Tausenden dort nistet. Da die Sandböschung am Rand eines Wäldchens liegt, ist sie auch weiterhin davon bedroht, überwachsen zu werden. Aus diesem Grund wurde in der Nähe ein Steinhügel mit Sand verfüllt, um einen neuen Lebensraum für die verschiedenen, in Sandboden nistenden Wildbienen-Arten des Monte Scher-

belino zu schaffen. Allerdings ist Sand leider nicht gleich Sand. Als Mensch sieht man kaum einen Unterschied zwischen Natursand und gebrochenem Quarzsand, als Wildbiene schon, vor allem wenn es um den Nestbau geht. Daher profitieren die Wildbienen bisher von dieser Maßnahme leider weniger als erhofft.

Auch am Nordpark Bonames gibt es einen kleinen Hügel, der jedoch noch stärker überwuchert wird als der Hügel am Monte Scherbelino. Auch hier bemüht sich die Stadt Frankfurt darum, den Standort vor weiterer Verbuschung zu schützen, was allerdings ein schwieriges Unterfangen ist, da dies häufige Wiederholungen der Maßnahmen erfordert.

Abb. 230: Erfreut Mensch und Biene: Wiesen-Salbei (*Salvia pratensis*) im Blühstreifen an der Homburger Landstraße.

Abb. 231: Weibchen der Großen Wollbiene (*Anthidium manicatum*).

Abb. 232: Männchen einer Blattschneiderbiene (*Megachile ericetorum*). Vertreter dieser Gattung wurden nur im Blühstreifen an der Homburger Landstraße nachgewiesen.

Die Homburger Landstraße durchquert den Nordpark Bonames. Das Straßenbegleitgrün wurde bereits mehrere Jahre vor Projektbeginn mit einer Mischung aus überwiegend einheimischen Blühpflanzen-Arten angelegt. Dadurch sind diese Grünstreifen deutlich blütenreicher als das umgebende Grünland. Arten wie Taubenkropf-Leimkraut (*Silene vulgaris*, Abb. 229) und Wiesen-Salbei (*Salvia pratensis*, Abb. 230) sind reichlich vorhanden. Die Salbeiblüten werden beispielsweise von der Großen Wollbiene (*Anthidium manicatum*, Abb. 231) aufgesucht. Über die Jahre hat sich der Blühstreifen verändert. Einige Arten der ursprünglichen Mischung sind nicht mehr vorhanden, andere Arten sind hinzugekommen. Diese natürliche Entwicklung wurde zugelassen und es wurde nicht nachgesät. Einige Wildbienen-Arten lassen sich im Untersuchungsgebiet nur in diesem Ansaat-Streifen nachweisen, z. B. Blattschneiderbienen (Gattung *Megachile*, Abb. 232). Auch andere Insektengruppen profitieren von diesem Lebensraum. Leider erfolgt bislang keine Staffelmahd des Straßenbegleitgrüns, sondern die ganze Fläche wird auf einmal gemäht.

Dadurch fehlt den Insekten von einem Tag auf den anderen die Nahrungsgrundlage. Es bleibt zu hoffen, dass die Ergebnisse aus dem Projekt dazu beitragen können, dass die Mahd in Zukunft an die Bedürfnisse der Insekten angepasst wird.

Im Zentrum des Nordparks befindet sich eine große intensiv genutzte Wiese. Diese ist wenig blütenreich und daher für Wildbienen von geringem Interesse. Der Trampelpfad jedoch, den Hundebesitzer und andere Spaziergänger seit Jahren am Rand der Wiese nutzen, hat sich als wichtiger Teillebensraum für Wildbienen erwiesen. Dort nistet die bereits erwähnte Dickkopf-Schmalbiene (*Lasioglossum glabriusculum*). Zudem konnte im Bereich des Trampelpfades dicht über dem Boden fliegend die bemerkenswerteste Art des Gebietes festgestellt werden, die Blutbiene (*Sphecodes pseudofasciatus*). Diese Art erreicht in Hessen ihre nordwestliche Verbreitungsgrenze und ist bislang äußerst selten. An dieser Kolonie konnte die Wirt-Parasit-Beziehung zwischen beiden Arten erstmals für die Wissenschaft dokumentiert werden (Tischendorf 2020).

Wohnraum und Nahrung

Von den 64 Wildbienen-Arten, die am Monte Scherbelino nachgewiesen wurden, nistet der größte Teil, nämlich 42 Arten (64,6 %) in selbstgegrabenen Erdnestern, einige weitere nutzen vorhandene Hohlräume. Nur 3 Arten (4,6 %) sind Kuckucksbienen, die andere Arten parasitieren.

Am Nordpark Bonames nisten 54 der insgesamt 95 nachgewiesenen Wildbienen-Arten in selbstgegrabenen Erdnestern (56,8 %) und einige weitere

Abb. 234: Die Sägehornbiene (*Melitta nigricans*) ist auf das Vorkommen des Blutweiderichs angewiesen.

in vorhandenen Ritzen und Spalten oder Mauselöchern. Mit 15 Arten (15,8 %) ist der Anteil parasitisch lebender Arten deutlich höher als am Monte Scherbelino. Ökologisch passt dies jedoch zu dem weitgehend stabilen Lebensraum der Kulturlandschaft, in dem die Kuckucksbienen auf ein regelmäßiges Vorkommen ihrer Wirtsarten hoffen können.

In beiden Gebieten stellte sich Blutweiderich (*Lythrum salicaria*, Abb. 233) als wichtige Nahrungspflanze für besonders seltene Arten heraus. Durch die trockenen Jahre sind die Bestände des Blutweiderichs – insbesondere am Monte Scherbelino – stark zurückgegangen. In der Folge konnte die Sägehornbiene (*Melitta nigricans*, Abb. 234), die 2017 und 2018 dort gefunden worden war, trotz intensiver Nachsuche 2019 und 2020 nicht mehr nachgewiesen werden. Im Nordpark Bonames, wo der Blutweiderich selbst in trockenen Jahren entlang der Nidda zur Blüte kommt, konnte die Sägehornbiene 2020 noch dokumentiert werden, allerdings wurde die seltene Art dort auch nicht in jedem Jahr gefunden.

Am Monte Scherbelino spielen neben dem Besenginster und dem bereits erwähnten Steinklee,

Abb. 233: Der Blutweiderich (*Lythrum salicaria*) stellt in beiden Gebieten eine wichtige Nahrungspflanze für besonders seltene Wildbienen-Arten dar.

an dem beispielsweise die Rotbeinige Körbchensandbiene (*Andrena dorsata*) gefunden wurde, vor allem Ruderalpflanzen eine Rolle als Nahrungsquelle, darunter verschiedene Distel-Arten, aber auch Hornklee (*Lotus corniculatus*) und Geruchlose Kamille (*Tripleurospermum perforatum*). Verschiedene Neophyten wurden ebenfalls von den Wildbienen aufgesucht, darunter insbesondere Berufkraut (*Erigeron* spp.) und Goldrute (*Solidago* spp.).

Am Nordpark Bonames fliegen die Bienen bevorzugt Pflanzen der Kulturlandschaft an, wie z.B. Wiesen-Flockenblume (*Centaurea jacea*), Wiesen-Schaumkraut (*Cardamine pratensis*, Abb. 235), Echtes Labkraut (*Galium verum*), Wiesen-Witwenblume (*Knautia arvensis*), Zaun-Wicke (*Vicia sepium*), Luzerne (*Medicago* x *varia*) und verschiedene Taubnesseln (*Lamium* spp.).

Auf beiden Flächen spielen zudem einige Gehölze als Nahrungspflanzen eine Rolle, vor allem Weiden (*Salix* spp.) und Weißdorn (*Crataegus* spp.). Am Nordpark Bonames kommt beispielsweise die an das Vorkommen von Weiden gebundene Sandbienen-Art *Andrena mitis* vor.

Abb. 235: Das Wiesenschaumkraut (*Cardamine pratensis*) sorgt im Frühjahr auf der Intensivwiese im Nordpark für einen Blühaspekt und wird von verschiedenen Wildbienen genutzt.

FAZIT

In beiden Untersuchungsgebieten nisten – die Kuckucksbienen eingerechnet – mehr als zwei Drittel der nachgewiesenen Arten im Boden, überwiegend in selbstgegrabenen Erdnestern. Dazu kommen noch die Bewohner von Mäuselöchern und Erdritzen. Dies verdeutlicht, warum das Aufhängen von Bienenhotels allein nicht ausreichen kann, um die Artenvielfalt der Wildbienen in Frankfurt zu fördern und zu erhalten. Die Mehrzahl der Wildbienen hat gänzlich andere Wohnraumansprüche, die vor allem in der extensiven Kulturlandschaft erfüllt werden. Die Ergebnisse des Projektes zeigen, dass diese nicht unbedingt im Gegensatz zu menschlicher Nutzung stehen müssen. Im Gegenteil, ohne menschliche Eingriffe würden in unserer mitteleuropäischen Kulturlandschaft viele Lebensräume für Wildbienen verschwinden. Daher kann auch ein Trampelpfad ein wichtiger Lebensraum sein – sogar für seltene Arten – wenn diese in der Nähe geeignete Nahrungspflanzen finden, z. B. die Wiesen-Witwenblume für die Knautien-Sandbiene (*Andrena hattorfiana*, Abb. 236).

Abb. 236: Die Knautien-Sandbiene (*Andrena hattorfiana*) auf dem Blütenstand der Wiesen-Witwenblume (*Knautia arvensis*).

Im Rahmen des Projekts „Städte wagen Wildnis" standen ganz andere Möglichkeiten zur Förderung von Wildbienen zur Verfügung als sie sonst üblicherweise angewandt werden. Den größten Effekt hatte es sicherlich, auf die geplante Aufforstung am Fuße des Monte Scherbelino zu verzichten und das reich strukturierte Gebiet einer natürlichen Sukzession zu überlassen. Von dem Angebot an Ruderalpflanzen und Offenboden haben zahlreiche Arten profitiert. Das Anlegen bzw. Offenhalten von besonnten Hügeln wirkte sich ebenfalls positiv aus.

Die Ergebnisse zeigen aber auch, dass das Anlegen von Blühstreifen entlang von Straßen einen positiven Effekt auf die Artenvielfalt haben kann – vorausgesetzt die Mischung besteht überwiegend aus einheimischen Arten und bekommt die Möglichkeit, sich natürlich weiterzuentwickeln, ohne auf höchstmögliche Attraktivität für den menschlichen Besucher getrimmt zu werden. Aus den Erfahrungen dieses Projektes können wir nicht zuletzt lernen, wie wichtig eine ämterübergreifende Abstimmung in der Stadt ist, um die Pflege solcher Flächen für Insekten zu optimieren und die Zerstörung von Niststandorten durch andere Maßnahmen zu verhindern.

HEUSCHRECKEN IN DER WILDNIS

Andreas C. Lange, Andreas Malten, Lydia Pichotta, Indra Starke-Ottich

Abb. 237: Westliche Dornschrecke (*Tetrix ceperoi*).

Auf den Frankfurter Wildnisflächen stand in den Jahren 2017 bis 2020 die Artengruppe Heuschrecken auf dem Untersuchungsprogramm. Eine besonders intensive Erhebung fand 2019 im Rahmen einer studentischen Arbeit am Nordpark Bonames statt, und 2020 wurde eine Vollerfassung beider Gebiete durchgeführt. Die Nachweise erfolgten mit unterschiedlichen Methoden bei Begehungen am Tag und in den Abendstunden. Für Heuschrecken geeignete Strukturen wurden gezielt abgesucht und die Tiere mit Schlagkeschern gefangen, aber nach der Bestimmung wieder freigelassen. Zur Erfassung der Arten im Grünland kam 2019 ein 1 m² großes Isolationsquadrat zum Einsatz, zur Erfassung von Arten in Gehölzen wurde 2020 ein Klopfschirm verwendet. Dazu wurden Äste von Sträuchern oder Bäumen mit einem gepolsterten Rundholz angeschlagen und die herabfallenden Insekten mit dem aufgespannten Schirm aufgefangen. Am Nordpark Bonames fanden 2019 zudem Transekt-Begehungen statt. Akustische Nachweise erfolgten teilweise unter Mithilfe von Richtmikrofonen und verschiedenen Detektoren, mit denen die Laute aufgezeichnet und verstärkt sowie auch Gesänge im Ultraschallbereich erfasst werden konnten.

Heuschreckenvielfalt der Wildnisflächen

Auf den Frankfurter Wildnisflächen konnten im Projektzeitraum insgesamt 25 Schrecken-Arten nachgewiesen werden (Tab. 18): 24 Heuschrecken- und eine Fangschrecken-Art. Dabei kamen fast alle, nämlich 24 Arten, am Monte Scherbelino vor, am Nordpark Bonames dagegen nur 16 Arten. Insbesondere die Vielfalt am Monte Scherbelino ist bemerkenswert. Auf der Fläche wurden mehr als die Hälfte aller aus Frankfurt bekannten Heuschrecken-Arten gefunden (Lange 2020).

Das erste Untersuchungsjahr 2017 war von relativ feuchter Witterung geprägt und damit ein eher ungünstiges Jahr für viele Heuschrecken-Arten. Die folgenden überdurchschnittlich warmen und trockenen Jahre förderten eine Reihe von Arten, deren Bestände sich vergrößern konnten. Zusätzlich wurden mehr wärmeliebende Vertreter nachgewiesen.

Die Vollerfassung im Jahr 2020 ergab 21 Arten am Monte Scherbelino und 14 Arten am Nordpark Bonames (Lange 2020), hinzu kam die Sichtung einer Fangschrecke am Monte Scherbelino. Vier Arten, von denen Nachweise aus früheren Jahren vorlagen, konnten 2020 nicht bestätigt werden; alle vier gelten in Deutschland als ungefährdet (Maas et al. 2011). Die letzte Rote Liste der Heuschrecken Hessens wurde bereits in den 1990er Jahren erstellt (Grenz & Malten 1995). Viele Einstufungen gelten heute nicht mehr als zutreffend, weshalb sie in diesem Beitrag nicht mehr angeführt werden. Es ist nicht auszuschließen, dass die vier Arten 2021 in so geringen Dichten vorkamen, dass sie übersehen wurden. Arten wie die Gemeine Dornschrecke (*Tetrix undulata*), die Säbeldornschrecke (*Tetrix*

Abb. 238: Gut getarnt: Blauflüglige Ödlandschrecke (*Oedipoda caerulescens*).

subulata) und die viel seltenere Westliche Dornschrecke (*Tetrix ceperoi*, Abb. 237) zählen zu den Verlierern der trockenen Jahre 2018, 2019 und 2020, die unter anderem dazu führten, dass die meisten Kleingewässer am Monte Scherbelino nur noch selten Wasser führen.

Strukturen machen den Unterschied

Am Nordpark Bonames wurden vor allem häufige und in der Region weit verbreitete Gruppen nachgewiesen. Mit der Blauflügligen Ödlandschrecke (*Oedipoda caerulescens*, Abb. 238) konnte lediglich eine Art der hessischen Vorwarnliste, die zudem in Deutschland besonders geschützt ist, gefunden werden. Allerdings hat sich diese Art in den letzten Jahren in Frankfurt stark ausgebreitet. Sie gehört sicherlich zu den Sippen, die von den Jahren mit trocken-warmer Witterung profitiert haben. Am Monte Scherbelino wurden zudem Arten mit besonderen Habitatansprüchen gefunden, darunter auch gefährdete Arten. Dies hängt vor allem mit den besonderen Habitatstrukturen zusammen, die auf dieser Projektfläche vorhanden sind, z.B. flache

Wissenschaftlicher Name	Deutscher Name	Monte Scherbelino	Nordpark Bonames	RL D	Schutz
Aiolopus thalassinus	Grüne Strandschrecke	x		2	§§
Chorthippus biguttulus	Nachtigall-Grashüpfer	x	x	*	
Chorthippus brunneus	Brauner Grashüpfer	x	x	*	
Chorthippus dorsatus	Wiesengrashüpfer	x	x	*	
Chorthippus mollis	Verkannter Grashüpfer	x		*	
Chorthippus parallelus	Gemeiner Grashüpfer	x	x	*	
Chrysochraon dispar	Große Goldschrecke	x	x	*	
Conocephalus fuscus	Langflügelige Schwertschrecke	x	x	*	
Leptophyes punctatissima	Punktierte Zartschrecke	x	x	*	
Mantis religiosa	Gottesanbeterin	x		*	§
Meconema meridionale	Südliche Eichenschrecke	x	x	*	
Metrioptera bicolor	Zweifarbige Beißschrecke	x		*	
Metrioptera roeselii	Roesels Beißschrecke	x	x	*	
Nemobius sylvestris	Waldgrille	x		*	
Oecanthus pellucens	Weinhähnchen	x	x	*	
Oedipoda caerulescens	Blauflügelige Ödlandschrecke	x	x	V	§
Phaneroptera falcata	Gemeine Sichelschrecke	x	x	*	
Pholidoptera griseoaptera	Gewöhnliche Strauchschrecke	x	x	*	
Platycleis albopunctata	Westliche Beißschrecke	x		*	
Stethophyma grossum	Sumpfschrecke	x	x	*	
Tetrix ceperoi	Westliche Dornschrecke	x		2	
Tetrix subulata	Säbel-Dornschrecke	x		*	
Tetrix tenuicornis	Langfühler-Dornschrecke		x	*	
Tetrix undulata	Gemeine Dornschrecke	x		*	
Tettigonia viridissima	Grünes Heupferd	x	x	*	

Tab. 18: Übersicht über die auf den Frankfurter Projektflächen nachgewiesenen Heuschrecken- und Fangschrecken-Arten und ihre Bewertung nach der Roten Liste Deutschlands (Maas et al. 2011). Schutz: Nach Bundesartenschutzverordnung § = besonders geschützt, §§ = streng geschützt. RL D = Rote Liste Deutschland. * = ungefährdet, 2 = stark gefährdet, V = Art der Vorwarnliste.

Gewässer und Offenbodenbereiche. Im Folgenden werden daher ausgewählte Strukturen der Projektflächen und ihre Bedeutung für Heuschrecken vorgestellt.

Offenbodenbereiche, z. B. Rohbodenflächen oder lückige Sandtrockenrasen, fördern das Vorkommen der xerothermophilen Offen- bzw. Halboffenlandbewohner, zu denen viele gefährdete Arten gehören. Dazu zählen beispielsweise die bereits erwähnte Blauflügelige Ödlandschrecke, die insbesondere am Monte Scherbelino in allen Jahren in einer individuenstarken Population angetroffen wurde. Am Nordpark Bonames ist die Art vor allem im Bereich des besonnten Hügels zu finden, der auch für andere Artengruppen (z. B. Wildbienen, Eidechsen) von Bedeutung ist.

Abb. 240: Die wärmeliebende Grüne Strandschrecke (*Aiolopus thalassinus*) auf der Projektfläche Monte Scherbelino.

Abb. 239: Der Monte Scherblino bietet einen günstigen Lebensraum für Arten mit besonderen Ansprüchen.

Abb. 241: Die Sumpfschrecke (*Stethophyma grossum*) wurde auf beiden Wildnisflächen nachgewiesen.

Gewässerufer und offene, feuchte Bereiche, wie sie am Monte Scherbelino am Rande der temporären Stillgewässer zu finden sind (Abb. 239), stellen ebenfalls wichtige Sonderstrukturen dar. Dieser besondere Lebensraum bietet günstige Bedingungen für die Säbel-Dornschrecke (*Tetrix subulata*) sowie die in Deutschland stark gefährdete Westliche Dornschrecke (*Tetrix ceperoi*). Dasselbe gilt für die in der Region sehr seltene Grüne Strandschrecke (*Aiolopus thalassinus*, Abb. 240), die in Deutschland als stark gefährdet eingestuft und zudem streng geschützt ist. Die Sumpfschrecke (*Stethophyma grossum*, Abb. 241), die ebenfalls feuchte Bereiche besiedelt, wurde in beiden Untersuchungsgebieten nachgewiesen.

Säume und Blühstreifen erwiesen sich als weitere wichtige Struktur für Heuschrecken, aber auch für andere Insektengruppen (Abb. 242). Auf der Projektfläche Nordpark Bonames wurde der Braune Grashüpfer (*Chorthippus brunneus*) beispielsweise nur im Bereich einer älteren Blühansaat im Straßenbegleitgrün gefunden. Dieser Bereich wurde allerdings bislang ohne Rücksicht auf Insekten vollständig abgemäht, ohne Rückzugs- oder Überwinterungsbereiche stehen zu lassen. Generell scheint sich das Belassen von Überwinterungsquartieren positiv auf Heuschrecken auszuwirken. In diese Richtung weisen auch die Beobachtungen auf Brachen.

Brachen, auf denen alte Pflanzen stehen bleiben, spielen eine wichtige Rolle für Heuschreckenarten, die ihre Eier in oder an Stängeln ablegen. So wurden die Große Goldschrecke (*Chrysochraon dispar*), die Langflügelige Schwertschrecke (*Conocephalus fuscus*) und Roesels Beißschrecke (*Metrioptera roeselii*, Abb. 243) auf Brachen in beiden Projektflächen nachgewiesen. Diese Arten profitieren vermutlich davon, dass Eier und Larven ungestört in den Stängeln überwintern können. Es war zu beobachten, dass insbesondere die Große Goldschrecke und die Langflügelige Schwertschrecke nur in den brachliegenden Bereichen vorkamen, nicht aber in den angrenzenden, im Sommer gemähten Flächen, was die Bedeutung unterstreicht, die das Stehenlassen von Pflanzenstängeln für diese Arten hat. Sukzession kann mit einer zunehmenden Bildung von Altgrasfilz einhergehen. Während die Arten, die Offenboden bevorzugen, dann zurückgehen, führt diese

Abb. 242: Säume, z.B. entlang von Gehölzen, sind für verschiedene Insektengruppen eine wertvolle Struktur am Nordpark Bonames.

Entwicklung andererseits zu positiven Bedingungen für einzelne Heuschrecken, z. B. für den Wiesengrashüpfer (*Chorthippus dorsatus*, Abb. 244), der auf beiden Projektflächen in großer Zahl nachgewiesen wurde. Allerdings ist eine Zunahme des Wiesengrashüpfers bereits seit den 1990er Jahren zu beobachten, und er gehört inzwischen zu den häufigsten Arten im Stadtgebiet (Lange et al. 2018).

Gehölze und Vorwaldstadien, insbesondere im Verbund mit Offenland, stellen ebenfalls ein wichtiges Habitat dar, z. B. für die Gewöhnliche Strauchschrecke (*Pholidoptera griseoaptera*, Abb. 245). Die Männchen der Punktierten Zartschrecke (*Leptophyes punctatissima*) tragen im Hochsommer ihren Gesang in den Gebüschen beider Flächen vor. Die Waldgrille (*Nemobius sylvestris*), eine im Stadtwald verbreitete Art, wurde unter Gebüschen am Monte Scherbelino gefunden.

Abb. 244: Der Wiesengrashüpfer (*Chorthippus dorsatus*) wird seit den 1990er Jahren im Stadtgebiet häufiger.

Wärmeliebende Arten

Wie bereits erwähnt, startete das Projekt mit einem eher feuchten Untersuchungsjahr. Mit 2018 folgte dann ein extremes Dürrejahr, 2019 und 2020

Abb. 243: Roesels Beißschrecke (*Metrioptera roeselii*) wurde auf Brachen nachgewiesen.

Abb. 245: Gewöhnliche Strauchschrecke (*Pholidoptera griseoaptera*).

Abb. 246: Auffälliger Gesang, unscheinbares Aussehen: das Weinhähnchen (*Oecanthus pellucens*) am Monte Scherbelino.

Abb. 247: Die Südliche Eichenschrecke (*Meconema meridionale*) breitet sich infolge des Klimawandels aus.

waren ebenfalls überdurchschnittlich trocken und warm. Im Zusammenhang mit dem Witterungsverlauf kann es nicht verwundern, dass xerothermophile Arten zunehmen. Arten aus dem Mittelmeergebiet, die sich in den letzten Jahrzehnten von Süden kommend ausgebreitet haben, sind ebenfalls vermehrt zu beobachten. Dazu zählt vor allem das Weinhähnchen (*Oecanthus pellucens*, Abb. 246) mit seinem auffälligen Gesang, das am Monte Scherbelino inzwischen häufig ist, aber auch am Nordpark Bonames vorkommt. Die Südliche Eichenschrecke (*Meconema meridionale*, Abb. 247) ist mittlerweile ebenfalls weit verbreitet, häufig und auf beiden Flächen zu finden. Die Gemeine Eichenschrecke (*Meconema thallasinum*), die ursprünglich einzige Eichenschrecken-Art in der Region, wurde auf den Untersuchungsflächen nicht nachgewiesen, ist aber in den angrenzenden Waldbereichen verbreitet und nicht selten. Am Monte Scherbelino trat als weitere wärmeliebende Art die bereits erwähnte Grüne Strandschrecke (*Aiolopus thalassinus*) in Erscheinung. 2020 wurde außerdem die nicht zu den Heuschrecken, sondern zu den Fangschrecken zählende Gottesanbeterin (*Mantis religiosa*, Abb. 248) am Monte Scherbelino entdeckt. Die Gottesanbeterin breitet sich seit einigen Jahren vor allem in Südhessen stetig aus. Hier wurden relativ viele Beobachtungen gemeldet, da die Art ein sehr charakteristisches Aussehen hat und auch von Laien leicht erkannt wird. Die Grüne Strandschrecke ist dagegen bislang vor allem aus der Oberrheinebene bekannt (Maas et al. 2002). Zum Zeitpunkt der Untersuchung war nur ein weiter nördlich gelegener Fundort dieser Art bekannt (Seehausen 2018).

Abb. 248: Die Gottesanbeterin (*Mantis religiosa*) zählt zu den Fangschrecken.

FAZIT

Heuschrecken sind grundsätzlich eine hoch mobile Tiergruppe, allerdings gilt das nicht für alle Arten gleichermaßen. Die Zerschneidung der Landschaft und das Fehlen von Trittsteinbiotopen sind gerade für jene Arten mit besonderen Habitatansprüchen, schlechter Flugfähigkeit oder geringer Gesamtpopulation besonders problematisch. So scheint die Besiedlung der Projektflächen durch Heuschrecken teilweise noch nicht abgeschlossen zu sein. Es „fehlen" verschiedene Arten der Sandflächen, die am Monte Scherbelino möglicherweise geeignete Bedingungen vorfinden würden, z. B. Feldgrashüpfer (*Chorthippus apricarius*) und Gefleckte Keulenschrecke (*Myrmeleotettix maculatus*). Als Hauptgrund dafür kann die isolierte Lage und – vor allem bei seltenen Arten – die große Distanz zu den nächsten Vorkommen angenommen werden. Wetterextreme führen zu Schwankungen in der Artenzusammensetzung und der Individuenzahl, wobei zahlreiche, insbesondere wärmeliebende Arten während der Projektlaufzeit von den Hitzesommern profitiert haben, wohingegen Arten feuchter Lebensräume das Nachsehen hatten.

Am Nordpark Bonames erscheint außerdem eine Anpassung der Pflegemaßnahmen zur Förderung der Heuschrecken-Vielfalt vielversprechend, z. B. im Straßenbegleitgrün entlang der Homburger Landstraße, wovon auch zahlreiche andere Insektengruppen profitieren würden.

Weitere Maßnahmen zur Unterstützung dieser Tiergruppe wären das Zurückdrängen der Armenischen Brombeere (*Rubus armeniacus*), die sich auf beiden Flächen ausbreitet, da die Brombeergebüsche für die meisten Heuschrecken-Arten nicht als Habitat geeignet sind, sowie die Offenhaltung der besonnten Hügel sowohl am Nordpark Bonames als auch am Monte Scherbelino. Beide Maßnahmen wurden vom Umweltamt der Stadt Frankfurt bereits in Angriff genommen. Am Nordpark Bonames könnte eine Aufwertung der sehr artenarmen Intensivwiese, z. B. durch Anlage von Altgrasstreifen, insbesondere für Heuschrecken (Abb. 249), aber auch für andere Insekten förderlich sein.

Die Frankfurter Wildnisflächen haben eine große Bedeutung für die Heuschrecken-Vielfalt in Frankfurt. Allein am Monte Scherbelino kommt mehr als die Hälfte aller aktuell aus Frankfurt bekannten Arten vor, darunter gefährdete und besonders oder streng geschützte. Aber auch der Nordpark Bonames weist aufgrund seiner Habitatausstattung eine verhältnismäßig hohe Artenzahl auf, vor allem für Arten der Kulturlandschaft. Durch gezieltes Management von Grünland, Brachen und Säumen könnte der Nordpark Bonames in seiner Habitatqualität für Heuschrecken in Zukunft noch weiter aufgewertet werden.

Abb. 249: Das Abschleppen (Beseitigung von Bodenunebenheiten durch eine schwere, von einem Traktor gezogene „Schleppe", z. B. aus Metallringen) der Intensivwiese im Frühjahr ist für viele Insektenarten ungünstig.

WAS FLIEGT DENN DA?
INSEKTENVIELFALT IN DER WILDNIS

Indra Starke-Ottich, Andreas Malten, Andreas C. Lange, Lydia Pichotta

Abb. 250: Bodenfalle zum Fangen von Laufkäfern.

Außer zu Wildbienen und Heuschrecken, denen eigene Kapitel gewidmet sind, fanden auf den Frankfurter Wildnisflächen Datenerhebungen zu weiteren Insektengruppen statt, nämlich Tagfaltern, Libellen und Laufkäfern. Darüber hinaus wurde eine Reihe von Zufallsbeobachtungen erfasst, etwa von Gallwespen, Schwebfliegen oder Nachtfaltern.

Dabei kamen verschiedene Methoden zum Einsatz. Für Laufkäfer wurden Becher mit einer

Fangflüssigkeit so eingegraben, dass der obere Rand möglichst genau mit dem Bodenniveau abschließt (Abb. 250). Tiere, die über den glatten Rand laufen, fallen in die Fangflüssigkeit und können dann später mithilfe eines Binokulars bestimmt werden. Die Fallen wurden nicht ganzjährig aufgestellt, sondern jeweils nur für wenige Wochen im Jahr in geeigneten Lebensräumen ausgebracht. Dabei zeigte sich ein wesentlicher Vorteil der beschränkten Zugänglichkeit des Monte-Scherbelino-Geländes, denn dort konnten die Untersuchungen wie geplant durchgeführt werden. Im öffentlich zugänglichen Nordpark Bonames wurden die Fallen wiederholt entfernt oder zerstört, so dass die Untersuchung der Laufkäfer dort schließlich abgebrochen werden musste.

Zur Erfassung der Tagfalter und Libellen wurden die für diese Artengruppen relevanten Strukturen an mehreren Begehungsterminen während der Vegetationsperiode aufgesucht und die Tiere auf Sicht erfasst, teilweise unter Zuhilfenahme eines Fernglases. Wenn nötig kam auch ein Fangnetz zum Einsatz (Abb. 251). Die damit gefangenen Tiere wurden nach der Bestimmung wieder freigelassen. Bei beiden Artengruppen lag der Schwerpunkt der Erfassung auf adulten Tieren. Eine gezielte Nachsuche nach Raupen und Larven erfolgte nicht. Libellen wurden in den anderen Projektstädten nicht untersucht, da dort keine geeigneten Fortpflanzungsgewässer auf den Wildnisflächen vorhanden sind.

Als Zufallsfunde wurden vor allem im Gelände gut identifizierbare Arten anderer Artengruppen von den Bearbeitern notiert. Weitere Arten wurden fotografiert und zur Bestimmung auf die Internet-Plattform iNaturalist hochgeladen. Dies erfolgte zum Teil durch die Bearbeiter. Am Nordpark Bonames gingen zusätzlich Funde von Bürgerwissenschaftlern (Citizen Scientists) in den Bericht ein. In der Regel sind dies naturinteressierte Bürger, die sich für bestimmte Organismengruppen besonders interessieren und/oder Freude an Dokumentation und Bestimmung von Arten mit Online-Portalen wie iNaturalist haben.

Libellen

In Hinblick auf die Eignung als Lebensraum für Libellen unterscheiden sich die beiden Frankfurter Wildnisflächen stark. Insgesamt konnten in den Untersuchungsjahren 2017 bis 2020 auf beiden Flächen zusammen 31 Arten nachgewiesen werden (Tab. A13). Das entspricht rund der Hälfte der aus Hessen insgesamt bekannten Arten!

Abb. 251: Zur sicheren Bestimmung wurden Insekten mit dem Fangnetz gefangen und anschließend wieder freigelassen.

Am Nordpark Bonames fanden sich allerdings lediglich fünf Arten. Davon war nur die Gebänderte Prachtlibelle (*Calopteryx splendens*) in allen Jahren und in großer Individuenzahl im Gebiet anzutreffen. Die Art nutzt insbesondere die Übergangsbereiche von der Nidda in den wieder angeschlossenen Altarm, wo es ausgedehnte Bestände des Einfachen Igelkolbens (*Sparganium emersum*) gibt (Abb. 252), auf denen man die adulten Tiere häufig sitzen sehen kann. Bei den übrigen Nachweisen handelt es sich um adulte Einzeltiere, die auf Jagdflügen oder Wanderungen durch das Gebiet dokumentiert worden sind.

Abb. 253: Die Vierfleck-Libelle (*Libellula quadrimaculata*) gehört zu den Libellen, die vegetationsreiche Ufer bevorzugen. Sie wurde am Monte Scherbelino nachgewiesen.

Abb. 252: Die vegetationsreichen Abschnitte des Altarms werden von einigen Libellen besonders geschätzt.

Am Monte Scherbelino mit seinen verschiedenen Stillgewässern finden sowohl Pionierarten wie der Plattbauch (*Libellula depressa*) gute Lebensbedingungen vor, die Uferzonen mit spärlichem Bewuchs bevorzugen, als auch solche, die Gewässer mit mehr Ufervegetation vorziehen, z. B. die Winterlibelle (*Sympecma fusca*) und der Vierfleck (*Libellula quadrimaculata*, Abb. 253). Insgesamt wurden 28 Arten am Monte Scherbelino nachgewiesen, darunter auch einige seltene Arten. Mit dieser hohen Diversität, die fast die Hälfte aller hessischen Arten umfasst, hat die Wildnisfläche eine besondere Bedeutung für Libellen im Stadtgebiet von Frankfurt am Main! Diese erhielt die Fläche nur deshalb, weil sie sich frei entwickeln durfte und nach Abschluss der Baumaßnahmen nicht aufgeforstet wurde. Die Kombination aus technischen Gewässern ohne Fischbesatz und temporären Stillgewässern auf einer Fläche ist außergewöhnlich und bietet unterschiedlichsten Libellen-Arten gute Bedingungen, auch wenn sich natürlich die Dürrejahre 2018 und 2019 und das damit verbundene Trockenfallen verschiedener Gewässer auch auf diese Artengruppe ausgewirkt haben. Dennoch ist die Fläche am Fuße des Monte Scherbelino ein regelrechter „Libellen-Hotspot".

Als Trend ist bei dieser Artengruppe – wie bei anderen auch – eine Zunahme von wärmeliebenden Arten zu beobachten, die allerdings nicht nur für die Wildnisfläche, sondern für das Rhein-Main-Gebiet insgesamt gilt. Als sogenannte Klima-Gewinner wurden beispielsweise die Südliche Heidelibelle (*Sympetrum meridionale*) und die Südliche Mosaikjungfer (*Aeshna affinis*) am Monte Scherbelino nachgewiesen.

Laufkäfer

Am Nordpark Bonames konnten bis zum Abbruch der Untersuchungen immerhin 285 Individuen aus 27 Arten, darunter der in Hessen gefährdete Geflecktfühlerige Haarschnellläufer (*Parophonus maculicornis*), gefangen und bestimmt werden.

Das Gebiet am Monte Scherbelino mit den jungen Sukzessionsflächen erwies sich erwartungsgemäß als hervorragendes Umfeld für Laufkäfer und Sandlaufkäfer. Dort wurden 101 Arten, davon 19 Arten der Roten Listen oder der Vorwarnlisten nachgewiesen. Die Gesamtzahl der auf beiden Flächen gefundenen Arten beträgt 109 (Tab. A14). Aus Hessen sind insgesamt 386 Arten bekannt, sodass die Frankfurter Wildnisflächen – vor allem das Gebiet am Monte Scherbelino – mindestens 28 % der aus dem Bundesland bekannten Vielfalt beherbergen. Die tatsächliche Artenzahl liegt wahrscheinlich höher, denn die Artenzusammensetzung wies große Schwankungen zwischen den einzelnen Jahren auf. Dies deutet darauf hin, dass jeweils nur ein Teil der tatsächlichen Vielfalt erfasst wurde, denn in den gemäßigten Breiten werden Laufkäfer meist älter als ein Jahr.

Wie andere Artengruppen profitierten auch die Laufkäfer vom Wildnisansatz, der verhinderte, dass die Fläche frühzeitig aufgeforstet wurde. Der große Artenreichtum der Projektfläche ist nur aufgrund des vielfältigen Lebensraummosaiks möglich, das Arten mit sehr unterschiedlichen ökologischen Ansprüchen beherbergen kann. Einige Arten profitieren von den in erster Linie auf Wildbienen ausgerichteten Maßnahmen wie der Freistellung besonnter Hügel sowie der Schaffung von Rohbodenflächen für den Flussregenpfeifer.

Tagfalter

Auf den beiden Wildnisflächen wurden zusammen 34 Arten von Tagfaltern nachgewiesen (Tab. A15), wobei am Monte Scherbelino – ähnlich wie bei den Vögeln –, auch Arten miteinbezogen wurden, die sich bei Begehungen auf der „falschen" Seite des Weges (und damit am Fuße des Deponiehügels und eigentlich außerhalb der Wildnisfläche) befanden. Für diese hoch mobilen Tiergruppen kann man Deponiehügel und Wildnisfläche als einen Lebensraumkomplex auffassen. Der Unterschied in der Gesamtartenzahl beträgt zwei Arten, da der Große Schillerfalter (*Apatura iris*) und der Rotklee-Bläuling (*Polyommatus semiargus*) nur außerhalb der Wildnisfläche erfasst wurden. Für einzelne Tagfalter-Arten spielt wegen ihrer Mobilität die direkte Umgebung der Untersuchungsflächen eine entscheidende Rolle für das Vorkommen.

Am Nordpark Bonames lag die Artenzahl über alle Jahre bei insgesamt 25, am Monte Scherbelino bei 33, inklusive der außerhalb festgestellten Arten; d. h. bis auf eine Art wurden sämtliche in dieser Untersuchung dokumentierten Arten am Monte Scherbelino nachgewiesen.

Wie für andere Artengruppen, z. B. Libellen, ist die Fläche am Monte Scherbelino auch für die Artengruppe Tagfalter von größerer Bedeutung als die Fläche am Nordpark Bonames.

Abb. 254: Kleiner Fuchs (*Alais urticae*) auf Wiesen-Witwenblume (*Knautia arvensis*).

Abb. 255: Admiral (*Vanessa atalanta*).

Ausschlaggebend dafür sind der Strukturreichtum mit ungestörten Entwicklungs- und Überwinterungshabitaten sowie das Nahrungsangebot an Raupenfutter- und Nektarpflanzen. Am Nordpark Bonames besteht diesbezüglich jedoch noch Potenzial zur Aufwertung von Flächen in verschiedenen Bereichen.

Der Anteil der gefundenen Arten an der aus Hessen bekannten Tagfalter-Vielfalt liegt bei etwa 25 % und damit niedriger als in anderen Artengruppen, z. B. Libellen. Auch waren viele Arten nur mit wenigen Individuen nachzuweisen. In dieser Tiergruppe zeigten sich – insbesondere bei den Individuenzahlen – starke jährliche Schwankungen, die einerseits natürlich wiederkehrenden Zyklen unterliegen, andererseits aber auch auf die extremen Witterungsverhältnisse der Jahre 2018 und 2019 zurückzuführen sind. Diese führten teilweise zu Bestandseinbrüchen. Auf den Wildnisflächen fiel der Rückgang der wandernden Arten Kleiner Fuchs (*Aglais urticae*, Abb. 254) und Admiral (*Vanessa atalanta*, Abb. 255) besonders stark auf.

Neben den kurzfristigen Reaktionen auf den Witterungsverlauf sind auch grundsätzliche Trends, etwa die Einwanderung von wärmeliebenden Arten, feststellbar. So zählen der Kurzschwänzige Bläuling (*Cupido argiades*) und der Kleine Sonnenröschen-Bläuling (*Aricia agestis*) zu den „Klima-Gewinnern". Der Kleine Sonnenröschen-Bläuling ist typisch für Kalk-Magerrasen (Wirtspflanze *Helianthemum* spec.), kann sich aber aufgrund der zunehmend wärmeren Bedingungen ausbreiten und besiedelt inzwischen auch andere Lebensräume, verbunden mit einem Wechsel der Wirtspflanze. Kollegen in Hannover beobachteten im Rahmen des Wildnis-Projektes Eiablagen an Reiherschnabel (*Erodium cicutarium*) und Kleinem Storchschnabel (*Geranium pusillum*) auf kurz-

Abb. 256: Faulbaum-Bläuling (*Celastrina argiolus*) bei der Eiablage auf Blutweiderich (*Lythrum salicaria*).

Abb. 257: Überwinterter Falter des Tagpfauenauges (*Inachis io*) an Weidenblüten.

Abb. 258: Der Aurorafalter (*Anthocharis cardamines*) wurde in allen Untersuchungsjahren am Monte Scherbelino festgestellt.

gemähten Scherrasen oder lückigen Ruderalfluren. Aus Frankfurt ist der Kleine Sonnenröschen-Bläuling von vielen Wiesen bekannt, was vermuten lässt, dass er weitere *Geranium*-Arten nutzt.

Nicht immer lässt sich das Vorkommen der Arten direkt auf die Entwicklung der Wildnisflächen zurückführen. Günstige Bedingungen im Nahen Osten sorgten 2019 für eine europaweite

Abb. 259: Die Intensivwiese am Nordpark Bonames bietet blütenbesuchenden Insekten im Sommer nahezu keine Nahrung.

Massenwanderung des Distelfalters (*Vanessa cardui*). Im Jahr 2020 dagegen gab es fast keine Einwanderung der Art, lediglich ein einzelnes Exemplar wurde am Monte Scherbelino festgestellt.

Dennoch reagieren Tagfalter sehr sensibel auf Veränderungen im Flächenmanagement. In Frankfurt wurde auf Teilen beider Flächen natürliche Sukzession zugelassen. Dies hat unterschiedliche Auswirkungen auf diese Artengruppe. Einerseits kann die Sukzession zum Rückgang einzelner Habitatstrukturen und damit auch zum Rückgang einzelner Arten führen. Dies zeigt sich am Monte Scherbelino an der Ausbreitung des Land-Reitgrases (*Calamagrostis epigejos*) und dem damit verbundenen Verlust an Raupenfutter- und Nektarpflanzen sowie Habitatstrukturen. So wirkte sich der Rückgang des Blutweiderichs (*Lythrum salicaria*) ähnlich negativ auf die Tagfalter aus (Abb. 256) wie auf die Wildbienen.

Andererseits gibt es auch Profiteure der natürlichen Sukzession. Als solcher wurde in feuchten Bereichen der sehr früh im Jahr fliegende Große Fuchs (*Nymphalis polychloros*) dokumentiert, der in Deutschland auf der Vorwarnliste steht. Er konnte im Frühjahr auf beiden Projektflächen nektarsaugend an Weiden (*Salix* spec.) beobachtet werden, die auch Futterpflanzen der Raupen sind.

Insgesamt wurden neben einigen „Spezialisten", etwa dem seltenen Weißen Waldportier (*Brintesia circe*), überwiegend weit verbreitete und zumeist noch recht häufige Arten mit gutem Flugvermögen festgestellt, z. B. Kleiner Kohlweißling (*Pieris rapae*),

Abb. 260: Der Große Wollschweber (*Bombylius major*) wurde auf beiden Flächen dokumentiert.

Abb. 261: Gallen der Seidenknopf-Gallwespe (*Neuroterus numismalis*), einer von vier im Nordpark Bonames nachgewiesenen Gallwespen-Arten auf Eichenblättern.

Tagpfauenauge (*Inachis io*, Abb. 257) und Aurorafalter (*Anthocharis cardamines*, Abb. 258). Das Potenzial beider Flächen erscheint nicht ausgeschöpft (Abb. 259). Am Nordpark Bonames könnte die Situation durch verschiedene Pflege- und Entwicklungsmaßnahmen sicherlich verbessert werden. Am Monte Scherbelino wirkt sich vermutlich die isolierte Lage negativ aus, sodass einige Arten die Fläche möglicherweise noch nicht erreicht haben. Dies unterstreicht die Notwendigkeit eines Netzwerks von – auch kleinflächigen – Habitaten, die in Städten als Trittsteinbiotope dienen. Die Wildnisflächen sind wesentliche Bausteine für ein solches Netzwerk und sollten deshalb langfristig bestehen bleiben. Die Konzentration auf wenige Wildnisflächen allein reicht jedoch nicht aus, wie das

Abb. 263: Die haarige Raupe des Brombeerspinners (*Macrothylacia rubi*) am Monte Scherbelino.

Beispiel der Tagfalter zeigt. Für erfolgreichen Artenschutz muss ein Netzwerk aus privaten und kommunalen Flächen entstehen.

Weitere Insekten

Neben den systematisch erhobenen Insekten wurden auf den beiden Wildnisflächen im Projektzeitraum weitere 42 Arten als Zufallsfunde dokumentiert, 32 Arten am Nordpark Bonames und 20 Arten am Monte Scherbelino. Die höhere Artenzahl am Nordpark Bonames ist auf das dort größere bürgerwissenschaftliche Engagement zurückzuführen, da die Flächen frei zugänglich sind. Besonders auffällige Arten, die auf beiden Flächen vorkamen, waren der Kleine Leuchtkäfer (*Lamprohiza splendidula*), die Hornisse (*Vespa crabro*), das Taubenschwänzchen (*Macroglossum stellatratum*, ein großer Nachtfalter) sowie der Große Wollschweber (*Bombylius major*, Abb. 260).

Bemerkenswert war am Nordpark Bonames das Vorkommen von gleich vier Arten von Gallwespen (Abb. 261) nebeneinander und teilweise in großer

Abb. 262: Gespinstmotten (*Yponomeuta* spp.) verhüllten ganze Baumstämme im Nordpark Bonames.

Zahl auf den Blättern der Stiel-Eichen (*Quercus robur*). Rainfarn wurde von der Rainfarn-Gallmücke (*Rhopalomyia tanaceticola*) besiedelt. Kleine Gallen auf den Blättern von Ulmen und Linden waren dagegen nicht das Werk von Insekten, sondern von der zu den Spinnentieren gehörenden Ulmenbeutel-Gallmilbe (*Aceria campestricola*) und der Linden-Gallmilbe (*Eriophyes tiliae*).

In manchen Jahren sorgten Gespinstmotten für großes Aufsehen, weil sie ganze Baumstämme mit ihren Gespinsten umhüllten (Abb. 262). Es handelte sich dabei unter anderem um die Traubenkirschen-Gespinstmotte (*Yponomeuta evonymella*) und die als adultes Tier ähnlich aussehende Pfaffenhütchen-Gespinstmotte (*Yponomeuta cagnagella*).

Am Monte Scherbelino fielen insbesondere die großen haarigen Raupen des Brombeerspinners (*Macrothylacia rubi*, Abb. 263) auf. Auf Königskerzen waren die auffällig gefärbten Raupen des Königskerzen-Mönchs (*Cucullia verbasci*) zu finden. Der Scharlachrote Feuerkäfer (*Pyrochroa coccinea*, Abb. 264) und das rot gepunktete Sumpfhornklee-Widderchen (*Zygaena trifolii*, Abb. 265) wurden dort ebenso dokumentiert wie der gewöhnliche Siebenpunkt-Marienkäfer (*Coccinella septempunctata*) und unauffälligere Arten wie das Silbereulchen (*Deltote bankiana*) und der Heidespanner (*Ematurga atomaria*).

Selbstverständlich sind die Daten zu den letztgenannten Tiergruppen sehr lückenhaft und können keine systematische Untersuchung durch Experten

Abb. 264: Fällt auf: der Scharlachrote Feuerkäfer (*Pyrochroa coccinea*).

Abb. 265: Das Sumpfhornklee-Widderchen (*Zygaena trifolii*) ist der einzige Vertreter seiner Gattung, der auf den Projektflächen nachgewiesen werden konnte.

ersetzen. Problematisch ist außerdem, dass vorwiegend bunte beziehungsweise auffällige Arten erfasst werden. Für Artengruppen mit vielen kleinen, ähnlichen Arten (wie die Wildbienen) oder mit zahlreichen unscheinbaren Arten (wie die Nachtfalter) gibt es nur wenige auswertbare Beobachtungen, weniger beliebte Gruppen wie Ameisen werden in der Regel von Bürgerwissenschaftlern gar nicht dokumentiert. Dennoch sind die Zufallsfunde eine wichtige Ergänzung zu den übrigen Daten, die weitere Hinweise auf die tatsächlich vorhandene Vielfalt in den Gebieten gibt. Durch die sich ständig verbessernden Möglichkeiten des Fotografierens mit dem Smartphone und niedrigschwellige Angebote im Internet, mit deren Hilfe die Bilder bestimmt und Fundpunkte dokumentiert werden können, steigt die Zahl der Nachweise auch für Artengruppen, die seltener im Rahmen von Forschungsprojekten oder gutachterlicher Bewertung erhoben werden. Hier steckt für die Zukunft noch ein großes Potenzial zur Einbindung von Bürgerwissenschaftlern in die Arterfassung.

FAZIT

Insekten stellen den größten Teil der faunistischen Vielfalt auf den Wildnisflächen. Nur ausgesuchte Gruppen konnten intensiv untersucht werden. Von diesen ist bei einigen, z. B. Tagfaltern und Libellen, von einem guten Kenntnisstand auszugehen, bei anderen, z. B. Laufkäfern, lassen die Ergebnisse dagegen vermuten, dass nur ein Teil der vorkommenden Arten erfasst werden konnte. Viele Insektengruppen wurden gar nicht erfasst, etwa Ameisen, Blattläuse und der größte Teil der Käferfamilien (Abb. 266). Aus anderen Gruppen liegen nur einzelne Zufallsfunde vor, etwa von Wanzen, Schwebfliegen oder Nachtfaltern. Insgesamt wurden im Rahmen des Projektes dennoch immerhin 359 Insektenarten auf den Wildnisflächen dokumentiert (Tab. 19). Die höchsten Artenzahlen erreichten dabei die Laufkäfer mit 101 Arten am Monte Scherbelino und die Wildbienen mit 95 Arten (vgl. Kap. „Wildbienen in der Wildnis") am Nordpark Bonames.

Abb. 266: Zufallsfund des Kupfer-Rosenkäfers (*Protaetia cuprea*) im Nordpark Bonames. Die meisten Käferfamilien wurden im Projekt nicht erfasst.

Artengruppe	Nordpark Bonames	Monte Scherbelino	Gesamt
Wildbienen	95	65	118
Heuschrecken	16	24	25
Libellen	5	28	31
Laufkäfer	27	101	109
Tagfalter	25	33	34
Sonstige	32	20	42
Gesamt Insekten	**200**	**271**	**359**

Tab. 19: Anzahl der Arten aus verschiedenen Insektengruppen, die auf den Wildnisflächen am Monte Scherbelino und am Nordpark Bonames zwischen 2016 und 2021 erhoben wurden.

Die Ergebnisse zeigen, dass insbesondere die Fläche am Monte Scherbelino große Bedeutung für verschiedene Artengruppen hat. Aus Verwandtschaftskreisen wie z. B. Libellen und Laufkäfern kommen erhebliche Teile der aus Hessen bekannten Artenvielfalt auf dieser Fläche vor. Das Gebiet ist auch deshalb so wichtig, weil die Struktur mit besonderen Habitaten wie besonnten Hügeln und Stillgewässern mit flachen Ufern die Lebensraumansprüche zahlreicher seltener und gefährdeter Arten erfüllt.

Am Nordpark Bonames, der ja auf dem größten Teil der Fläche von Pflege und Nutzung durch den Menschen geprägt ist, ließe sich die Artenvielfalt verschiedener Insektengruppen durchaus noch erhöhen. Wichtige Hebel dafür könnten eine angepasste Mahd des Straßenbegleitgrüns (Abb. 267) und eine Erhöhung der Zahl der Pflanzenarten auf der Intensivwiese sein, z. B. durch Aushagerung, und gegebenenfalls anschließende Mahdgutübertragung oder Ansaat mit Regio-Saatgut. Auch ein Konzept zur Optimierung der Pflege der zahlreichen Säume, die Entsiegelung des alten Ballsportplatzes und ein größeres Angebot von Blüten im Bereich des Grillplatzes könnten sinnvolle Ergänzungen sein.

Abb. 267: Das Straßenbegleitgrün an der Homburger Landstraße wurde 2020 auf der gesamten Fläche am selben Tag gemäht. Somit verlieren Insekten dort sämtliche Futterquellen, Vermehrungsstätten und Rückzugsorte auf einmal.

ERKENNTNISSE AUS FÜNF PROJEKT-JAHREN „STÄDTE WAGEN WILDNIS"

Indra Starke-Ottich, Andreas Malten, Georg Zizka

Abb. 268: Durch die Kombination des Scherbelino-Weihers mit verschiedenen kleineren Stillgewässern bot der Monte Scherbelino gute Bedingungen für Amphibien.

Die Projektlaufzeit von „Städte wagen Wildnis – Vielfalt erleben" betrug fünf Jahre, vom 1. Juni 2016 bis zum 31. Mai 2021. Damit umfasste sie die vier vollständigen Vegetationsperioden der Jahre 2017 bis 2020. Im Jahr 2016 wurden erste, punktuelle Untersuchungen in den Tiergruppen Wildbienen, Vögel und Fledermäuse durchgeführt. Das Jahr 2021 war bis auf wenige Kontrolluntersuchungen im Frühjahr, z. B. für die Artengruppe Amphibien, der Datenauswertung vorbehalten. Die

Untersuchung gleich einer ganzen Reihe von Organismengruppen über vier aufeinanderfolgende Jahre auf denselben Flächen stellt bei der Erforschung der Frankfurter Stadtnatur eine Ausnahme dar. In den meisten Fällen werden Erfassungen, z. B. im Rahmen von Gutachten oder für studentische Abschlussarbeiten, nur in einem Jahr durchgeführt. Eine positive Ausnahme stellt Frankfurts erste Wildnisfläche am Alten Flugplatz Kalbach/Bonames dar, wo über einen Zeitraum von 10 Jahren nach der Umgestaltung ein intensives Monitoring durchgeführt wurde (Bönsel et al. 2018).

Trends

Aus der intensiven, mehrjährigen Erfassung können Trends abgeleitet werden, die sich wiederum mit verschiedenen Ereignissen verknüpfen lassen, etwa der Sukzession auf den Prozessschutz-Flächen, Artenschutzmaßnahmen, aber auch dem extremen Witterungsverlauf der Jahre 2018 und 2019 und der Zunahme der Waschbärpopulation am Monte Scherbelino.

Ein Beispiel dafür ist die Artengruppe Amphibien. Am Nordpark Bonames, der von der Nidda und

Abb. 269: Anhaltende Dürre ließ sogar Teile des großen technischen Gewässers trockenfallen.

ihrem wiederangeschlossenen Altarm umgeben ist, konnten nur kleine Populationen von Erdkröte (*Bufo bufo*), Grasfrosch (*Rana temporaria*) und Teichfrosch (*Pelophylax* kl. *esculentus*) nachgewiesen werden. In diesem Gebiet blieben die Veränderungen zwischen den einzelnen Jahren im Rahmen der natürlichen Schwankungen. Die Projektfläche am Monte Scherbelino zeigte sich dagegen zu Untersuchungsbeginn als idealer Lebensraum für Amphibien. Bei der Einrichtung der Fläche nach Abschluss der Bauarbeiten waren zahlreiche temporäre Stillgewässer entstanden. Diese wurden ergänzt durch die sogenannten technischen Gewässer, die direkt an die Kernfläche angrenzen, sowie den größeren Scherbelino-Weiher (Abb. 268). Entsprechend reichhaltig zeigte sich die Amphibien-Fauna mit sieben Arten und teilweise individuenstarken Populationen. Sämtliche Arten sind mindestens besonders geschützt (Tab. 20).

Durch die extrem heißen und trockenen Sommer 2018 und 2019 verschwanden die temporären Stillgewässer frühzeitig. Teilweise fehlten auch ausreichende Niederschläge im Winter, sodass die Gewässer zur Laichzeit im Frühjahr kein Wasser

Abb. 270: Ein Waschbär (*Procyon lotor*) am Rande des technischen Gewässers am Monte Scherbelino, mit einer Fotofalle aufgenommen.

führten und sich erst nach Starkregenereignissen im Mai mit Wasser füllten. Dies hatte natürlich gravierende Folgen für den Amphibien-Bestand. Aber auch an den technischen Gewässern, die nur teilweise austrocknen (Abb. 269), gingen die Amphibien zurück. Als Grund dafür konnte die starke Prädation durch Waschbären (*Procyon lotor*, Abb. 270) ausgemacht werden. Besonders während der Laichzeit wurden die charakteristischen Überreste der Waschbär-Mahlzeiten – Kopf und Wirbelsäule

Wissenschaftlicher Name	Deutscher Name	Nordpark Bonames	Monte Scherbelino	BArtSchV
Triturus alpestris	Bergmolch		X	§
Bufo bufo	Erdkröte	X	X	§
Rana temporaria	Grasfrosch	X	X	§
Rana lessonae	Kleiner Wasserfrosch		X	§§
Rana dalmatina	Springfrosch		X	§§
Pelophylax kl. *esculentus*	Teichfrosch	X	X	§
Triturus vulgaris	Teichmolch		X	§

Tab. 20: Liste der nachgewiesenen Amphibienarten am Nordpark Bonames und am Monte Scherbelino. BArtSchV = Schutzstatus gemäß Bundesartenschutzverordnung. § = besonders geschützt, §§ = streng geschützt.

und vor allem die Häute der Amphibien – in großer Zahl im Uferbereich nachgewiesen (Abb. 271).

Zum Projektabschluss im Frühjahr 2021 führten auch die temporären Stillgewässer zur Laichzeit wieder Wasser. Dennoch waren nur noch ganz vereinzelt Laichschnüre oder Laichballen zu finden. Die Populationen sämtlicher Frosch- und Krötenarten auf dieser Projektfläche sind zusammengebrochen. Vermutlich sind die verbliebenen Tiere in Gewässer der umliegenden Waldbereiche abgewandert. Lediglich die beiden Molch-Arten Teichmolch (*Lissotriton vulgaris*) und Bergmolch (*Ichthyosaura alpestris*) kamen 2021 noch in stabilen Populationen auf der Fläche vor. Eine einjährige Untersuchung, ganz gleich in welchem Jahr sie durchgeführt worden wäre, hätte diese Dynamik und die starken Veränderungen nicht erfassen können.

Von besonders hohem Wert sind die Daten auch deshalb, weil Artengruppen berücksichtigt wurden, die – wegen des Aufwands und nur weniger zur Verfügung stehender Spezialisten – seltener bearbeitet werden und zu denen die Datenbasis aus dem Stadtgebiet daher geringer ist, z. B. Wildbienen und Laufkäfer.

Die intensive Untersuchung der Flächen in Verbindung mit einer aktiven Öffentlichkeitsarbeit sorgte dafür, dass die beiden Gebiete stärker in den Fokus der Aufmerksamkeit rückten. Daraus ergaben sich unter anderem auch Anfragen für studentische Arbeiten. Diese boten die Möglichkeit, weitere Fragestellungen zu bearbeiten und die im Rahmen des Projektes erhobenen Daten sinnvoll zu ergänzen.

Dank der durch das Projekt generierten Aufmerksamkeit für die Flächen konnten außerdem Experten-Exkursionen organisiert werden, z. B. mit Spezialisten für bestimmte Organismengruppen, die ebenfalls zur Kenntnis der Biodiversität auf den Flächen beitrugen. Trotz der Einschränkungen durch die Corona-Pandemie konnten zumindest drei Exkursionen mit dem Schwerpunkt höhere Pflanzen am Monte Scherbelino und eine Exkursion zum Thema Flechten am Nordpark Bonames stattfinden.

Wie im vorigen Kapitel bereits angesprochen, wurde außerdem für den Nordpark Bonames ein Citizen-Science-Projekt auf der Plattform iNaturalist eingerichtet. Das bedeutet, dass ein Gebiet definiert und geographisch genau umgrenzt wird sowie die Ziele des Projektes kurz formuliert werden. Das lenkt zum einen die Aufmerksamkeit interessierter Bürgerwissenschaftler auf dieses Gebiet und zum anderen erlaubt es, die dort gemeldeten Funde einfach auszulesen. So ergaben sich weitere Artnachweise. Das große Interesse an den Flächen, das zu zahlreichen zusätzlichen Ergebnissen führte, war im Vorfeld so nicht erwartet worden. Die große Aufmerksamkeit, die dem Projekt in den Medien geschenkt wurde, führte aber auch in anderen Fällen zu einem erhöhten Forschungsinteresse, wie das Beispiel Fechenheimer Mainbogen zeigt.

Abb. 271: Rest einer Waschbär-Mahlzeit.

Zahlen und Anregungen für die Zukunft

Die erhobenen Daten und die daraus abgeleiteten Erkenntnisse und Schlussfolgerungen reichen weit über die reinen Artenzahlen hinaus. Dennoch sind diese durchaus beeindruckend, insbesondere da die Projektflächen ja nur einen sehr kleinen räumlichen Ausschnitt der Frankfurter Stadtnatur bilden. So wurden insgesamt Nachweise für 1.167 Arten erbracht (Tab. 21). Davon entfallen 506 auf die Fauna und 661 auf die Flora, inklusive Pilze und Flechten. Am Nordpark Bonames konnten 813 Arten nachgewiesen werden, am Monte Scherbelino 762. In allen im Projekt systematisch untersuchten Artengruppen mit Ausnahme der Wildbienen wurden am Monte Scherbelino höhere Artenzahlen ermittelt als am Nordpark Bonames. Dass dieser dennoch eine höhere Gesamtartenzahl erreicht, ist vor allem auf die Ergebnisse der Experten-Exkursion zu den

Abb. 272: Der Nachweis der Gemeinen Sumpfschwebfliege (*Helophilus pendulus*) wurde mithilfe der Plattform iNaturalist erbracht.

Organismengruppe	Gesamtartenzahl	Nordpark Bonames	Monte Scherbelino
FAUNA			
Fledermäuse	9	7	8
Vögel	114	76	94
Amphibien	7	3	7
Insekten (Zielgruppen)	317	168	251
Sonstige Tiere	61	47	28
Fauna (gesamt)	**508**	**301**	**388**
FLORA			
Farn- und Samenpflanzen	523	375	374
Sonstige Pflanzen und Pilze	138	137	3
Flora (gesamt)	**661**	**512**	**377**
FAUNA und FLORA	**1169**	**813**	**765**

Tab. 21: Zahl nachgewiesener Arten aus verschiedenen Artengruppen vom Monte Scherbelino und vom Nordpark Bonames während der gesamten Projektlaufzeit von 2016 bis 2021. Unter „Insekten" sind die im Projekt systematisch untersuchten Gruppen Tagfalter, Heuschrecken, Libellen und Laufkäfer zusammengefasst.

Abb. 273: Damwild (*Dama dama*), aufgenommen mit einer Fotofalle am Monte Scherbelino.

Flechten sowie die Meldungen zu Pilzen zurückzuführen, da es zu diesen Artengruppen keine Daten am Monte Scherbelino gibt. Durch das Citizen-Science-Projekt ist außerdem die Artenzahl von 47 „sonstigen Tieren" erreicht worden (Abb. 272, während es am nicht öffentlich zugänglichen Monte Scherbelino nur 28 sind (Tab. A16), die auf Zufallsbeobachtungen im Rahmen des Wildnis-Projektes zurückgehen (Abb. 273).

813 Arten im Nordpark Bonames sind eine beachtliche Zahl! Insbesondere wenn man bedenkt, dass beispielsweise noch keinerlei Spinnen, Ameisen oder Bodentiere erfasst wurden und so gut wie keine Moose, Käfer, Schnecken, Wanzen oder Nachtfalter. Die Liste der Flechten ist keineswegs vollständig, und Pilze und Laufkäfer sind bisher ebenfalls nur zu einem Teil erfasst. Die tatsächliche Artenzahl dieses Gebietes ist schwer zu schätzen, sie erreicht sicherlich mindestens das Doppelte der nun bekannten Vielfalt. Trotzdem gibt es wohl kaum ein zweites Areal vergleichbarer Größe in Frankfurt, über dessen wilde Vielfalt wir so viel wissen!

Die im Rahmen des Projektes gewonnenen Daten und Erkenntnisse sind auf verschiedenen Ebenen hilfreich. Insbesondere wenn man die

Abb. 274: Das von Schilf und Gehölzen umgebene Gewässer am Alten Flugplatz Kalbach/Bonames wird nur noch selten von Besuchern und ihren Hunden aufgesucht.

Abb. 275: Der Steinschmätzer (*Oenanthe oenanthe*) wurde in den ersten Jahren nach der Umgestaltung des Alten Flugplatzes auf dem Schollenfeld nachgewiesen. Aufgrund der starken Störungen konnte er dort jedoch nicht brüten.

Ergebnisse des Monitorings am Alten Flugplatz Kalbach/Bonames noch miteinbeziehen (Abb. 274). Fortgeschrittene Sukzessionsstadien mit ausgedehnten Gehölzbeständen schaffen beruhigte Zonen, in denen sich auch seltenere Tierarten wohlfühlen können. Zwar gibt es am Nordpark wie auch am Alten Flugplatz Trampelpfade in die Wildnis, doch nimmt deren Zahl ab und vor allem werden sie weniger stark frequentiert, je dichter der Gehölzbewuchs und je strukturreicher das Gebiet wird, z. B. durch die Anreicherung von Totholz und fehlende Unterhaltungsmaßnahmen an den Wegen. In solchen Lebensräumen kann auf Einzäunen und Betretungsverbote weitgehend verzichtet werden. Zwar gibt es immer einzelne Besucher, die von der Wildnis angezogen auf Entdeckungstour gehen. Dies steht aber auch im Einklang mit dem Anspruch, erreichbare Naturerlebnisräume zu schaffen. Die massiven Störungen und Gefährdungen, insbesondere durch unerlaubtes Grillen oder freilaufende Hunde, lassen aber mit der Zeit deutlich nach. Vor allem, wenn man an einigen Stellen im Randbereich gezielte Infrastruktur-Angebote schafft, z. B. Bänke, verringert sich der Nutzungsdruck auf die Kernflächen.

Anders ist die Situation dagegen in jungen Sukzessionsstadien. Für die Natur am Monte Scherbelino war es ein Glücksfall, dass die Fläche dort nicht frei zugänglich ist. Andernfalls hätten verschiedene seltene Arten die Fläche nicht besiedeln können. Am Alten Flugplatz stellten sich auf den offenen Brachflächen in den ersten Jahren ebenfalls seltene Vogelarten wie der Steinschmätzer (*Oenanthe oenante*) ein (Abb. 275). Aufgrund der starken Störungen dort kam es jedoch zu keiner Brut. Ähnliches ist am kleinen Nebenarm in Fechenheim zu beobachten, wo sich der Flussregenpfeifer (*Charadrius dubius*) 2021 zwar aufhält, aber aufgrund der Störungsintensität ebenfalls nicht brüten kann. Daraus kann man für künftige Projekte ableiten, dass eine temporäre Begrenzung des Zugangs von jungen Sukzessionsflächen, wie sie in wenigen Jahren z. B. am Fechenheimer Mainbogen neu entstehen werden, sinnvoll sein kann, um Pionierarten die Möglichkeit zu geben, diese Flächen in den ersten Jahren zu besiedeln. Diese Arten gehen im Laufe der Sukzession nach wenigen Jahren ohnehin zurück. Die sich dann einstellenden Arten finden bessere Versteckmöglichkeiten vor als in der offenen Landschaft der

Abb. 276: Junge Gehölze am Monte Scherbelino. Die Entwicklung hin zu einem Wald hat bereits eingesetzt, nimmt aber mehr Zeit in Anspruch als bei einer Aufforstung; davon können viele Arten profitieren.

ersten Jahre und können sich dadurch besser mit Besuchern arrangieren. Natürlich besteht das Problem, dass gerade in den ersten Jahren nach einer Umgestaltungsmaßnahme ein großes Interesse der Bevölkerung an den Flächen besteht und eine Zugangsbeschränkung daher mit intensiver Presse- und Vermittlungsarbeit begleitet werden muss, um die nötige Akzeptanz zu schaffen.

Die Ergebnisse unterstreichen aber nochmals die Bedeutung von temporären Stadtbrachen. Mit zunehmender Sukzession findet ein Wechsel in der Artenausstattung statt. Die überwiegend an Gehölze gebundenen Arten finden vielerorts in Frankfurt günstige Bedingungen vor und sind in der Regel nicht selten. Die Besiedler der ersten Jahre dagegen sind oft seltene oder gefährdete Pionierarten, die kaum noch passende natürliche Lebensräume finden und davon profitieren können, wenn Stadtbrachen zumindest für einige Jahre erhalten bleiben, bevor sie bebaut werden.

Wie das Beispiel Monte Scherbelino zeigt, sind offene Flächen auch im Umfeld des Stadtwaldes von besonderer Bedeutung für die Biodiversität. Zwar sind die vielfältigen Ökosystemleistungen von Wäldern unbestritten, allerdings kann die Natur ungemein davon profitieren, wenn ausgewählte Flächen die Möglichkeit zu natürlicher Entwicklung anstelle rascher Aufforstung bekommen, auch wenn der Weg zum Wald dann deutlich länger ist (Abb. 276). Angesichts der großen Herausforderungen, vor denen die Forstwirtschaft angesichts des Klimawandels aktuell steht, könnten Wildnisgebiete mit natürlicher Sukzession auch als Chance verstanden werden.

Abb. 277: Die „alte Wildnis" am Nordpark Bonames wird von den meisten Menschen positiv wahrgenommen.

Ein weiteres Ergebnis der Untersuchungen ist, dass die „junge Wildnis" früher Sukzessionsstadien in Frankfurt bisher noch ein großes Imageproblem hat. Für den Beginn der Sukzession gibt es verschiedene Ausgangsstadien. Die Fläche kann nach dem Abschluss von Abriss- oder Bauarbeiten zunächst vegetationslos sein, wie dies beim Schollenfeld am Alten Flugplatz oder den Brachflächen am Monte Scherbelino der Fall war. Aber auch auf einer Wiese, die nicht mehr genutzt, also nicht mehr gemäht wird, setzt die Sukzession ein. Die Entwicklung verläuft abhängig von der Ausgangslage zunächst unterschiedlich. In längeren Zeiträumen führt sie jedoch auf fast allen Flächen zu einem Gehölz, aus dem schließlich ein Wald werden kann. Die frühen Sukzessionsstadien von Wiesen lassen die frühere Nutzung noch erkennen, aber eben auch, dass sie aufgegeben wurde. In einer Master-Arbeit (Walter 2019) wurden unterschiedliche Personengruppen gebeten, am Nordpark Bonames Fotos davon zu machen, was ihnen am besten und am wenigsten gefällt. Die „alte Wildnis", d. h. die großen Bäume entlang des wieder angeschlossenen Altarms mit viel Moos und das Totholz im Wasser erfüllten das traditionelle Bild von Wildnis und riefen viele positive Gefühle hervor (Abb. 277). Eine gerade erst aus der Nutzung genommene Wiese dagegen (Abb. 278) wurde von vielen Befragten negativ bewertet und eher mit Begriffen wie „Unordnung" in Verbindung gebracht. Hier sind noch erhebliche Anstrengungen zu einem besseren Verständnis natürlicher Prozesse in der Bevölkerung nötig, damit „junge Wildnis" nicht so leicht zum Müllabladeplatz wird, wie das leider gerade am Nordpark Bonames regelmäßig zu beobachten ist.

Die Frage, welche Veränderungen der Klimawandel für die Biodiversität in der Stadt mit sich bringt bzw. bringen wird, wird immer häufiger gestellt. Die Untersuchungen auf den Wildnisflächen zeigen, dass nur langfristige Untersuchungen, die an ausgewählten Standorten auch die Häufigkeiten der Arten erfassen, hier eindeutige Antworten liefern. Die Einrichtung von mehr Dauerbeobachtungsflächen ist daher sinnvoll, aber gerade auf stadttypischen Habitaten schwierig und der Aufwand für mehrjährige Untersuchungen groß.

Die bürgerwissenschaftlichen Beiträge zur Untersuchung der Wildnisflächen haben die erstaunliche Leistungsfähigkeit von Apps wie iNaturalist bestätigt, die allerdings Untersuchungen von Spezialisten nicht ersetzen können, deren Bedeutung aber in den nächsten Jahren sicherlich noch zunehmen wird. Es wurde auch deutlich, dass hier noch großes Potenzial für die Dokumentation von Biodiversität im Stadtgebiet besteht. So könnten z. B. jährliche „Biodiversitäts-Erfassungsprogramme", z. B. für einzelne Stadtteile, Habitate oder seltene Arten propagiert werden. Zu erwarten sind wichtige zusätzliche Daten zur Stadtnatur und ein stärkeres Verständnis für deren Schutz und Erhaltung.

Abb. 278: Die „junge Wildnis" hat ein Imageproblem: Viele Menschen empfinden die gerade erst aus der Nutzung genommene Wiese am Nordpark Bonames als unordentlich.

ZUKUNFT DER STADTWILDNIS

Georg Zizka, Indra Starke-Ottich, Thomas Hartmanshenn

Abb. 279: Wildnisfläche am Monte Scherbelino.

Die Vielzahl der Publikationen und eine Reihe geförderter Projekte zur urbanen Wildnis belegen die Aktualität dieses Themas. Der Förderung urbaner Wildnis und vielfältiger Stadtnatur (Abb. 279) steht in vielen Städten allerdings die drängende Problematik einer wachsenden Bevölkerung und in deren Folge weitere Flächenbedarfe für Siedlung, Gewerbe und Verkehr entgegen. Die große Bedeutung der Ökosystemleistungen von Stadtnatur ist mittlerweile erkannt, teilweise „erzwungenermaßen" durch die infolge des Klimawandels zunehmende Überhitzung der Innenstädte (Abb. 280). Dass bei der Umsetzung der Erkenntnisse und der entsprechenden Schwerpunktsetzung noch erhebliche Defizite bestehen, zeigen das rasche Voranschreiten der Versiegelung städtischer Flächen oder die Lücke, die zwischen als notwendig erkanntem Raum für Stadtgrün und der Entwicklung entsprechender Flächen klafft, z. B. bei Baumscheiben für Straßenbäume zwischen den tatsächlichen und den als notwendig erkannten Flächen.

Die wichtigsten Argumente für das Zulassen bzw. die Einrichtung von Wildnisflächen auch in der Stadt sind:

- die Möglichkeit der Naturerfahrung, die bei zunehmender Verstädterung immer weniger geboten werden kann. Damit würde auch ein Beitrag zu mehr Umweltgerechtigkeit geleistet. Diese kulturellen Ökosystemleistungen sind in den letzten Jahren bei der Bewertung von Stadtwildnis zunehmend in den Vordergrund getreten und werden noch weiter an Bedeutung gewinnen.
- die Erhöhung der Biodiversität und die Verbesserung der regulierenden Ökosystemleistungen. Bekanntes Beispiel dafür ist die Extensivierung der Pflege von Grünflächen, die nicht nur mit höherer Artenvielfalt, sondern auch mit größerer Biomasse und dadurch mehr regulierenden Ökosystemleistungen einhergeht. Die Ergebnisse des „Städte wagen Wildnis"-Projektes haben sowohl die positiven Effekte des Prozessschutzes bestätigt, zum Teil überlagert von witterungsbedingten jährlichen Schwankungen, als auch die Notwendigkeit, in bestimmten Fällen die Sukzession wieder zurückzusetzen.
- die Schaffung adäquater Entwicklungsmöglichkeiten für stadtspezifische Lebensräume, z. B. Brachflächen, Gehölzgruppen in Parks, Baumscheiben oder weiteres Straßenbegleitgrün.
- die Kostenersparnis. Die vielfach an eine Extensivierung der Pflege geknüpften Erwartungen der Kostenersparnis lassen sich nicht so eindeutig bestätigen. Betrachtet man wieder das Beispiel der Wiesenflächen, so führt eine Reduzierung der Mahdhäufigkeit tatsächlich zu Einsparungen. Zumindest in einer ersten Phase entstehen aber zusätzliche Kosten für die Information der Bürger und die Öffentlichkeitsarbeit,

Abb. 280: Die Ökosystemleistungen von Stadtgrün, Stadtnatur und Stadtwildnis für eine lebenswerte Stadt gewinnen angesichts des Klimawandels immer stärker an Bedeutung.

um eine Akzeptanz dieser „unordentlicheren" Lebensräume zu erreichen und einer mancherorts stärkeren Vermüllung entgegenzuwirken. Zudem ist in der Regel nicht einfach eine Verringerung der Arbeiten möglich, sondern eine qualifizierte Extensivierung kann auch zusätzliche Arbeitsschritte bedingen, z. B. das Einbringen von Regio-Saatgut oder Schulung des ausführenden Personals.

Die Vorteile von Wildnis in der Stadt liegen klar auf der Hand, und aus Sicht von Biodiversität, Naturschutz und Umweltgerechtigkeit ist eine viel stärkere Verbreitung von Wildnisflächen wünschenswert. Die wesentlichen Herausforderungen für das Erreichen dieses Ziels sind vor allem:

- die Flächenkonkurrenz. Der enorme Druck, weitere Flächen für Wohnen, Gewerbe und Verkehr zu bebauen, erschwert und gefährdet die notwendige Erhaltung und Entwicklung der Stadtnatur.
- die Akzeptanz in der Bevölkerung und die überholten Leitbilder von Stadtnatur. Nach aktuellen Umfragen werden extensiv gepflegte Flächen von vielen Bürgern positiv bewertet, von einigen aber auch als unordentlich und ungepflegt wahrgenommen. Gerade Wildnisflächen benötigen für ihre Entwicklung und Wertschätzung eine Mitwirkung der Bürgerschaft, um deren Erwartungen ebenso anzusprechen wie ein angemessenes Verhalten zu erreichen. Information der Öffentlichkeit zu Bedeutung und Wert von Wildnisflächen ist daher besonders wichtig.
- die Verankerung und die Wertschätzung von stadtspezifischen Lebensräumen in Natur- und Artenschutzkonzepten. Brachen, Baumscheiben, Straßenbegleitgrün oder auch Pflasterritzen sind in der Regel wenig von seltenen und geschützten Arten besiedelt und weisen häufig einen höheren Anteil an Neophyten auf. Sie sind daher bei einer rein artenschutzrechtlichen Betrachtung weniger relevant. Als stadttypische Lebensräume mit unverzichtbaren Ökosystemleistungen sind sie aber notwendig und wert, erhalten und entwickelt zu werden.

Wie sieht es mit Wildnisflächen in Frankfurt am Main in der Zukunft aus?

Ein schon länger bestehendes und sehr erfolgreiches Beispiel für Wildnis in der Stadt findet sich am Alten Flugplatz Kalbach/Bonames, der seit 2003 als Wildnis- und Naherholungsfläche eingerichtet wurde. Nach der Stilllegung des Flugplatzes und der Übergabe durch die Amerikaner wurden Teile der Landebahn, der Tower und einige Gebäude erhalten und das Gelände für die öffentliche Nutzung geöffnet. Es hat sich inzwischen zu einem wichtigen, viel besuchten Ort für Freizeit und Naherholung entwickelt. Auf einem über 5 ha großen, unmittelbar benachbarten Teil der Fläche wurde die Versiegelung nur aufgebrochen, der Beton unterschiedlich stark zerkleinert und dann der Sukzession überlassen. Dort hat sich eine vielfältige, struktur- und artenreiche Wildnis entwickelt, in der sich in den fast 20 Jahren der Artenbestand von Flora und Fauna durch natürliche Prozesse verändert hat, verschiedene temporäre Gewässer entstanden sind und nun vor allem Pioniergehölze und Schilfröhrichte dominieren.

Der Wildnisbereich ist nur am Rand zugänglich, der Rest kann aufgrund der Wasserflächen und natürlichen Gegebenheiten so gut wie nicht betreten werden. Die unmittelbare Nachbarschaft von intensiver Freizeitnutzung und Wildnis funktioniert am Alten Flugplatz, die Akzeptanz in der Bevölkerung ist sehr hoch. Dort hat sich ein für Frankfurt wichtiges Refugium für die Vogelwelt entwickelt; eine Reihe von Arten ist für die Rhein-Main-Metropole nur am Alten Flugplatz nachgewiesen. Entscheidend war, dass mit der Öffnung für die Bevölkerung ein umfangreiches Informationsprogramm ins Leben gerufen wurde, zu dem neben Internetseiten und Broschüren das Angebot von Führungen und die Beschäftigung von sogenannten

Abb. 281: Malerische Wildnis: der wieder angeschlossene Nidda-Altarm am Nordpark Bonames.

Landschaftslotsen gehören. Letztere sind von März bis Oktober vor allem am Wochenende vor Ort präsent und informieren kompetent über Biodiversität und Bedeutung des Gebietes. So konnten die wohl wichtigsten Bedingungen für die Akzeptanz von Wildnisflächen bei den Bürgern erfüllt werden, nämlich Information und Zugänglichkeit (in den Randbereichen). Dass der Wildnischarakter sehr gut erhalten geblieben ist, liegt auch an der weitgehenden Unzugänglichkeit eines großen Teils des Geländes – ohne dass überall Zäune errichtet werden mussten.

Für die im Rahmen des Projektes „Städte wagen Wildnis" in Frankfurt eingerichteten Flächen liegen unterschiedliche Voraussetzungen für die weitere Entwicklung vor (vgl. Kap. „Erkenntnisse aus fünf Projektjahren"). Der „Nordpark Bonames" ist ein Mosaik von Wildnisflächen, landwirtschaftlichen Nutzflächen sowie Erholungs- und Freizeitflächen. Er erfreut sich gerade wegen seiner malerischen Bereiche entlang der Nidda besonderer Beliebtheit (Abb. 281); auch der Biber hat sich dort wieder angesiedelt (Abb. 282). Durch die unmittelbare Nähe zur Freizeitnutzung sind Öffentlichkeitsarbeit und die Tätigkeit der im Zuge des Projektes geschaffenen Wildnislotsen sehr wichtig; Vermüllung ist ein Problem. Insgesamt haben sich die Erwartungen hinsichtlich der Entstehung eines Ortes besonderer Naturerfahrung und einer Erhöhung der Biodiversität im Laufe des Projektes erfüllt. Da die Fläche als Teil des Frankfurter GrünGürtels Landschaftsschutzgebiet ist, besteht erfreulicherweise kein Druck in Richtung Umnutzung bzw. Bebauung. Die unmittelbare Nähe zum oben geschilderten, älteren Wildnisgebiet Alter Flugplatz Kalbach/Bonames macht diesen Bereich zu einem Hotspot der Lebensraum- und Artenvielfalt und bietet für Frankfurt einzigartige Möglichkeiten vielfältiger Naturerfahrung. Es ist daher zu hoffen und zu erwarten, dass diese Flächen auch in Zukunft in Teilen ihren Wildnischarakter behalten werden.

Am „Monte Scherbelino" besteht derzeit ebenfalls kein Bebauungsdruck; das Gelände dieser ehemaligen Mülldeponie ist wegen der Gefahr von Ausgasungen für die Öffentlichkeit gesperrt und nur im Rahmen von Führungen zugänglich. Hier kann und sollte sich also das vielfältige Mosaik von Lebensräumen mit dauerhaften und temporären Stillgewässern weiterentwickeln bis hin zu einer in

Abb. 282: Am Nordpark Bonames lässt sich die Anwesenheit des Bibers (*Castor fiber*) nicht mehr übersehen.

Jahrzehnten zu erwartenden Waldvegetation. Da so über einen längeren Zeitraum offene, naturschutzfachlich besonders wertvolle Lebensräume erhalten bleiben werden, sollte der Prozess keinesfalls durch Aufforstung beschleunigt werden, die allerdings ursprünglich in einem Bescheid für diesen Bereich festgelegt wurde. Die Planungen für die Zukunft werden derzeit zwischen den zuständigen Frankfurter Ämtern und dem Regierungspräsidium Darmstadt abgestimmt.

Mit der begonnenen Umgestaltung des Fechenheimer Mainbogens entsteht eine weitere, große Wildnisfläche im Überschwemmungsbereich des Mains, deren Fertigstellung allerdings noch einige Jahre dauern wird. Auch der Freizeit- und Naherholungswert wird zeitgleich erheblich steigen. Verschiedene Abschnitte der Nidda wurden bereits renaturiert und haben dadurch nicht nur an ökologischem Wert gewonnen. Die Umgestaltung des Höchster Wehrs hat dieses zu einem Ausflugsziel gemacht, dessen Nutzung durch die Bevölkerung an heißen Sommertagen teilweise so intensiv geworden ist, dass dies mit großen Störungen für die Tierwelt einhergeht. Maßnahmen der Besucherlenkung sind unumgänglich, wenn auch die naturschutzfachlichen Ziele weiterhin Bestand haben sollen. Insgesamt lässt sich feststellen, dass dank der Umsetzung der Wasserrahmenrichtlinie (EU 2000) durch die Stadt Frankfurt am Main die strukturelle und ökologische Verbesserung und damit

Abb. 283: Wie im Dschungel: Die Reste des Rebstockwaldes sind struktur- und unterwuchsreich.

naturnahe Entwicklung der Fließgewässer große Fortschritte gemacht hat.

Zukunft der Wildniselemente im Siedlungsbereich

Die Bedeutung von Straßenbäumen besonders für die Innenstädte ist bekannt, das besondere „Wildnispotenzial" der Baumscheiben wurde im Kapitel „Baumscheiben…" beschrieben. Bis dieses Potenzial ausgeschöpft ist, liegt allerdings noch ein weiter Weg vor uns, sowohl auf der Planungsseite als auch – im Hinblick auf die angemessene Nutzung der Flächen – seitens der Bürgerinnen und Bürger. Die aktuelle Baumscheibengröße bei Frankfurter Straßenbäumen liegt im Durchschnitt bei deutlich unter 3 m², es sollten aber 6 m² sein, in der Literatur werden auch 9 m² empfohlen. Folgte man der Empfehlung konsequent, könnten die Vielfalt und die Biomasse auf Baumscheiben, deren Ökosystemleistungen sowie die Vitalität der Straßenbäume in Zukunft noch deutlich gesteigert werden.

Intensiv diskutiert wird die Frage des Zulassens natürlicher Prozesse für Waldhabitate, ein für Frankfurt mit seinen 3.966 ha Stadtwald im Stadtgebiet ein ausgesprochen wichtiges Thema. Zunehmend werden Waldbereiche extensiver genutzt und können dann auch zu Wildnisflächen in der Stadt werden. In solchen Beständen mit alten Bäumen und viel Totholz ist die Artenvielfalt der Tierwelt besonders hoch. Gerade für Großstädte stellt sich die Frage einer naturnäheren Waldbewirtschaftung, da die Erträge durch forstliche Nutzung der kommunalen Waldflächen gemessen am Gesamtetat eher gering sind und diese wirtschaftliche Bedeutung hinter die kulturellen und regulierenden Ökosystemdienstleistungen vielfach zurücktritt. Interessant als Wildnisflächen sind auch Gehölze im dicht besiedelten Bereich, in Frankfurt z. B. der Rebstockwald (Abb. 283), ein kleines, im Zuge von Bautätigkeit mehrfach verkleinertes und stark vom Menschen überformtes 5,5 ha großes Gehölz westlich des Messegeländes, eingezwängt zwischen Autobahn und dichter Bebauung. Zur Erhaltung dieses Waldrestes, der sich aktuell durch besondere Strukturvielfalt auszeichnet, seiner Artenvielfalt und Ökosystemleistungen bietet sich die Entwicklung einer Wildnisfläche an, mit dann – in diesem Fall – notwendigerweise eingeschränkter Zugänglichkeit bzw. strikter Besucherlenkung.

Brachflächen im urbanen Raum eignen sich ebenfalls für die Einrichtung weiterer Wildnisflächen – zumindest für Stadtwildnis auf Zeit (Abb. 284). Die Gesamtfläche von Brachen in einem

Abb. 284: Heute schon bebaut: artenreiche Brachfläche am Riedberg, 2014.

Stadtgebiet kann erheblich sein, in Frankfurt wurden in den letzten Jahren viele große Brachflächen bebaut. In der Regel handelt es sich bei Stadtbrachen um Flächen, für die eine spezifische Nutzung bereits geplant ist (meist Bebauung) und die deshalb nur einige Jahre bestehen. Die Zwischennutzung dieser Flächen bereitet daher oft organisatorische und rechtliche Probleme. Hier besteht ein großes Potenzial für die temporäre Einrichtung von Wildnisflächen und die Aufwertung von Stadtnatur insgesamt, denn es gibt eine Reihe von Pflanzen- und Tierarten der Pionierstandorte, die durch dauerhafte Schutzgebiete kaum zu erhalten sind, die diese temporären Stadtbrachen aber durchaus nutzen können, wenn dies zugelassen wird. Als besonders beeindruckende Beispiele für eine solche Wildnis auf Zeit erweisen sich stillgelegte Gleisanlagen (Abb. 285).

Bei der angemessenen Berücksichtigung von Kleinlebensräumen im städtischen Raum wie den Pflasterfugen stehen wir noch am Anfang. Stärkere Verwendung besonders bewuchsfreundlicher Pflastertypen kann hier aber zu einer substanziellen Vergrößerung der begrünten Fläche und der Artenvielfalt beitragen. Auch leicht zu realisierende vergrößerte Fugenbreiten am Fuß von Hindernissen wie Laternen würde mehr Raum für Biodiversität im versiegelten Bereich schaffen.

FAZIT

Urbane Wildnis stellt eine in mehrfacher Hinsicht wichtige Bereicherung der Stadtnatur dar und ist eine Option für die Entwicklung einer Vielzahl städtischer Freiflächen. Die Förderung der Arten- und Biotopvielfalt, Naturerlebnis für die Menschen, aber auch Umweltbildung können davon profitieren. Diese Vorteile sind nicht zum „Nulltarif" zu haben. Mehr Wildnis und damit mehr Grün bedeutet den Verzicht auf Versiegelung von Flächen und in der Folge Einschränkungen der Bebauung für Wohnen, Gewerbe und Verkehr bzw. geringere Erlöse beim Verkauf städtischer Flächen. Sie verlangt auch von den Bürgerinnen und Bürgern schonenden und nachhaltigen Umgang. Der Alte Flugplatz Kalbach/Bonames, der Nordpark Bonames und der Monte Scherbelino sind instruktive Beispiele für die erfolgreiche Etablierung von Wildnisflächen im Frankfurter Stadtgebiet und deren Vorteile. Nun ist es an der Zeit, den Wildnis-Gedanken weiterzuverfolgen und z. B. mit Hilfe passender und zielspezifischer Wildniselemente noch stärker in den Siedlungsraum zu tragen.

Abb. 285: Wildnis auf Zeit: stillgelegte Gleisflächen am Ostbahnhof.

LITERATUR

Altert, L. (2021): Untersuchung zum Amphibienvorkommen in vier Gebieten in Frankfurt am Main. 9 S. + Tabellenanhang, Gutachten im Auftrag der Biotopkartierung, Abteilung Botanik und molekulare Evolutionsforschung, Senckenberg Forschungsinstitut und Naturmuseum Frankfurt.

Astley, C. (2010): How does Himalayan Blackberry (*Rubus armeniacus*) impact breeding bird diversity? A case study of the lower mainland of British Columbia. 56 S., Master thesis, Royal Roads University, Victoria.

Bauer, H.-G., Bezzel, E. & Fiedler, W. (2012): Das Kompendium der Vögel Mitteleuropas. 1430 S., 2. Auflage, AULA-Verlag, Wiebelsheim.

BfN (Bundesamt für Naturschutz) (2022a): Detaildaten zu Beeinträchtigungen: FFH-Arten. – URL: https://ffh-vp-info.de/FFHVP/Art.jsp?m=2,1,0,1&button_ueber=true&wg=4&wid=18 (30.01.2022).

BfN (Bundesamt für Naturschutz) (2022b): Wildnis. – URL: https://www.bfn.de/wildnisgebiete (10.01.2022).

Biotopkartierung der Stadt Frankfurt am Main (2014): Biotoptypen der Stadt Frankfurt am Main, Stand 2014 (Shapefile). – Archiv Abteilung Botanik und molekulare Evolutionsforschung, Senckenberg Forschungsinstitut und Naturmuseum Frankfurt.

Blick, T., Finch, D.-O., Harms, K.H., Kiechle, J., Kielhorn, K.-H., Kreuels, M., Malten, A., Martin, D., Muster, C., Nährig, D., Platen, R., Rödel, I., Scheifler, M., Staudt, A., Stumpf, H. & Tolke, D. (2016): Rote Liste und Gesamtartenliste der Spinnen (Arachnida: Araneae) Deutschlands. 3. Fassung, Stand April 2008, einzelne Änderungen und Nachträge bis August 2015. – Naturschutz und Biologische Vielfalt 70 (4): 383–510.

Block, M. (2004): Natur der kleinen Räume. Wildwuchs auf Erlanger Baumscheiben. – Mitteilungen der Fränkischen Geographischen Gesellschaft 50/51: 103–114.

Blum, J. & Jänicke, W. (1892): Botanischer Führer durch die städtischen Anlagen in Frankfurt am Main. 188 S., Mahlau und Waldschmidt, Frankfurt am Main.

BMUB (Bundesministerium für Umwelt, Naturschutz, Bau und Reaktorsicherheit) (2007): Nationale Strategie zur biologischen Vielfalt. 179 S., Bundesministerium für Umwelt, Naturschutz, Bau und Reaktorsicherheit (BMU), Berlin. – URL: https://www.bmuv.de/fileadmin/Daten_BMU/Pools/Broschueren/nationale_strategie_biologische_vielfalt_2015_bf.pdf (11.02.2022).

BMUB (Bundesministerium für Umwelt, Naturschutz, Bau und Reaktorsicherheit) (2015): Grün in der Stadt – Für eine lebenswerte Zukunft. Grünbuch Stadtgrün. 99 S., 1. Auflage, Bundesamt für Bauwesen und Raumordnung, Bonn. – URL: https://www.bbsr.bund.de/BBSR/DE/veroeffentlichungen/ministerien/bmub/verschiedenethemen/2015/gruenbuch-2015-dl.pdf?__blob=publicationFile&v=2 (27.05.2022)

BMU/BfN (Bundesministerium für Umwelt, Naturschutz und Reaktorsicherheit/Bundesamt für Naturschutz) (2018): Qualitätskriterien zur Auswahl von großflächigen Wildnisgebieten in Deutschland im Sinne des 2% Ziels der Nationalen Biodiversitätsstrategie. – URL: https://www.bfn.de/wildnisgebiete (11.01.2022).

BMU/BfN (Bundesministerium für Umwelt, Naturschutz und Reaktorsicherheit/Bundesamt für Naturschutz) (2021): Auenzustandsbericht 2021. Flussauen in Deutschland. 71 S., Silber Druck, Lohfelden. – URL: https://www.bfn.de/sites/default/files/2021-04/AZB_2021_bf.pdf (12.02.2022).

Bönsel, D., Brunken, U., Gregor, T., Malten, A., Ottich, I. & Zizka, G. (2009): Flora von Frankfurt am Main. – URL: http://www.flora-frankfurt.de.

Bönsel, D., Brunken, U., Gregor, T., Malten, A., Ottich, I. & Zizka, G. (2019): Gesamtartenliste zur Flora von Frankfurt am Main. – URL: https://www.senckenberg.de/wp-content/uploads/2019/12/2019_09_01_FF_Gesamtartenliste_Webversion.pdf (08.06.2022).

Bönsel, D., Ottich, I., Malten, A. & Zizka, G. (2008): An updated list of the vascular plants of Frankfurt am Main (Pteridophyta & Spermatophyta). – Senckenbergiana Biologica 88(1): 111–121.

Bönsel, D., Starke-Ottich, I. & Zizka, G. (2018): Entwicklung der Sukzessionsflächen auf dem Alten Flugplatz Niddawiesen bei Kalbach/Bonames. Untersuchungen 2004–2014. 102 S., Gutachten im Auftrag des Umweltamtes der Stadt Frankfurt, unveröffentlicht.

Bönsel, D., Wagner, S. & Malten, A. (2007): Biotoptypenschlüssel der Stadtbiotopkartierung Frankfurt am Main. 4. überarbeitete und ergänzte Fassung. – URL: https://www.senckenberg.de/wp-content/uploads/2019/10/biotoptypenschlussel_2007.pdf (12.02.2022).

Brandes, D. (2011): Lianen in urbanen Lebensräumen. – Floristische Rundbriefe 44: 1–12.

Breuste, J., Pauleit, S., Haase, D. & Sauerwein, M. (2016): Stadtökosysteme: Funktion, Management und Entwicklung. 258 S., Springer-Verlag, Berlin, Heidelberg.

Brinkmann, R., Biedermann, M., Bontadina, F., Dietz, M., Hintemann, G., Karst, I., Schmidt, C. & Schorcht, W. (2012): Planung und Gestaltung von Querungshilfen für Fledermäuse. Eine Arbeitshilfe für Straßenbauvorhaben im Freistaat Sachsen. 116 S., Sächsisches Staatsministerium für Wirtschaft, Arbeit und Verkehr, Dresden.

Budenz, R. (1979): Rödelheim: Aus der Geschichte eines Frankfurter Stadtteiles. 111 S., 3. erweiterte Auflage, Frankfurter Sparkasse von 1822, Frankfurt am Main.

Burger, R. (2008): Die Verbreitung der Efeu-Seidenbiene (*Colletes hederae*) in der Pfalz und angrenzenden Gebieten – Ergebnisse des Meldeaufrufes. – Pollichia-Kurier 24(1): 18–20.

Burger, R. (2018): Wildbienen first – unsere wichtigsten Bestäuber und die Konkurrenz mit dem Nutztier Honigbiene. – Pollichia-Kurier 34(2): 14–19.

Collinson, M., Manchester, S., Wilde, V. & Hayes, P. (2009): Fruit and seed floras from exceptionally preserved biotas in the European Paleogene. – Bulletin of Geosciences 85: 155–162.

Conert, H. J. (1990) (Hrsg.): Ergebnisse der 10. Sitzung der Arbeitsgruppe „Biotopkartierung im besiedelten Bereich". Senckenberg Gesellschaft für Naturforschung, Frankfurt am Main.

Dietz, M. & Balzer, U. (2006): Frankfurter Nachtleben. Fledermäuse in Frankfurt am Main. 133 S., Gutachten im Auftrag des Umweltamts der Stadt Frankfurt am Main, Frankfurt am Main.

Dietz, M., Schieber, K. & Mehl-Rouschal, C. (2013a): Höhlenbäume im urbanen Raum. Teil 1. Projektbericht. Entwicklung eines Leitfadens zum Erhalt eines wertvollen Lebensraumes in Parks und Stadtwäldern unter Berücksichtigung der Verkehrssicherung. 136 S., Gutachten im Auftrag des Umweltamts der Stadt Frankfurt am Main. – URL: https://www.dbu.de/OPAC/ab/DBU-Abschlussbericht-AZ-26005.pdf (28.03.2022).

Dietz, M., Schieber, K. & Mehl-Rouschal, C. (2013b): Höhlenbäume im urbanen Raum. Teil 2 Leitfaden. Entwicklung eines Leitfadens zum Erhalt eines wertvollen Lebensraumes in Parks und Stadtwäldern unter Berücksichtigung der Verkehrssicherung. 95 S., Gonterskirchen und Frankfurt am Main. – URL: https://www.dbu.de/OPAC/ab/DBU-Abschlussbericht-AZ-26005_Leitfaden.pdf (30.01.2022).

Dietz, M. & Simon, M. (2003a): Artensteckbrief Braunes Langohr *Plecotus auritus* in Hessen. Verbreitung, Kenntnisstand, Gefährdung. 6 S., Gutachten im Auftrag des Hessischen Dienstleistungszentrums für Landwirtschaft, Gartenbau und Naturschutz, Gießen.

Dietz, M. & Simon, M. (2003b): Artensteckbrief Graues Langohr *Plecotus austriacus* in Hessen. Verbreitung, Kenntnisstand, Gefährdung. 6 S., Gutachten im Auftrag des Hessischen Dienstleistungszentrums für Landwirtschaft, Gartenbau und Naturschutz, Gießen.

Drachenfels, O. von (2016): Eichenwald-Lebensraumtypen in Deutschland. – AFZ-DerWald 20: 20–23. – URL: https://www.bmel.de/SharedDocs/Downloads/Wald-Fischerei/EichenLebensraumt.pdf?__blob=publicationFile (02.02.2020).

Eigenbrod, F., Hecnar, S. J. & Fahrig, L. (2008): Accessible habitat: an improved measure of the effects of habitat loss and roads on wildlife populations. – Landscape Ecology 23(2): 159–168. DOI: 10.1007/s10980-007-9174-7.

Ellenberg, H. (1996): Vegetation Mitteleuropas mit den Alpen. 1095 S., 5. Auflage, Eugen Ulmer, Stuttgart.

Ellenberg, H. & Stottele, T. (1984): Möglichkeiten und Grenzen der Sukzessionslenkung im Rahmen straßenbegleitender Vegetationsflächen. – Forschung Straßenbau und Straßenverkehrstechnik 459: 1–67.

EU (Europäische Gemeinschaft) (2000): Richtlinie 2000/60/EG des Europäischen Parlamentes und des Rates vom 23. Oktober 2000 zur Schaffung eines Ordnungsrahmens für Maßnahmen der Gemeinschaft im Bereich der Wasserpolitik. – URL: https://eur-lex.europa.eu/eli/dir/2000/60/oj (27.01.2022).

Ewald, J. (2009): Neophyten in Bayerns Wäldern. Vegetationsaufnahmen aus der BZE belegen: Neophyten haben in der aktuellen Waldvegetation keine große Bedeutung. – LWF aktuell 73: 4–7.

FFH-Richtlinie (Flora-Fauna-Habitat-Richtlinie) (1992): Richtlinie 92/43/EWG des Rates vom 21. Mai 1992 zur Erhaltung der natürlichen Lebensräume sowie der wildlebenden Tiere und Pflanzen. – URL: https://www.bfn.de/abkommen-richtlinie/flora-fauna-habitat-richtlinie-ffh-richtlinie-richtlinie-9243ewg-des-rates-vom (27.01.2022).

Fink, P., Heinze, S., Raths, U., Riecken, U. & Ssymanek, A. (2017): Rote Liste der gefährdeten Biotoptypen Deutschlands. Dritte fortgeschriebene Fassung. – Naturschutz und Biologische Vielfalt 156: 1–637.

Flade, M. (1994): Die Brutvogelgemeinschaften Mittel- und Norddeutschlands. Grundlagen für den Gebrauch vogelkundlicher Daten in der Landschaftsplanung. 879 S., IHW-Verlag, Eching.

Fricke, M. (1992): Biotoptypen, Flora und Vegetation des Frankfurter Hauptfriedhofs. 138 S., Diplom-Arbeit, FB Biologie (AK Wittig), Goethe-Universität Frankfurt, Frankfurt am Main.

Gaisbauer, A., Kellermann, M. & Keim, J. (2015): Begrünung von Baumscheiben – aber richtig! 27 S., Bund für Umwelt und Naturschutz Deutschland (BUND), Leipzig.

Gärtner, S. (2009): Streuobstkartierung des BUND Hessen 2008/09 – Ergebnisbericht Dezember 2009. 11 S., Bund für Umwelt und Naturschutz Deutschland (BUND) Hessen, Frankfurt am Main. – URL: http://cms.bund-hessen.de/hessen/dokument/Ergebnisbericht_Streuobstkartierung_Dez_2009.pdf (27.01.2022).

Geiser, R. (1998): Rote Liste der Käfer (Coleoptera). In: Binot, M., Bless, R., Boye, P., Gruttke, H. & Pretscher, P. (Hrsg.): Rote Liste gefährdeter Tiere Deutschlands. – Schriftenreihe für Landschaftspflege und Naturschutz 55: 168–230.

Gessner, B. (2011): Fledermaus-Handbuch LBM. Entwicklung methodischer Standards zur Erfassung von Fledermäusen im Rahmen von Straßenprojekten in Rheinland-Pfalz. 160 S., Landesbetrieb Mobilität Rheinland-Pfalz, Koblenz.

Gregor, T. & Kasperek, G. (2021): Non-native woody plant species in urban forests of Frankfurt/Main (Germany). – Tuexenia 41: 133–145.

Gregor, T., Bönsel, D., Starke-Ottich, I. & Zizka, G. (2012): Drivers of floristic change in large cities. A case study of Frankfurt/Main (Germany). – Landscape Urban Planning, 104: 230–237.

Gregor, T., Bönsel, D., Starke-Ottich, I., Tackenberg, O., Wittig, R. & Zizka, G. (2013): *Epilobium brachycarpum*: a fast-spreading neophyte in Germany. – Tuexenia 33: 259–283.

Grenz, M. & Malten, A. (1996): Rote Liste der Heuschrecken (Saltatoria) Hessens. 30 S., 2. Auflage, Stand: September 1995. Hessisches Ministerium des Innern und für Landwirtschaft, Forsten und Naturschutz, Wiesbaden.

Gruber, S. (2020): Der Biegwald. Frankfurt-Lese. Bertuch Verlag, Weimar. – URL: https://www.frankfurt-lese.de/index.php?article_id=322 (07.01.2020).

Grüneberg, C., Bauer, H.-G., Haupt, H., Hüppop, O., Ryslavy, T. & Südbeck, P. (2015): Rote Liste der Brutvögel Deutschlands. 5. Fassung. – Berichte zum Vogelschutz 52: 19–67.

Haffner, F., Starke-Ottich, I., Bönsel, D., Malten, A. & Zizka, G. (2019): Wildnis aus zweiter Hand – Sukzessionsflächen am Fuße des Monte Scherbelino. In: Starke-Ottich, I. & Zizka, G. (Hrsg.): Stadtnatur in Frankfurt – vielfältig, schützenswert, notwendig. S. 152–161, Senckenberg-Buch 82, Senckenberg Gesellschaft für Naturforschung, Frankfurt am Main.

Hemm, K., Frede, A., Kubosch, R., Mahn, D., Nawrath, S., Uebeler, M., Barth, U., Gregor, T., Buttler, K. P., Hand, R., Cezanne, R., Hodvina, S., Huck, S. unter Mitarbeit von Gottschlich, G. & Jung, K. (2008): Rote Liste der Farn- und Samenpflanzen Hessens (4. Fassung). 188 S., Hessisches Ministerium für Umwelt, ländlichen Raum und Verbraucherschutz, Wiesbaden.

Hessen Mobil (2022): Das Frankfurter Kreuz. – URL: https://mobil.hessen.de/projekte/besondere-projekte/das-frankfurter-kreuz (10.02.2022).

Hessische Gesellschaft für Ornithologie und Naturschutz (HGON) & Staatliche Vogelschutzwarte für Hessen, Rheinland-Pfalz und Saarland (VSW) (2006): Rote Liste der bestandsgefährdeten Brutvogelarten Hessens – 9. Fassung, Stand Juli 2006. – Vogel und Umwelt 17: 3–51.

Hessischer Landtag (2010): Hessisches Ausführungsgesetz zum Bundesnaturschutzgesetz: HAG BNatSchG. Fassung vom 20.12.2010 – URL: https://www.rv.hessenrecht.hessen.de/bshe/document/jlr-BNatSchGAGHEpP2 (11.02.2022).

Hill, B., Hennemann, S., Wurmitzer, C. & Roderus, D. (2018): Landesmonitoring des Heldbocks (*Cerambyx cerdo*) in Hessen, Art der Anhänge II und IV der FFH-Richtlinie. 28 S., Artgutachten 2016/2017, Hessisches Landesamt für Naturschutz, Umwelt und Geologie, Gießen.

HMUELV (Hessisches Ministerium für Umwelt, Energie, Landwirtschaft und Verbraucherschutz) (2011): Leitfaden für die artenschutzrechtliche Prüfung in Hessen. 2. Fassung. 122 S. URL: https://natureg.hessen.de/resources/recherche/Handbuch/NA_HAND_005_Leitf_Artsch_2_%20Fassung_2011_16Mai2011.pdf (11.02.2022).

HMULV (Hessisches Ministerium für Umwelt, ländlichen Raum und Verbraucherschutz) (2005): Verordnung über die Durchführung von Kompensationsmaßnahmen, Ökokonten, deren Handelbarkeit und die Festsetzung von Ausgleichsabgaben (Kompensationsverordnung) – KV. Fassung vom 01.09.2005. – Gesetz- und Verordnungsblatt für das Land Hessen. Teil I. Nr. 21: 624–639. – URL: http://starweb.hessen.de/cache/GVBL/2005/00021.pdf (27.01.2022).

Hu, S. Y. (1979): *Ailanthus*. – Arnoldia: 39(2): 29–50.

Ise, M. S. (2006): Pflanzenvielfalt in Städten zwischen Nutzung, Pflege und Verbrachung, am Beispiel der Baumscheiben-und Grabvegetation in zwölf deutschen Städten. 174 S., Doktorarbeit, Friedrich-Alexander-Universität Erlangen-Nürnberg (FAU), Erlangen-Nürnberg.

Jacobi, B., Holtappels, E., Martin, H.-J. & Menke, M. (2015): Neue Funde der Efeu-Seidenbiene *Colletes hederae* Schmidt & Westrich, 1993 (Apoidea, Colletidae) in Nordrhein-Westfalen mit einem aktuellen Überblick der Gesamtverbreitung der Art. – Ampulex 7: 14–25.

Jedicke, E. (2006): Altholzinseln in Hessen. Biodiversität in totem Holz – Grundlagen für einen Alt- und Totholz-Biotopverbund. 80 S., Hessische Gesellschaft für Ornithologie und Naturschutz, Arbeitskreis Main-Kinzig.

Kitzes, J. & Merenlender, A. (2014): Large Roads Reduce Bat Activity across Multiple Species. – PloS ONE 9(5): e96341.

Klausing, O. (1974): Die Naturräume Hessens mit einer Karte der naturräumlichen Gliederung im Maßstab 1:200000. 86 S., 1 Karte, Schriften aus der Hessischen Landesanstalt für Umwelt [ohne Nummer], Wiesbaden.

Klüh, P. N. (2019): Der Götterbaum in Darmstadt. Vorkommen, Invasionspotenzial, Management. 160 S., Verlag Peter N. Klüh, Darmstadt.

Knapp, R. (1951): Vegetationskarte der Landschaftsschutzgebiete des Stadtkreises Frankfurt (Main) – Erläuterungen. 26 S., Gutachten im Auftrag der Stadt Frankfurt am Main, unveröffentlicht.

Kohn, L., Starke-Ottich, I., Bönsel, D., Malten, A. & Zizka, G. (2019): Der Nordpark Bonames – Vergangenheit als Leitbild? In: Starke-Ottich, I. & Zizka, G. (Hrsg.): Stadtnatur in Frankfurt – vielfältig, schützenswert, notwendig. S. 139–151, Senckenberg-Buch 82, Senckenberg Gesellschaft für Naturforschung, Frankfurt am Main.

Kopelke, J.-P. & Dorow, W. H. O. (2008): Totholz. Bürde oder Chance für die Natur? – Natur und Museum 138(5/6): 142–143.

Korneck, D., Schnittler, M. & Vollmer, I. (1996): Rote Liste der Farn- und Blütenpflanzen (Pteridophyta et Spermatophyta) Deutschlands. – Schriftenreihe Vegetationsk. 28: 21–187.

Kossler, G.-P., Lehr, G. & Seipel, K. (1991): Der korrigierte Fluss. Die Nidda zwischen Regulierung und Renaturierung. 96 S., Eigenverlag, Frankfurt am Main.

Kowarik, I. (1992): Das Besondere der städtischen Flora und Vegetation. – Schriftenreihe Deutscher Rat für Landespflege 61: 33–47.

Kowarik, I. (2013): Cities and wilderness. – International Journal of Wilderness 19(3): 32–36.

Kowarik, I. (2015): Wildnis in urbanen Räumen. Erscheinungsformen, Chancen und Herausforderungen. – Natur und Landschaft 9/10: 470–474.

Kowarik, I. & Böcker, R. (1984): Zur Verbreitung, Vergesellschaftung und Einbürgerung des Götterbaumes (*Ailanthus altissima* [Mill.] Swingle) in Mitteleuropea. – Tuexenia 4: 9–29.

Kowarik, I. & Säumel, I. (2007): Biological flora of Central Europe: *Ailanthus altissima* (Mill.) Swingle. – Perspectives in Plant Ecology, Evolution and Systematics 8: 207–237.

Kramer, H. (1995): Über den Götterbaum. – Natur und Museum 125(4): 101–121.

Kramer, H., Conert, H. J., Dechent, H. J., Deuse, E., Dorow, W. H. O., Flechtner, G., Georg, H., Klinger, R., Peukert, M., Redeker, H. & Schartner, S. (1991): Die Biotopkartierung in Frankfurt am Main. Teil 1: Überblick. 57 S., Stadt Frankfurt am Main, Frankfurt am Main.

Lange, A. C. (2020): Erfassung von Heuschrecken und Tagfaltern auf der Teilfläche „Monte Scherbelino" und „Nordpark Bonames" für das Projekt „Städte wagen Wildnis". 46 S., Gutachten im Auftrag der AG Biotopkartierung, Abteilung Botanik und molekulare Evolutionsforschung, Senckenberg Forschungsinstitut und Naturmuseum Frankfurt, unveröffentlicht.

Lange, A. C. & Brockmann, E. (2009): Rote Liste (Gefährdungsabschätzung) der Tagfalter (Lepidoptera: Rhopalocera) Hessens (Dritte Fassung, Stand 06.04.2008, Ergänzung 18.01.2009). 32 S., Hessisches Ministerium für Umwelt, Energie, Landwirtschaft und Verbraucherschutz, Wiesbaden.

Lange, A. C., Ruppert, T. & Wenzel, A. (2018): Erfassung der Tagfalter-, Widderchen- und Heuschrecken-Fauna auf ausgewählten Flächen in der Stadt Frankfurt am Main. 96 S., Gutachten im Auftrag des Magistrats der Stadt Frankfurt am Main, Umweltamt, Untere Naturschutzbehörde.

LBV-SH (Landesbetrieb Straßenbau und Verkehr Schleswig-Holstein) (Hrsg.) (2011): Fledermäuse und Straßenbau. 63 S., Arbeitshilfe zur Beachtung der artenschutzrechtlichen Belange bei Straßenbauvorhaben in Schleswig-Holstein, Kiel.

LfU (Landesamt für Umwelt Rheinland-Pfalz) (2014): Steckbrief zur Art 1088 der FFH-Richtlinie. Heldbock (*Cerambyx cerdo*). – URL: http://www.natura2000.rlp.de/steckbriefe/index.php?a= s&b=a&c=ffh&pk=1088 (30.10.2019).

Lubeley, S. (2003): Quartier- und Raumnutzungssystem einer synanthropen Fledermausart (*Eptesicus serotinus*) und seine Entstehung in der Ontogenese. 168 S., Dissertation, Philipps-Universität Marburg, Marburg.

Maas, S., Detzel, P. & Staudt, A. (2002): Gefährdungsanalyse der Heuschrecken Deutschlands. Verbreitungsatlas, Gefährdungseinstufung und Schutzkonzepte. 401 S., Bundesamt für Naturschutz (BfN), Bonn-Bad Godesberg.

Maas, S., Detzel, P. & Staudt, A. (2011): Rote Liste und Gesamtartenliste der Heuschrecken (Saltatoria) Deutschlands. In: Binot-Hafke, M., Balzer, S., Becker, N., Gruttke, H., Haupt, H., Hofbauer, N., Ludwig, G., Matzke-Hajek, G. & Strauch, M. (Red.): Rote Liste gefährdeter Tiere, Pflanzen und Pilze Deutschlands, Band 3: Wirbellose Tiere (Teil 1). – Naturschutz und Biologische Vielfalt 70 (3): 577–606.

Malten, A. (1997): Rote Liste der Sandlaufkäfer und Laufkäfer Hessens (Coleoptera: Cicindelidae, Carabidae). – URL: https://www.hlnug.de/fileadmin/dokumente/naturschutz/Rote_Listen/RL_HE_Sandlaufkaefer_und_Laufkaefer_Fassung1_1998.pdf (05.04.2022).

Malten, A. (2012): Brutvogelkartierung im Grüneburgpark. 14 S., Gutachten der Biotopkartierung Frankfurt am Main, unveröffentlicht.

Massing, F., Recchiuti, M., Starke-Ottich, I., Ellermann, P., Kreißl, R., Westphal, H.-P. & Zizka, G. (2021): Stadtbäume im Stress. – Transforming Cities 4: 35–41.

Massing, F., Westphal, H.-P., Starke-Ottich, I. & Zizka, G. (2019): Hitze, Salz und Autos – Stadtbäume im Stress. In: Starke-Ottich, I. & Zizka, G. (Hrsg.): Stadtnatur in Frankfurt – vielfältig, schützenswert, notwendig. S. 31–40, Senckenberg-Buch 82, Senckenberg Gesellschaft für Naturforschung, Frankfurt am Main.

McDowell, S. C. & Turner, D. P. (2002): Reproductive effort in invasive and non-invasive *Rubus*. – Oecologia 133(2): 102–111.

Meinig, H., Boye, P. & Hutterer, R. (2009): Rote Liste und Gesamtartenliste der Säugetiere (Mammalia) Deutschlands (Stand: Oktober 2008). In: Bundesamt für Naturschutz (Hrsg.): Rote Liste gefährdeter Tiere, Pflanzen und Pilze Deutschlands. Band 1: Wirbeltiere. – Naturschutz und biologische Vielfalt 70(1): 115–153.

Meyer, P., Blaschke, M., Schmidt, M., Sundermann, M. & Schulte, U. (2016): Wie entwickeln sich Buchen- und Eichen-FFH-Lebensraumtypen in Naturwaldreservaten? Naturschutz und Landschaftsplanung 1. – URL: https://www.nul-online.de/Magazin/Archiv/Wie-entwickeln-sich-Buchen-und-Eichen-FFH-Lebensraumtypen-in-Naturwaldreservaten,QUIEPTQ5MTk2NTMmTUIEPTgyMDMw.html (28.01.2020).

Mika, M. (2014): Biotoptypen, Flora und Avifauna im Fechenheimer Mainbogen. 91 S. + Anhang, Masterarbeit im Fachbereich Biowissenschaften (AK Zizka), Goethe-Universität Frankfurt, Frankfurt am Main.

Müller-Motzfeld, G. (Hrsg.) (2004): Bd. 2: Adephaga 1: Carabidae (Laufkäfer). In: Freude, H., Harde, K. W., Lohse, G. A. & Klausnitzer, B.: Die Käfer Mitteleuropas. 521 S., 2. Auflage, Spektrum-Verlag, Heidelberg/Berlin.

Muster, C., Blick, T. & Schönhofer, A. (2016): Rote Liste und Gesamtartenliste der Weberknechte (Arachnida: Opiliones) Deutschlands. 3. Fassung, Stand April 2008, einzelne Änderungen und Nachträge bis August 2015. – Naturschutz und Biologische Vielfalt 70 (4): 383–510.

NABU (2020): Herbstlicher Lebensspender. Blühenden Efeu nicht beschneiden. – URL: https://www.nabu.de/tiere-und-pflanzen/pflanzen/pflanzenwissen/11635.html (10.05.2020).

Nehring, S. & Skowronek, S. (2020): Die invasiven gebietsfremden Arten der Unionsliste der Verordnung (EU) Nr. 1143/2014 – Zweite Fortschreibung 2019. – BfN Skripten 574: 1–190.

Nehring, S., Kowarik, I., Rabitsch, W. & Essl, F. (Hrsg.) (2013): Naturschutzfachliche Invasivitätsbewertungen für in Deutschland wild lebende gebietsfremde Gefäßpflanzen. – BfN-Skripten 352: 1–202.

Ottich, I. (2002): Nahrungsangebot und -nutzung durch frugivore Zugvögel auf Helgoland. 92 + XX S., Diplom-Arbeit, FB Biologie (AK Wiltschko), Goethe-Universität Frankfurt, Frankfurt am Main.

Ottich, I. (2007): Der Efeu *Hedera helix*. – Natur und Museum 137 (5/6): 120–121.

Ottich, I. & Bönsel, D. (2009): Waldneuanlage Sossenheim, Ausgleichsmaßnahmen 283 und 284. 14 S., Gutachten der Biotopkartierung Frankfurt am Main, unveröffentlicht.

Ottich, I., Bönsel, D., Gregor, T., Malten, A. & Zizka, G. (2009): Lebensräume im Stadtgebiet. Streuobst – wo Frankfurts Apfelwein wächst. S. 22–35, Kleine Senckenberg-Reihe 50, Senckenberg Gesellschaft für Naturforschung, Frankfurt am Main.

Pfoser, N. (2017): Kosten-Nutzen-Betrachtung von Fassadenbegrünungen. – Gebäude Grün 4: 9–12.

PGNU (Planungsgruppe Natur & Umwelt) (2018): Artensteckbrief Heldbock (*Cerambyx cerdo*). 7 S., Hessisches Landesamt für Naturschutz, Umwelt und Geologie, Gießen.

Pichler, S. (2016): Untersuchungen zur naturschutzfachlichen Bewertung der Biotope im Stadtgebiet Frankfurt am Main – Grundlage für Arten- und Biotopschutzkonzepte. 121 + XXII S. + Anhang; Masterarbeit, FB Biowissenschaften (AK Zizka), Goethe Universität Frankfurt, Frankfurt am Main.

Pichler, S., Starke-Ottich, I., Bönsel, D. & Zizka, G. (2019): Wie können wir unsere Stadtnatur entwickeln? Auswertungen der Biotopkartierung. In: Starke-Ottich, I. & Zizka, G. (Hrsg.): Stadtnatur in Frankfurt – vielfältig, schützenswert, notwendig. S. 14–30, Senckenberg-Buch 82, Senckenberg Gesellschaft für Naturforschung, Frankfurt am Main.

Püschel, J. (2020): Flora, Fauna und Biotoptypen des Frankfurter Hauptfriedhofs. 149 S. + Anhang, Masterarbeit, FB Biowissenschaften (AK Zizka), Goethe-Universität Frankfurt, Frankfurt am Main.

Regierungspräsidium Darmstadt (1987): Verordnung über das Landschaftsschutzgebiet „Hessische Mainauen". – Staatsanzeiger für das Land Hessen 32: 1734–1736.

Reif, A. & Gärtner, S. (2007): Die natürliche Verjüngung der laubwerfenden Eichenarten Stieleiche (*Quercus robur* L.) und Traubeneiche (*Quercus petraea* Liebl.) – eine Literaturstudie mit besonderer Berücksichtigung der Waldweide. – Waldökologie online 5: 79–116.

Reinhardt, R. & Bolz, R. (2011): Rote Liste und Gesamtartenliste der Tagfalter (Rhopalocera) (Lepidoptera: Papilionoidea et Hesperioidea) Deutschlands. – Naturschutz und Biologische Vielfalt 70(3): 167–194.

Rennwald, E., Sobczyk, T. & Hofmann, A. (2011): Rote Liste und Gesamtartenliste der Spinnerartigen Falter (Lepidoptera: Bombyces, Sphinges s. l.) Deutschlands. – Naturschutz und Biologische Vielfalt 70(3): 243–283.

Richert, B. & Friedmann, A. (2012): Naturschutzfunktionen und -potenziale von außerörtlichen Straßenbegleitflächen, dargestellt am Beispiel des BayernNetz-Natur-Projekts „Biotopverbund Wertachauen" im Landkreis Augsburg. – Natur und Landschaft 87(5): 215–223.

Riecken, U., Finck, P., Raths, U., Schröder, E. & Ssymank, A. (2006): Rote Liste der gefährdeten Biotoptypen Deutschlands. 2. fortgeschriebene Fassung 2006. – Naturschutz und Biologische Vielfalt 34: 1–318.

Sandiford, P. B., Krannitz, P. G., Feldmann, R. & Parken, S. (2001): Seasonal effects of Himalayan blackberry (*Rubus discolor*) and canopy trees on hedgerow bird species, guilds and communities. – Proceedings of the Puget Sound Georgia Basin Research Conference, Vancouver.

Schäfer, L. (2020): Die Bedeutung von Tümpeln und temporären Stillgewässern für die Flora der Stadt Frankfurt am Main. 154 S. + digitaler Anhang, Masterarbeit, FB Biowissenschaften (AK Zizka), Goethe-Universität Frankfurt, Frankfurt am Main.

Schäfer, L., Gregor, T., Paule, J., Starke-Ottich, I. & Bönsel, D. (2019): *Typha*-Arten in Frankfurt am Main. – Botanik und Naturschutz in Hessen 31: 37–50.

Schaffrath, U. (2005): Erfassung der gesamthessischen Situation des Heldbocks *Cerambyx cerdo* Linné, 1758 sowie die Bewertung der rezenten Vorkommen. 30 S., Artgutachten für Hessen-Forst 2003, überarbeitete Version.

Scheffler, I. (2016): Der Heldbock (*Cerambyx cerdo* L., 1758) im Stadtgebiet von Potsdam. – Veröffentlichungen des Naturkundemuseums Potsdam 2: 23–35.

Scherzinger, W. (2011): Der Wald als Lebensraum der Vogelwelt. – Grüne Reihe 23: 27–154.

Scheuchl, E., Schwenninger, H. R. & Kuhlmann, M. (2018): Aktualisierung der Checkliste der Bienen Deutschlands. Stand 10.9.2018 – Kommission zur Taxonomie Wildbienen des Arbeitskreises Wildbienen-Kataster. – URL: www.wildbienen-kataster.de (05.04.2022).

Schindelin, J., Arganda-Carreras, I., Frise, E., Kaynig, V., Longair, M., Pietzsch, T., Preibisch, S., Rueden, C., Schmid, B., Tinevez, J. Y., White, D., Hartenstein, V., Eliceiri, K., Tomancak, P. & Cardona, A. (2012): Fiji: an open-source platform for biological-image analysis. – Nature Methods 9(7): 676–682.

Schmidt, J., Trautner, J. & Müller-Motzfeld, G. (2016): Rote Liste und Gesamtartenliste der Laufkäfer (Coleoptera: Carabidae) Deutschlands. 3. Fassung, Stand April 2015. – Naturschutz und Biologische Vielfalt 70 (4): 139–204.

Scholz, G. (1992): Landschaftsplan Sossenheimer Feld. Erläuterungsbericht Stand Juli 1992, überabeitet am 10.12.92. 112 S., Umweltamt der Stadt Frankfurt am Main, Frankfurt am Main, unveröffentlicht.

Schönleben, E. (1935): Linienführung und Ausgestaltung neuzeitlicher Autostraßen. – Die Straße 5: 148–153.

Schrauth, F. E. (2020): Biotoptypen, Flora und Fauna im Biegwald in Frankfurt am Main – Grundlage für zukünftige Schutz- und Entwicklungsmaßnahmen. 169 S. + digitaler Anhang, Masterarbeit im FB Biowissenschaften (AK Zizka), Goethe-Universität Frankfurt, Frankfurt am Main.

Schroeder, F.-G. (1969): Zur Klassifizierung der Anthropochoren. – Vegetatio 16: 225–238.

Schulte, W. & Voggenreiter, V. (1990): Zur Fora und Vegetation städtischer Baumscheiben. – Natur und Landschaft 65: 591–596.

Seehausen, M. (2018): Ein neuer Fundort von *Aiolopus thalassinus* (Fabricius, 1781) an der nördlichen Verbreitungsgrenze in Hessen (Orthoptera: Acrididae). – Articulata 31: 45–48.

Simons, D. & Baierlein, F. (1990): Neue Aspekte zur zugzeitlichen Frugivorie der Gartengrasmücke (*Sylvia borin*). – Journal of Ornithology 131: 381–401.

Skiba, R. (2009): Europäische Fledermäuse. Kennzeichen, Echoortung und Detektoranwendung. 220 S., 2., aktualisierte und erweiterte Auflage, VerlagsKG Wolf, Magdeburg.

Skiba, R. (2014): Europäische Fledermäuse. Kennzeichen, Echoortung und Detektoranwendung. 220 S., 2. Auflage 2009, Nachdruck 2014. Die neue Brehm-Bücherei 648, VerlagsKG Wolf, Magdeburg.

Sladonja, B., Sušek, M. & Guillermic, J. (2015): Review on invasive tree of heaven (*Ailanthus altissima* (Mill.) Swingle) conflicting values: assessment of its ecosystem services and potential biological threat. – Environmental management 56(4): 1009–1034.

Snow, B. & Snow, D. (1988): Birds and Berries: A Study of an Ecological Interaction. 268 S., T & AD Poyser, Calton, England.

Sommer, J. (2017): Sossenheimer Unterfeld – Entwicklung des naturschutzfachlichen Werts 1985–2012. 85 S. + elektronischer Anhang, Bachelorarbeit, FB Biowissenschaften (AK Zizka), Goethe-Universität Frankfurt, Frankfurt am Main.

Stadt Frankfurt am Main (2000): Ausbaustandards für öffentliche Grünflächen und Straßenbegleitgrün. 7 S., unveröffentlicht.

Stadt Frankfurt am Main (2018): Friedhofsordnung der Stadt Frankfurt am Main. – Amtsblatt für Frankfurt am Main, Jahrgang 149 Nr. 25: 1–13.

Starfinger, U. & Kowarik, I. (2003): *Impatiens parviflora*. – URL: https://neobiota.bfn.de/handbuch/gefaesspflanzen/impatiens-parviflora.html (30.01.2020).

Starke-Ottich, I. (2018): Sossenheimer Unterfeld: Erfassung, Bewertung und Stellungnahme zu einer potentiellen Aufforstungsfläche. 8 S., Gutachten der Biotopkartierung, Frankfurt am Main, unveröffentlicht.

Starke-Ottich, I. & Zizka, G. (Hrsg.) (2019): Stadtnatur in Frankfurt – vielfältig, schützenswert, notwendig. 252 S., Senckenberg-Buch 82, Senckenberg Gesellschaft für Naturforschung, Frankfurt am Main.

Starke-Ottich, I., Bönsel, D., Gregor, T., Malten, A., Müller, C. & Zizka, G. (2015): Stadtnatur im Wandel. 276 S., Kleine Senckenberg-Reihe 55, Senckenberg Gesellschaft für Naturforschung, Frankfurt am Main.

Starke-Ottich, I., Gregor, T., Uebeler, M., Frede, A., Kubosch, R., Mahn, D., Barth, U., Bönsel, D., Böger, K., Hodvina, S., Cezanne, R. & Hemm, K. (2019): Rote Liste der Farn- und Samenpflanzen Hessens. 5. Fassung, 271 S., Hessisches Landesamt für Naturschutz, Umwelt und Geologie, Wiesbaden.

Starke-Ottich, I., Schmidt, M. & Zizka, G. (2021). Mit dem Smartphone für die Wissenschaft – Wie Bürger zur Kenntnis der Frankfurter und hessischen Flora beitragen können. – Der Palmengarten 84(2): 132–137.

Stich, K. (2012): Verwildernde Frühlingsgeophyten als Neophyten auf Frankfurter Friedhöfen. 79 S. + elektronischer Anhang, Masterarbeit, FB Biowissenschaften (AK Zizka), Goethe-Universität Frankfurt, Frankfurt am Main.

Stiebel, H. (2003): Frugivorie bei mitteleuropäischen Vögeln. 219 S., Dissertation, Carl-von-Ossietzky-Universität Oldenburg, Oldenburg. – URL: http://oops.uni-oldenburg.de/254/2/stifru03.pdf (27.06.2022).

Stottele, T. (1995): Vegetation und Flora am Straßennetz Westdeutschlands. Standorte – Naturschutzwert – Pflege. – Dissertationes Botanicae 248: 1–360 + 87 S. Tabellenanhang.

Südbeck, P., Andretzke, H., Fischer, S., Gedeon, K., Schikore, T., Schröder, K. & Sudfeldt, C. (Hrsg.) (2005): Methodenstandards zur Erfassung der Brutvögel Deutschlands. 792 S., Mugler Druck-Service, Radolfzell.

Südbeck, P., Bauer, H.-G., Boschert, M., Boye, P., Knief, W. (2007): Rote Liste der Brutvögel Deutschlands – 4. Fassung, 30.11.2007. – Ber. Vogelschutz 44: 23–81.

Tischendorf, S. (2020): Die Blutbiene *Sphecodes pseudofasciatus* (Blüthgen 1925) ist ein Brutparasit der Schmalbiene *Lasioglossum glabriusculum* (Morawitz 1872), mit Anmerkungen zur Biologie und Verbreitung beider Arten im südwestdeutschen Raum (Hymenoptera, Apidae). – Jahrbücher des nassauischen Vereins für Naturkunde 141: 177–197.

Tischendorf, S., Frommer, U. & Chalwatzis, N. (2007): Ausbreitung von *Colletes hederae* in Hessen – Bembi X 25: 31–36.

Tischendorf, S., Frommer, U., Flügel, H.-J., Schmalz, K.-H. & Dorow, W.H.O. (2009): Kommentierte Rote Liste der Bienen Hessens – Artenliste, Verbreitung, Gefährdung. 152 S., HMUELV (Hessisches Ministerium für Umwelt, Energie, Landwirtschaft und Verbraucherschutz), Wiesbaden. – URL: https://www.senckenberg.de/wp-content/uploads/ 2019/12/tischendorf_et_al_2010_rl_bienen_hessen.pdf (11.02.2022).

Transforming Cities (2018): Begrünte Fassaden in Städten helfen gegen Feinstaub, Stickoxide und Hitze. – Beitrag vom 11. Juli 2018. – URL: https://www.transforming-cities.de/begruente-fassaden-in-staedten-helfen-gegen-feinstaub-stickoxide-und-hitze/ (08.05.2020).

Ullmann, I. (1984): Schutz und Pflege artenreicher Trockenrasen an Verkehrswegen. – Akademie für Naturschutz und Landschaftspflege: Schutz von Trockenbiotopen – Trockenstandorte aus zweiter Hand. – Laufener Seminarbeiträge 5: 44–55.

Vahrenkamp, R. (2001): Die Autobahn als Infrastruktur und der Autobahnbau 1933–1943 in Deutschland. – Working Papers in the History of Mobility No. 3/2001, Stand 3. Januar 2009. – URL: http://www.vahrenkamp.org/WP3_Autobahn_1933.pdf (08.02.2022).

Vahrenkamp, R. (2006): Planning and Constructing the Autobahn Network in Germany during the Nazi-Period: Styles and Strategies. – Working Papers in the History of Mobility No. 6/2006. – URL: http://www.vahrenkamp.org/WP6_Autobahn_Styles.pdf (09.02.2022).

Vollert, A. (1980): Sossenheim: Aus der Geschichte eines Frankfurter Stadtteils. 213 S., Frankfurter Sparkasse von 1822, Frankfurt am Main.

VSW & HGON (2014): Rote Liste der bestandsgefährdeten Brutvogelarten Hessens (10. Fassung). In: Werner, M., Bauschmann, G., Hormann, M. & Stiefel, D. (2014): Zum Erhaltungszustand der Brutvogelarten Hessens 2. Fassung (März 2014). – Vogel und Umwelt 21: 37–69.

Walter, N. (2019): Wahrnehmung und Bewertung von „Stadtwildnis" aus Besuchersicht – Untersuchung im Frankfurter Nordpark Bonames. VI + 97 S. + elektronischer Anhang, Masterarbeit, FB Biowissenschaften (AK Hummel), Goethe-Universität Frankfurt, Frankfurt am Main.

Walther, F. (2014): Flora und Vegetation von Pflasterfugen in Frankfurt am Main. 101 + LXII S. + elektronischer Anhang, Masterarbeit, FB Biowissenschaften (AK Zizka), Goethe-Universität Frankfurt, Frankfurt am Main.

Werner, M., Bauschmann, G. & Richarz, K. (2008): Zum Erhaltungszustand der Brutvogelarten Hessens. – URL: https://umwelt.hessen.de/sites/umwelt.hessen.de/files/2021-08/zum_erhaltungszustand_der_brutvogelarten_hessens.pdf (05.04.2022).

Werner, M., Bauschmann, G., Hormann, M. & Stiefel, D. (2014a): Zum Erhaltungszustand der Brutvogelarten Hessens 2. Fassung (März 2014). – Vogel und Umwelt 21: 37–69.

Werner, M., Bauschmann, G., Hormann, M., Stiefel, D., Kreuziger, J., Korn, M. & Stübing, S. (2014b): Rote Liste der bestandsgefährdeten Brutvogelarten Hessens. 10. Fassung. 82 S., Staatliche Vogelschutzwarte für Hessen, Rheinland-Pfalz und Saarland und Hessische Gesellschaft für Ornithologie und Naturschutz. Frankfurt am Main und Echzell.

Werner, S. (2016): Feuchtgrünland in Frankfurt am Main. Bestand, Erhaltung, Regeneration. 76 + 78 S. + Anhang, Masterarbeit, FB Biowissenschaften (AK Zizka), Goethe-Universität Frankfurt, Frankfurt am Main.

Westrich, P. (2018): Die Wildbienen Deutschlands. 824 S., Eugen Ulmer, Stuttgart.

Westrich, P., Frommer, U., Mandery, K., Riemann, H., Ruhnke, H., Saure, C. & Voith, J. (2012): Rote Liste und Gesamtartenliste der Bienen (Hymenoptera, Apidae) Deutschlands. 5. Fassung, Stand Februar 2011. In: Rote Liste gefährdeter Tiere, Pflanzen und Pilze Deutschlands. Band 3: Wirbellose Tiere (Teil 1) – Naturschutz und Biologische Vielfalt 70(3): 373–416.

Wilmanns, O. (1998): Ökologische Pflanzensoziologie: eine Einführung in die Vegetation Mitteleuropas. 405 S., 6. Auflage, Quelle & Meyer, Wiesbaden.

Wink, M., Dietzen, C. & Gießing, B. (2005): Die Vögel des Rheinlandes (Nordrhein). Ein Atlas der Brut- und Wintervogelverbreitung 1990–2000. – Beiträge zur Avifauna Nordrhein-Westfalens 36: 1–419.

Wittig, R. & Becker, U. (2010): The spontaneous flora around street trees in cities – A striking example for the worldwide homogenization of the flora of urban habitats. – Flora 205(10): 704–709.

Zerbe, S. (2007): Neophyten in mitteleuropäischen Wäldern. Eine ökologische und naturschutzfachliche Zwischenbilanz. – Naturschutz und Landschaftsplanung 39(12): 361–368.

Zerbe, S. & Wiegleb, G. (Hrsg.) (2009): Renaturierung von Ökosystemen in Mitteleuropa. 530 S., Spektrum Akademischer Verlag, Heidelberg.

Zinke, F. (2013): Artenschutzrechtliche Einschätzung zum Vorhabenbezogenen Bebauungsplan „Staufenstraße 25, 29" in VS-Schwenningen. 10 S., Gutachten. – URL: https://docplayer.org/39648781-Artenschutzrechliche-einschaetzung-zum-vorhabenbezogenen-bebauungsplan-staufenstrasse-25-29-in-vs-schwenningen.html (11.02.2022).

Zizka, G. & Malten, A. (2015): 30 Jahre Biotopkartierung der Stadt Frankfurt am Main. – Senckenberg Natur Forschung Museum 145(11/12): 338–343.

Zub, P., Kristal, P. M., & Seipel, H. (1997 [„1996"]): Rote Liste der Widderchen (Lepidoptera: Zygaenidae) Hessens (Erste Fassung, Stand 1.10.1995). Zusammengestellt im Auftrag des Hessischen Ministeriums des Innern und für Landwirtschaft, Forsten und Naturschutz im Namen der Arbeitsgemeinschaft Hessischer Lepidopterologen (ArgeHeLep). 28 S., Natur in Hessen (Hrsg. Hessisches Ministerium des Innern und für Landwirtschaft, Forsten und Naturschutz), Wiesbaden.

DANKSAGUNG

Die verwendeten Karten bzw. Kartengrundlagen wurden freundlicherweise vom Stadtvermessungsamt, vom Institut für Stadtgeschichte und vom Umweltamt der Stadt Frankfurt zur Verfügung gestellt (s. dazu auch Abbildungsnachweis).

Für wichtige Informationen danken wir Frau Anja Rieder und Frau Eva-Maria Hinrichs, Umweltamt der Stadt Frankfurt am Main, sowie Herrn Robert Kreißl, Grünflächenamt der Stadt Frankfurt am Main.

Frau Micheline Middeke, Abteilung Botanik und molekulare Evolutionsforschung, danken wir für das wie immer akribische Korrekturlesen sowie Karin Schmidt und Martin Müller, Abteilung Paläontologie und Historische Geologie, für die Dokumentation eines Messel-Fossils.

Die Untersuchungen am Frankfurter Kreuz wurden durch Förderung der „Stiftung Flughafen Frankfurt/Main für die Region" ermöglicht.

Die Förderung des Projektes „Städte wagen Wildnis" erfolgte durch das Bundesamt für Naturschutz (BfN) aus Mitteln des Bundesministeriums für Umwelt, Naturschutz und nukleare Sicherheit im Rahmen des Bundesprogrammes Biologische Vielfalt (https://www.bmuv.de/themen/naturschutz-artenvielfalt/naturschutz-biologische-vielfalt/foerderprogramme/bundesprogramm-biologische-vielfalt). Projektträger war das Deutsche Luft- und Raumfahrtzentrum (DLR).

Den Beteiligten am Projekt „Städte wagen Wildnis" danken wir für die inspirierende und stets gute Zusammenarbeit sowie die hochinteressanten Ortstermine zur Stadtnatur in den anderen beteiligten Städten Hannover und Dessau-Roßlau.

Dem Umweltamt der Stadt Frankfurt am Main, dem Auftraggeber der „Biotopkartierung der Stadt Frankfurt", danken wir herzlich für die jahrzehntelange gute und vertrauensvolle Zusammenarbeit.

Ein besonderer Dank gilt den Bürgerinnen und Bürgern, die durch ihr Interesse und ihre Naturbeobachtungen einen wichtigen Beitrag zu Kenntnis und Erhaltung der Stadtnatur leisten.

GLOSSAR

Alte Wildnis: Nach Kowarik (2015) kann für Städte zwischen „alter Wildnis" und „neuer Wildnis" unterschieden werden. Bei der a. W. handelt es sich um Relikte ursprünglicher Vegetation (z. B. Auwald), bei der n. W. um durch natürliche Sukzession auf vom Menschen geschaffenen Flächen entstandene Vegetation (z. B. auf ehemaligen Industrieflächen).

Anthropogen: vom Menschen verursacht oder beeinflusst.

Apophyten: einheimische Pflanzenarten, die heute überwiegend oder ausschließlich vom Menschen geschaffene oder stark beeinflusste Standorte besiedeln.

Archäophyten: Alteinwanderer. Gemeint sind Pflanzenarten, die vor 1492 durch die Tätigkeit des Menschen in ein Gebiet eingewandert sind. In Mitteleuropa gehören z. B. viele Ackerunkräuter zu dieser Gruppe.

Arteninventar: Bestand an Arten eines Gebietes, bei Pflanzen auch als „Flora" bezeichnet.

Artenstetigkeit: Häufigkeit des Vorkommens einer Art in pflanzensoziologischen Untersuchungen („Aufnahmen") einer Pflanzengesellschaft.

Aue (Mz. Auen): feuchter, nasser oder zeitweise überschwemmter ufernaher Bereich an Bächen und Flüssen, der von wechselnden Wasserständen geprägt ist. Je nach Dauer der Überschwemmung ist die Vegetation zoniert, an einen gehölzfreien Bereich in der mittleren Hochwasserzone schließt sich typischerweise die Weichholzaue mit Weiden-Arten, Schwarz-Erle und seltener Schwarz-Pappel an. Im weiteren Abstand zum Ufer folgt die Hartholzaue mit Stiel-Eiche, Ulmen, Gemeiner Esche u. a.

Ausgleichsmaßnahme: Naturschutzmaßnahme, die als Kompensation für unvermeidbare und nicht reduzierbare Eingriffe im Rahmen der Bestimmungen des Bundesnaturschutzgesetzes (Eingriffs-Ausgleichsregelung) erfolgt.

Aushagerung: Verminderung des Nährstoffgehaltes im Boden.

Autochthones Saatgut: Saatgut, das in einer bestimmten Region oder einem bestimmten Naturraum von dort heimischen Pflanzen gewonnen wurde und dadurch auch genetisch regionaltypisch ist. Durch die Verwendung von a. S. soll Florenverfälschung verhindert werden. Auch als gebietseigenes S. oder Regio-S. bezeichnet.

Avifauna: Vogelarten eines Gebietes.

Azidophil: säureliebend.

Biodiversität: Vielfalt des Lebens auf den verschiedensten Ebenen.

Biodiversitätserfassung: Dokumentation und Quantifizierung der Biodiversität. Wegen der vergleichsweise guten Erfassungsmöglichkeiten erfolgt dies vor allem auf der Ebene der Arten und Biotope.

Biodiversitäts-Hotspots: Gebiete besonders hoher Biodiversität.

Biotop: ein räumlich begrenzter Lebensraum einer Lebensgemeinschaft, z. B. Feuchtwiese, Ruderalfläche, Buchenwald.

Biotopbindung: Bindung von Arten an ein bestimmtes Biotop.

Biotoptyp: Zusammenfassung ähnlicher Biotope.

Biotoptypenschlüssel: Merkmalsliste oder -tabelle zur Bestimmung („Schlüssel") von Biotoptypen.

Brutvogelarten: Vogelarten, die in einem bestimmten Gebiet brüten.

Chamaephyten: eine der anhand der Lage von Überdauerungsknospen unterschiedenen Wuchsformen. Bei den C. liegen die Überdauerungsknospen bis 50 cm über dem Boden.

Diaspore: Verbreitungseinheit, z. B. Same, Frucht, Fruchtstand, Bulbille oder Spore.

Diasporeneintrag: Zustrom von Diasporen auf eine Fläche.

Edaphisch: den Boden betreffend.

Eutrophierung: Anreicherung von Nährstoffen.

Fauna-Flora-Habitat-Richtlinie (FFH-RL): Naturschutz-Richtlinie der EU (1992 verabschiedet), die die Erhaltung wildlebender Arten, ihrer Lebensräume und die Schaffung eines Netzwerks von Schutzgebieten zum Ziel hat.

FFH-Richtlinie: s. Fauna-Flora-Habitat-Richtlinie.

Flurbereinigungsverfahren: Zusammenlegung von Parzellen zur Optimierung der landwirtschaftlichen oder forstlichen Nutzung. Folge ist häufig ein Rückgang des Strukturreichtums und eine Intensivierung der Nutzung.

Gastvogel: Vogelart, die in einem Gebiet zeitweise vorkommt, z. B. zur Nahrungssuche oder als rastender Zugvogel, dort aber nicht brütet.

Gefäßpflanzen: systematische Gruppe, die Bedecktsamer, Nacktsamer, Farnverwandte und Bärlappgewächse einschließt.

Generative Fortpflanzung: geschlechtliche F., d. h. mit Zellkernverschmelzung und Reduktionsteilung.

Geophyten: eine der anhand der Lage von Überdauerungsknospen unterschiedenen Wuchsformen. Bei den G. befinden sich die Erneuerungsknospen im Erdboden (z. B. Zwiebeln, Knollen).

Gestörte Standorte: Wuchsorte von Pflanzen, auf denen durch Störungen (z. B. durch den Menschen oder ein Hochwasserereignis) die natürliche Entwicklung der Vegetation unterbrochen oder zurückgesetzt wird.

Gewann: hier: Teil des Friedhofsgeländes.

GrünGürtel: Etwa 8.000 ha großer, annähernd ringförmig um den Frankfurter Stadtkern verlaufender Verbund von Frei- und Grünflächen, Teil des Landschaftsschutzgebietes „Grüngürtel und Grünzüge in der Stadt Frankfurt am Main".

Habitat: Lebensraum.

Habitatbaum: Baum, der besondere Habitate für Organismen bietet, z. B. Höhlen für Vögel und Fledermäuse.

Habitatbedingungen: die besonderen biotischen und abiotischen Bedingungen eines Habitats.

Heliophil: sonnenliebend.

Hemikryptophyten: eine der anhand der Lage von Überdauerungsknospen unterschiedenen Wuchsformen. Bei den H. liegen die Überdauerungsknospen an der Erdoberfläche.

Indigene Flora: die in einem Gebiet einheimischen Pflanzenarten.

Invasive Arten: sich stark ausbreitende fremdländische Arten, die eine Bedrohung für indigene Arten und Lebensräume darstellen.

Invertebraten: Wirbellose, z. B. Würmer, Insekten.

Isolationsquadrat: Hilfsmittel zur Erfassung der Häufigkeit von Heuschrecken im Gelände. Es handelt sich um ein mit Stoff bespanntes Gestell mit quadratischer Grundfläche. Dieses wird mit der offenen Unterseite über der Vegetation aufgestellt; dann bestimmt man die innerhalb der so abgegrenzten Fläche (1 m²) vorhandene Individuenzahl für die verschiedenen Heuschrecken-Arten.

Kartierdurchgang: Die Biotopkartierung der Stadt Frankfurt am Main erfolgte in verschiedenen Kartierdurchgängen, in denen im Verlauf von etwa fünf Jahren die Biotope des Stadtgebietes dokumentiert wurden.

Kulturpflanzen: Pflanzen, die üblicherweise an besonderen Standorten und mit besonderer Pflege des Menschen wachsen und auch züchterisch bearbeitet werden bzw. wurden.

Leitart: Art, die charakteristisch für einen bestimmten Lebensraum ist.

Magerrasen: extensiv genutztes Grünland auf nährstoffarmen („mageren") Böden.

Morphologisch: die äußere Gestalt betreffend.

Neobiota: Arten (Pflanzen, Tiere oder Pilze), die durch die Tätigkeit des Menschen nach 1492 in ein Gebiet eingewandert sind und sich dort etabliert haben oder sich im Prozess der Etablierung befinden.

Neophyten: Neueinwanderer. Gemeint sind Pflanzenarten, die nach 1492 durch die Tätigkeit des Menschen in ein Gebiet eingewandert sind.

Nitrophil: stickstoffliebend.

Ökosystem: Lebensgemeinschaft von Organismen mehrerer Arten und ihr Lebensraum.

Ökosystemleistungen (engl. ecosystem services): die Leistungen der Ökosysteme für den Menschen und sein Wohlbefinden. Man unterscheidet vier Typen von Ö.: unterstützende (z. B. Bodenbildung), bereitstellende (z. B. Nahrung, Rohstoffe), regulierende (z. B. Luft- und Wasserqualität, Klimaregulierung) und kulturelle (z. B. Entspannung, ästhetischer Genuss).

Parabraunerde: weit verbreiteter Bodentyp, der durch Tonverlagerungen aus dem Oberboden in den Unterboden gekennzeichnet ist. Ausgangsgesteine sind feinkörnige, meist lockere Substrate wie Löss oder Geschiebemergel.

Phanerophyten: eine der anhand der Lage von Überdauerungsknospen unterschiedenen Wuchsformen. Bei den P. liegen die Überdauerungsknospen 50 cm oder mehr über dem Erdboden.

Pionierarten: Arten, die Pionierstandorte besiedeln. Das sind in der Regel offene, mehr oder weniger vegetationsfreie Flächen, die natürlicherweise vor allem durch die Dynamik von Fließgewässern entstehen (z. B. Sand- und Kiesbänke), heute vor allem anthropogen entstandene Flächen.

Prädator: Fressfeind.

Querco-Fagetea-Basalgesellschaft: Querco-Fagetea ist der pflanzensoziologische Fachbegriff für die Klasse der sommergrünen Laubwälder in Europa. Die Basalgesellschaft ist durch das Vorkommen von Kennarten der Klasse Querco-Fagetea und das Fehlen von Kenn- und Trennarten niederer pflanzensoziologischer Rangstufen (Ordnung, Verband, Assoziation) charakterisiert.

Retentionsgebiet: flaches, unbebautes Überschwemmungsgebiet an Gewässern, wichtig für den Hochwasserschutz.

Rote Liste: fachliche Bewertung der Gefährdung der Arten eines Gebietes (z. B. Rote Liste der Gefäßpflanzen in Hessen).

Ruderal: Rohboden- oder Schuttflächen in der Nähe von Siedlungen betreffend (von lat. *rudus*, Schutt).

Sandmagerrasen: ein allgemein und auch in Frankfurt stark gefährdeter Lebensraum. Noch bestehende Vorkommen finden sich in Frankfurt in Niederrad und Schwanheim.

Saponine: sekundäre Pflanzenstoffe, die bei Blütenpflanzen weit verbreitet sind und wahrscheinlich einen Schutz vor Fraßfeinden darstellen. Sie schmecken meist bitter und schäumen im Wasser auf.

-schürig (abgeleitet von Schur): bezieht sich auf die Anzahl der Mahdgänge pro Jahr auf einer Wiese (ein-, zwei-, mehrschürig).

Spontane Flora: Pflanzenarten, die in einem Gebiet wildwachsend vorkommen, also nicht kultiviert werden.

Stadtnatur: die Gesamtheit der in urbanen Gebieten vorkommenden Natur(-Elemente), einschließlich ihrer funktionalen Beziehungen.

Stammeklektor: ringförmig um einen Baumstamm angebrachte Falle zur Untersuchung der Artendiversität an Bäumen.

Standort: hier: ein geografischer Ort mit seinen Umweltbedingungen.

Störzeiger: Zeiger für Eingriffe oder Veränderungen in einen Lebensraum, die die natürliche Entwicklung oder die gewünschte Bewirtschaftung stören.

Sukzession: gesetzmäßige Abfolge von Pflanzengesellschaften an einem Standort, die in der Regel zu einem durch die Umweltbedingungen definierten Endstadium (Klimax) führt – wenn nicht z. B. der Mensch die Abfolge der Sukzession stört.

Temperate Zone: gemäßigte Zone; eine Klimazone, die auf beiden Halbkugeln zwischen den Subtropen und der kalten Zone liegt.

Therophyten: eine der anhand der Lage von Überdauerungsknospen unterschiedenen Wuchsformen. Bei den T. stirbt die ganze Pflanze ab und überdauert die ungünstige Jahreszeit in Form der Samen.

Transekt: Mess- oder Beobachtungspunkte entlang einer geraden Linie oder eines Gradienten.

Unionsliste: Von der EU erstellte Liste invasiver Neobiota, d. h. von pflanzlichen oder tierischen Neubürgern, die sich eigenständig so stark ausbreiten bzw. an Häufigkeit zunehmen, dass eine Gefährdung heimischer Arten und Lebensräume besteht.

Vegetative Fortpflanzung: ungeschlechtliche F., d. h. ohne Zellkernverschmelzung und Reduktionsteilung.

Xerothermophil: trockene, warme Lebensräume bevorzugend.

ABKÜRZUNGEN

BArtSchV Bundesartenschutzverordnung
BfN Bundesamt für Naturschutz
BMU Bundesministerium für Umwelt, Naturschutz, nukleare Sicherheit und Verbraucherschutz
BMUB Bundesministerium für Umwelt, Naturschutz, Bau und Reaktorsicherheit (heute BMU)
BNatSchG Bundesnaturschutzgesetz
BUND Bund für Umwelt und Naturschutz Deutschland e. V.
FFH-Richtlinie Flora-Fauna-Habitat-Richtlinie
HAGBNatSchG Hessisches Ausführungsgesetz zum Bundesnaturschutzgesetz
HLNUG Hessisches Landesamt für Naturschutz, Umwelt und Geologie
HMUELV Hessisches Ministerium für Umwelt, Energie, Landwirtschaft und Verbraucherschutz
LfU Landesamt für Umwelt Rheinland-Pfalz
KV Kompensationsverordnung
LBV-SH Landesbetrieb Straßenbau und Verkehr Schleswig-Holstein
NABU Naturschutzbund Deutschland e. V.
RL D Rote Liste Deutschlands
RL HE Rote Liste Hessens
RL HE SW Rote Liste der hessischen Region Südwest, zu der das Stadtgebiet von Frankfurt gehört, die Unterteilung in Regionen wird bei den Listen der Pflanzen angewendet

HINWEIS
Soweit in diesem Buch personenbezogene Bezeichnungen nur in männlicher Form angeführt sind, beziehen sie sich auf alle geschlechtlichen Identitäten in gleicher Weise.

Tab. A1: Gesamtartenliste der Gefäßpflanzen am Fechenheimer Mainbogen nach Mika (2014).
Gefährdungskategorien und Status aus den zum Zeitpunkt der Arbeit aktuellen Roten Listen (RL) für D = Deutschland (Korneck et al. 1996), HE = Hessen, SW = Region Südwest (Hemm et al. 2008): 2 = stark gefährdet, 3 = gefährdet, R = extrem selten, V = zurückgehend (Vorwarnliste), N = Neophyt, E = etablierter Neophyt, T = Sippe mit Etablierungstendenz, u = unbeständige Sippe. S = Schutz: §B = besonders geschützt nach BNatSchG (Anlage 1 BArtSchV), §E = besonders geschützt nach EG-Artenschutz-Verordnung. kA = keine Angabe, nb = nicht bewertet, – = im Bezugsraum fehlend. I = Invasivität (Nehring et al. 2013): s = schwarze Liste (invasiv), g = graue Liste (potentiell invasiv).

Wissenschaftlicher Name	Deutscher Name	RL D	RL HE	RL HE SW	S	I	Kommentar
Acer campestre	Feld-Ahorn						
Acer negundo	Eschen-Ahorn	N	E	E		s	
Acer platanoides	Spitz-Ahorn						
Acer pseudoplatanus	Berg-Ahorn						
Achillea millefolium	Gewöhnliche Wiesen-Schafgarbe						
Achillea ptarmica	Sumpf-Schafgarbe	V					
Acorus calamus	Kalmus	N	E	E			
Aegopodium podagraria	Giersch						
Aesculus hippocastanum	Gewöhnliche Rosskastanie		T	T			
Aethusa cynapium	Hundspetersilie						
Agrimonia eupatoria	Gewöhnlicher Odermennig						
Agrostis stolonifera	Weißes Straußgras						
Ailanthus altissima	Götterbaum	N	E	E		s	
Alcea rosea	Gewöhnliche Stockrose	kA	T	T			
Alliaria petiolata	Lauchhederich						
Allium ursinum	Bär-Lauch						
Allium vineale	Weinbergs-Lauch						
Alnus glutinosa	Schwarz-Erle						
Alnus incana	Grau-Erle		T	T			
Alopecurus myosuroides	Acker-Fuchsschwanzgras						
Alopecurus pratensis	Wiesen-Fuchsschwanzgras						
Amaranthus hybridus agg.	Ausgebreiteter Amaranth	N	E	E			
Amaranthus powellii	Grünähriger Fuchsschwanz	N	E	E			
Amaranthus retroflexus	Rauhaariger Fuchsschwanz	N	E	E			
Amoracia rusticana	Meerrettich						
Anagallis arvensis	Acker-Gauchheil						
Anchusa arvensis	Acker-Krummhals						
Anemone nemorosa	Busch-Windröschen						
Anemone ranunculoides	Gelbes Windröschen						
Angelica archangelica	Echte Engelwurz						
Anthoxanthum odoratum	Gewöhnliches Ruchgras						
Anthriscus sylvestris	Wiesen-Kerbel						
Apera spica-venti	Acker-Windhalm						
Aphanes arvensis	Gewöhnlicher Ackerfrauenmantel						
Aquilegia vulgaris	Gewöhnliche Akelei	V	3	3			verwildert

Wissenschaftlicher Name	Deutscher Name	RL D	RL HE	RL HE SW	S	I	Kommentar
Arabidopsis thaliana	Acker-Schmalwand						
Arctium lappa	Große Klette						
Arctium minus	Kleine Klette						
Arctium tomentosum	Filzige Klette						
Arenaria serpyllifolia	Thymianblättriges Sandkraut						
Arrhenatherum elatius	Glatthafer						
Artemisia dracunculus	Estragon	N	T	T			Kulturrelikt
Artemisia vulgaris	Gewöhnlicher Beifuß						
Asparagus officinalis	Gemüse-Spargel						
Atriplex oblongifolia	Langblättrige Melde						
Atriplex patula	Ruten-Melde						
Ballota nigra	Gewöhnliche Schwarznessel						
Barbarea vulgaris	Echtes Barbarakraut						
Bellis perennis	Gänseblümchen						
Betula pendula	Hänge-Birke						
Bidens frondosa	Schwarzfrüchtiger Zweizahn	N	E	E		g	
Bolboschoenus laticarpus	Breitfrüchtige Strandsimse	kA					
Borago officinalis	Boretsch	kA	T	u			
Brachypodium sylvaticum	Wald-Zwenke						
Brassica napus	Raps	kA	T	–			
Bromus carinatus	Gekielte Trespe		E	E			
Bromus erectus	Aufrechte Trespe						
Bromus hordeaceus	Gewöhnliche Weiche Trespe						
Bromus inermis	Unbewehrte Trespe						
Bromus sterilis	Taube Trespe						
Bryonia dioica	Zweihäusige Zaunrübe						
Buddleja davidii	Davids Fliederspeer	N	E	E		g	
Calamagrostis epigejos	Land-Reitgras						
Calendula officinalis	Garten-Ringelblume	kA	T	u			Gartenabfälle
Calystegia sepium	Gewöhnliche Zaunwinde						
Campanula persicifolia	Pfirsichblättrige Glockenblume						Kulturrelikt
Campanula rotundifolia	Rundblättrige Glockenblume						
Capsella bursa-pastoris	Gewöhnliches Hirtentäschel						
Cardamine hirsuta	Behaartes Schaumkraut						
Cardamine impatiens	Spring-Schaumkraut						
Cardamine pratensis	Wiesen-Schaumkraut						
Carduus acanthoides	Weg-Distel						
Carex acutiformis	Sumpf-Segge						
Carex hirta	Raue Segge						
Carex muricata agg.	Sparrige Segge						
Carex pendula	Hänge-Segge		*	R			

Wissenschaftlicher Name	Deutscher Name	RL D	RL HE	RL HE SW	S	I	Kommentar
Carex praecox	Frühe Segge	3	V	V			
Carex remota	Winkel-Segge						
Carex sylvatica	Wald-Segge						
Carpinus betulus	Hainbuche						
Centaurea jacea	Wiesen-Flockenblume						
Centaurea scabiosa	Skabiosen-Flockenblume						
Cerastium glomeratum	Knäuel-Hornkraut						
Cerastium holosteoides	Gewöhnliches Hornkraut						
Chaenorhinum minus	Kleines Leinkraut						
Chaerophyllum bulbosum	Rüben-Kälberkropf						
Chaerophyllum temulum	Hecken-Kälberkropf						
Chelidonium majus	Schöllkraut						
Chenopodium album	Weißer Gänsefuß						
Chenopodium ficifolium	Feigenblättriger Gänsefuß						
Chenopodium hybridum	Unechter Gänsefuß						
Chenopodium polyspermum	Vielsamiger Gänsefuß						
Cichorium intybus	Gewöhnliche Wegwarte						
Cirsium arvense	Acker-Kratzdistel						
Cirsium vulgare	Gewöhnliche Kratzdistel						
Clematis vitalba	Gewöhnliche Waldrebe						
Conium maculatum	Gefleckter Schierling						
Consolida spec.	Feldrittersporn						
Convolvulus arvensis	Acker-Winde						
Cornus sanguinea	Roter Hartriegel						
Cornus sericea	Weißer Hartriegel	N	T	kA			
Corydalis cava	Hohler Lerchensporn						
Corylus avellana	Gewöhnliche Hasel						
Cosmos bipinnatus	Kosmee	kA	u	u			Gartenabfälle
Crataegus monogyna	Eingriffeliger Weißdorn						
Crepis biennis	Wiesen-Pippau						
Crepis capillaris	Grüner Pippau						
Dactylis glomerata	Wiesen-Knäuelgras						
Datura stramonium	Gewöhnlicher Stechapfel	N	E	E			
Daucus carota	Wilde Möhre						
Descurainia sophia	Sophienkraut						
Dianthus barbatus	Bart-Nelke	kA	u	u	(§B)		verwildert
Digitaria sanguinalis	Blut-Fingergras						
Diplotaxis tenuifolia	Stinkrauke	N					
Draba verna	Frühlings-Hungerblümchen						
Echinochloa crus-galli	Gewöhnliche Hühnerhirse						
Echium vulgare	Stolzer Heinrich						

Wissenschaftlicher Name	Deutscher Name	RL D	RL HE	RL HE SW	S	I	Kommentar
Elymus caninus	Hunds-Quecke						
Elymus repens	Kriechende Quecke	kA					
Epilobium ciliatum	Drüsiges Weidenröschen	N	E	E		s	
Epilobium hirsutum	Zottiges Weidenröschen						
Epilobium parviflorum	Bach-Weidenröschen						
Epilobium tetragonum	Vierkantiges Weidenröschen						
Epipactis helleborine	Breitblättrige Ständelwurz				§E		
Equisetum arvense	Acker-Schachtelhalm						
Eragrostis minor	Kleines Liebesgras	N	E	E			
Eranthis hyemalis	Winterling	N	T	T			
Erigeron annuus	Einjähriger Feinstrahl	N	E	E			
Erigeron canadensis	Kanadisches Berufkraut	N	E	E			
Erodium cicutarium	Gewöhnlicher Reiherschnabel						
Erysimum cheiranthoides	Acker-Schöterich						
Euonymus europaeus	Gewöhnliches Pfaffenkäppchen		V				
Eupatorium cannabinum	Wasserdost						
Euphorbia esula	Esels-Wolfsmilch						
Euphorbia helioscopia	Sonnenwend-Wolfsmilch						
Euphorbia peplus	Garten-Wolfsmilch						
Fallopia convolvulus	Gewöhnlicher Flügelknöterich						
Fallopia japonica	Japanischer Staudenknöterich	N	E	E		s	
Fallopia sachalinensis	Sachalin-Staudenknöterich	kA	E	E		s	
Festuca arundinacea	Rohr-Schwingel						
Festuca gigantea	Riesen-Schwingel						
Festuca pratensis	Wiesen-Schwingel						
Festuca rubra	Gewöhnlicher Rot-Schwingel						
Ficaria verna	Knöllchen-Scharbockskraut						
Filipendula ulmaria	Echtes Mädesüß						
Foeniculum vulgare	Fenchel		T	T			
Forsythia suspensa	Hänge-Forsythie		kA	kA	kA		gepflanzt
Fragaria vesca	Wald-Erdbeere						
Fraxinus excelsior	Gewöhnliche Esche						
Fumaria officinalis	Gebräuchlicher Erdrauch						
Gagea pratensis	Wiesen-Gelbstern	V					
Galanthus nivalis	Echtes Schneeglöckchen	3	E	E	§E		verwildert
Galeobdolon montanum	Berg-Goldnessel						
Galeopsis tetrahit	Gewöhnlicher Hohlzahn						
Galinsoga parviflora	Kleinblütiges Knopfkraut	N	E	E			
Galinsoga quadriradiata	Behaartes Knopfkraut	N	E	E			
Galium album	Weißes Labkraut						
Galium aparine	Gewöhnliches Kleblabkraut						

Wissenschaftlicher Name	Deutscher Name	RL D	RL HE	RL HE SW	S	I	Kommentar
Galium odoratum	Waldmeister						
Geranium molle	Weicher Storchschnabel						
Geranium pratense	Wiesen-Storchschnabel						
Geranium pusillum	Kleiner Storchschnabel						
Geranium robertianum	Ruprechtskraut						
Geum urbanum	Echte Nelkenwurz						
Glechoma hederacea	Gundelrebe						
Gnaphalium uliginosum	Sumpf-Ruhrkraut						
Hedera helix	Efeu						
Helianthus annuus	Gewöhnliche Sonnenblume	kA	u	u			
Helianthus tuberosus	Topinambur	N	E	E		g	
Helictotrichon pubescens	Flaum-Hafer						
Heracleum sphondylium	Wiesen-Bärenklau						
Hieracium aurantiacum	Orangerotes Habichtskraut		E	E			
Holcus lanatus	Wolliges Honiggras						
Holcus mollis	Weiches Honiggras						
Hordeum murinum	Mäusegerste						
Humulus lupulus	Gewöhnlicher Hopfen						
Hyacinthoides massartiana	Bastard-Hasenglöckchen	kA	T	T	§B		verwildert
Hylotelephium maximum	Große Fetthenne						
Hypericum perforatum	Echtes Johanniskraut						
Hypochaeris radicata	Gewöhnliches Ferkelkraut						
Impatiens glandulifera	Indisches Springkraut	N	E	E		g	
Impatiens parviflora	Kleinblütiges Springkraut	N	E	E		g	
Inula helenium	Echter Alant	N	T	T			verwildert
Iris pseudacorus	Gelbe Schwertlilie				§B		
Juglans regia	Walnuss						
Juncus bufonius	Kröten-Binse						
Juncus compressus	Platthalm-Binse						
Juncus effusus	Flatter-Binse						
Juncus tenuis	Zarte Binse	N	E	E			
Kickxia spuria	Unechtes Tännelkraut	V	3	V			
Knautia arvensis	Wiesen-Knautie						
Lactuca serriola	Kompass-Lattich						
Lamium album	Weiße Taubnessel						
Lamium amplexicaule	Stängelumfassende Taubnessel						
Lamium maculatum	Gefleckte Taubnessel						
Lamium purpureum	Purpurrote Taubnessel i.w.S.						
Lapsana communis	Rainkohl						
Lathyrus latifolius	Breitblättrige Platterbse	N	T	T			
Lathyrus pratensis	Wiesen-Platterbse						

Wissenschaftlicher Name	Deutscher Name	RL D	RL HE	RL HE SW	S	I	Kommentar
Lepidium campestre	Feld-Kresse						
Lepidium coronopus	Niederliegender Krähenfuß	3	V	V			
Lepidium draba	Pfeilkresse	N	E	E			
Lepidium ruderale	Schutt-Kresse						
Leucanthemum ircutianum	Wiesen-Margerite						
Ligustrum vulgare	Liguster						
Linaria vulgaris	Gewöhnliches Leinkraut						
Lolium perenne	Ausdauernder Lolch						
Lonicera xylosteum	Rote Heckenkirsche						
Lotus corniculatus	Gewöhnlicher Hornklee						
Lunaria annua	Garten-Silberblatt	kA	E	E			
Lupinus polyphyllus	Vielblättrige Lupine	N	E	E	s		
Luzula campestris	Gewöhnliche Hainsimse						
Lycopus europaeus	Ufer-Wolfstrapp						
Lysimachia nummularia	Pfennigkraut						
Lysimachia vulgaris	Gewöhnlicher Gilbweiderich						
Lythrum hyssopifolia	Ysop-Weiderich	2	2	2			
Lythrum salicaria	Blut-Weiderich						
Magnolia x *soulangeana*	Tulpen-Magnolie	kA	kA	kA			gepflanzt
Mahonia aquifolium	Mahonie	N	E	E		g	
Malva neglecta	Gänse-Malve						
Malva sylvestris subsp. *sylvestris*	Wilde Malve						
Malva sylvestris subsp. *mauritiana*	Mauretanische Malve	kA	u	u			
Matricaria discoidea	Strahlenlose Kamille	N	E	E			
Matricaria recutita	Echte Kamille						
Medicago falcata	Kultur-Weinrebe						
Medicago lupulina	Hopfenklee						
Medicago sativa	Saat-Luzerne	kA	T	T			
Melilotus albus	Weißer Steinklee						
Mentha × *piperita*	Pfeffer-Minze	kA	T	T			
Mentha aquatica	Wasser-Minze						
Mentha longifolia	Ross-Minze						
Mercurialis annua	Einjähriges Bingelkraut						
Muscari armeniacum	Armenische Traubenhyazinthe	kA	T	T	§B		
Myosotis arvensis	Acker-Vergissmeinnicht						
Myosotis scorpioides	Sumpf-Vergissmeinnicht						
Oenothera biennis agg.	Gewöhnliche Nachtkerze	N	E	E			
Oenothera parviflora agg.	Kleinblütige Nachtkerze	N	E	E			
Ornithogalum umbellatum	Dolden-Milchstern		E	E			
Oxalis corniculata	Hornfrüchtiger Sauerklee	N	E	E			
Oxalis stricta	Aufrechter Sauerklee	N	E	E			

Wissenschaftlicher Name	Deutscher Name	RL D	RL HE	RL HE SW	S	I	Kommentar
Paeonia spec.	Pfingstrose						Kulturrelikt
Papaver rhoeas	Klatsch-Mohn						
Parietaria officinalis	Aufrechtes Glaskraut		3	3			
Parthenocissus inserta	Gewöhnlicher Wilder Wein	N	E	E			
Parthenocissus tricuspidata	Kletterwein	kA	kA	kA			
Pastinaca sativa	Gewöhnlicher Pastinak						
Persicaria amphibia	Wasser-Knöterich						
Persicaria hydropiper	Wasserpfeffer						
Persicaria lapathifolia subsp. *lapathifolia*	Gewöhnlicher Ampfer-Knöterich						
Petasites hybridus	Gewöhnliche Pestwurz						
Phacelia tanacetifolia	Büschelschön	kA	u	u			
Phalaris arundinacea	Rohr-Glanzgras						
Phalaris arundinacea var. *picta*	kA	kA	kA	kA	kA		verwildert
Philadelphus coronarius	Großer Pfeifenstrauch	kA	T	T			
Phleum pratense	Gewöhnliches Wiesen-Lieschgras						
Phragmites australis	Schilf						
Picris hieracioides	Gewöhnliches Bitterkraut						
Plantago lanceolata	Spitz-Wegerich						
Plantago major s.l.	Breit-Wegerich						
Poa annua	Einjähriges Rispengras						
Poa nemoralis	Hain-Rispengras						
Poa palustris	Sumpf-Rispengras						
Poa pratensis	Gewöhnliches Wiesen-Rispengras						
Poa trivialis	Gewöhnliches Rispengras						
Polygonum aviculare agg.	Gewöhnlicher Vogelknöterich						
Populus alba	Silber-Pappel						
Populus canadensis	Kanadische Pappel	N	E	E		s	
Populus tremula	Espe						
Portulaca oleracea	Portulak						
Potentilla anserina	Gänse-Fingerkraut						
Potentilla reptans	Kriechendes Fingerkraut						
Potentilla supina	Niedriges Fingerkraut						
Prunella vulgaris	Kleine Braunelle						
Prunus avium	Vogel-Kirsche						
Prunus cerasifera	Kirschpflaume	kA	E	E			
Prunus laurocerasus	Lorbeerkirsche	kA				g	
Prunus padus	Gewöhnliche Trauben-Kirsche						
Prunus serotina	Späte Trauben-Kirsche	N	E	E		s	

Wissenschaftlicher Name	Deutscher Name	RL D	RL HE	RL HE SW	S	I	Kommentar
Prunus spinosa	Schlehe						
Quercus petraea	Trauben-Eiche						
Quercus robur	Stiel-Eiche						
Quercus rubra	Rot-Eiche	kA	T	T	s		gepflanzt
Ranunculus acris	Scharfer Hahnenfuß						
Ranunculus bulbosus	Knolliger Hahnenfuß						
Ranunculus repens	Kriechender Hahnenfuß						
Ranunculus sceleratus	Gift-Hahnenfuß						
Raphanus raphanistrum	Hederich						
Reseda luteola	Färber-Resede						
Rhinanthus alectorolophus	Zottiger Klappertopf	V	V				
Rhus typhina	Essigbaum	kA	E	E		g	
Ribes nigrum	Schwarze Johannisbeere			V			
Ribes rubrum	Rote Johannisbeere						
Robinia pseudoacacia	Robinie	N	E	E	s		
Rorippa austriaca	Österreichische Sumpfkresse		E	E			
Rorippa palustris	Gewöhnliche Sumpfkresse						
Rosa canina	Echte Hundsrose						
Rubus armeniacus	Armenische Brombeere	N				g	
Rubus caesius	Kratzbeere						
Rubus idaeus	Himbeere						
Rubus laciniatus	Schlitzblättrige Brombeere	N	nb	nb			
Rumex acetosa	Wiesen-Sauer-Ampfer						
Rumex conglomeratus	Knäuelblütiger Ampfer						
Rumex crispus	Krauser Ampfer						
Rumex hydrolapathum	Riesen-Ampfer						
Rumex obtusifolius	Stumpfblättriger Ampfer						
Rumex sanguineus	Hain-Ampfer						
Salix alba	Silber-Weide						
Salix caprea	Sal-Weide						
Salix caprea x cinerea	Hybrid aus Sal- und Grau-Weide	kA	kA	kA	kA		
Salix purpurea	Purpur-Weide						
Salix rubens	Fahl-Weide	kA					
Salix triandra	Mandel-Weide						
Salix viminalis	Korb-Weide						
Salix x smithiana	Kübler-Weide	N	kA	kA			
Salvia officinalis	Echter Salbei	N	kA	kA			Kulturrelikt
Sambucus nigra	Schwarzer Holunder						
Sanguisorba minor	Kleiner Wiesenknopf						
Sanguisorba officinalis	Großer Wiesenknopf	V					
Saponaria officinalis	Gewöhnliches Seifenkraut						

Wissenschaftlicher Name	Deutscher Name	RL D	RL HE	RL HE SW	S	I	Kommentar
Saxifraga granulata	Knöllchen-Steinbrech	V		V	§B		
Saxifraga tridactylites	Dreifinger-Steinbrech						
Scirpus sylvaticus	Wald-Simse						
Scrophularia nodosa	Knotige Braunwurz						
Scrophularia umbrosa	Geflügelte Braunwurz						
Scutellaria galericulata	Sumpf-Helmkraut						
Securigera varia	Bunte Kronwicke						
Sedum album	Weiße Fetthenne						
Sedum sexangulare	Milder Mauerpfeffer						
Senecio inaequidens	Schmalblättriges Greiskraut	N	E	E		g	
Senecio jacobaea	Jakobs-Greiskraut						
Senecio vulgaris	Gewöhnliches Greiskraut						
Setaria pumila	Rote Borstenhirse						
Setaria viridis	Grüne Borstenhirse						
Silene dioica	Tag-Lichtnelke						
Silene latifolia subsp. alba	Weiße Lichtnelke						
Silene vulgaris	Gewöhnlicher Taubenkropf						
Sinapis arvensis	Acker-Senf						
Sisymbrium officinale	Weg-Rauke						
Sisymbrium strictissimum	Steife Rauke		3	3			
Solanum decipiens	Schultes' Nachtschatten						
Solanum dulcamara	Bittersüßer Nachtschatten						
Solanum nigrum	Schwarzer Nachtschatten						
Solanum tuberosum	Kartoffel	kA	u	u			
Solidago canadensis	Kanadische Goldrute	N	E	E		s	
Solidago gigantea	Späte Goldrute	N	E	E		s	
Sonchus asper	Raue Gänsedistel						
Sonchus oleraceus	Gemüse-Gänsedistel						
Sorbus aucuparia	Gewöhnliche Vogelbeere						
Sorbus intermedia	Schwedische Mehlbeere	N	f	f			
Spergularia ruba	Rote Schuppenmiere						
Stachys palustris	Sumpf-Ziest						
Stachys recta	Aufrechter Ziest	V	V	V			
Stachys sylvatica	Wald-Ziest						
Symphyotrichum salignum	Weidenblättrige Aster	N	E	E			
Symphytum officinale	Arznei-Beinwell						
Symphytum uplandicum	Futter-Beinwell	N	E	E			
Syringa vulgaris	Gewöhnlicher Flieder	N	T	T		s	
Tanacetum vulgare	Rainfarn						
Taraxacum sect. Ruderalia	Löwenzahn						

Wissenschaftlicher Name	Deutscher Name	RL D	RL HE	RL HE SW	S	I	Kommentar
Taxus baccata	Europäische Eibe	3		E			verwildert
Thalictrum flavum	Gelbe Wiesenraute	V					
Thalictrum minus subsp. pratense	Frühe Wiesenraute	V	3	3			
Thlaspi arvense	Acker-Hellerkraut						
Tilia cordata	Winter-Linde						
Tilia platyphyllos	Sommer-Linde						
Tilia x vulgaris	Holländische Linde	kA	kA	kA			
Torilis japonica	Gewöhnlicher Klettenkerbel						
Tragopogon pratensis	Gewöhnlicher Wiesen-Bocksbart						
Trifolium campestre	Feld-Klee						
Trifolium dubium	Kleiner Klee						
Trifolium pratense	Wiesen-Klee						
Trifolium repens	Weiß-Klee						
Tripleurospermum perforatum	Geruchlose Kamille						
Trisetum flavescens	Gewöhnlicher Goldhafer						
Tussilago farfara	Huflattich						
Ulmus minor	Feld-Ulme	3	3	3			
Urtica dioica	Große Brennnessel						
Urtica urens	Kleine Brennnessel						
Valeriana officinalis	Echter Arznei-Baldrian						
Valerianella locusta	Echter Feldsalat						
Verbascum thapsus	Kleinblütige Königskerze						
Verbena officinalis	Gewöhnliches Eisenkraut						
Veronica anagallis-aquatica	Blauer Wasser-Ehrenpreis						
Veronica arvensis	Feld-Ehrenpreis						
Veronica beccabunga	Bachbunge						
Veronica chamaedrys	Gamander-Ehrenpreis						
Veronica filiformis	Faden-Ehrenpreis	N	E	E			
Veronica persica	Persischer Ehrenpreis	N	E	E			
Veronica sublobata	Hecken-Ehrenpreis						
Viburnum lantana	Wolliger Schneeball						
Viburnum opulus	Gewöhnlicher Schneeball						
Vicia angustifolia	Schmalblättrige Futter-Wicke						
Vicia cracca	Vogel-Wicke						
Vicia hirsuta	Rauhaarige Wicke						
Vicia sepium	Zaun-Wicke						
Vicia tetrasperma	Viersamige Wicke						
Viola arvensis	Ackerstiefmütterchen						
Viscum album	Laubholz-Mistel						
Vitis vinifera	Kultur-Weinrebe	N	u	–			verwildert

Tab. A2: Gesamtartenliste der Vögel am Fechenheimer Mainbogen nach Mika (2014) mit den zum Zeitpunkt der Erhebungen aktuellen Einstufungen gemäß Roter Listen.
Status = Status im Untersuchungsgebiet 2014, BV = Brutvogel, GV = Gastvogel, n.n. = 2014 nicht nachgewiesen, Nachweis aus 2012/2013. uG = in unmittelbarer Gebietsnähe dokumentiert. Schutz = nach Bundesnaturschutzgesetz § = besonders geschützt, §§ = streng geschützt. RL D = Rote Liste Deutschland (Südbeck et al. 2007), RL HE = Rote Liste Hessen (HGON & VSW 2006): V = Vorwarnliste, 3 = gefährdet, 2 = stark gefährdet, 1 = vom Aussterben bedroht, R = extrem selten. EHZ = Erhaltungszustand der Population in Hessen (Werner et al. 2008): grün = günstig, gelb = ungünstig-unzureichend, rot = ungünstig-schlecht. Neozoen, Gefangenschaftsflüchtlinge und Durchzügler wurden nicht eingestuft. Quelle: a = pers. Mitt. W. Weischedel, b = J. Myles, c = K. Kathol, d = I. Rösler, e = P. Hellmann (b–e: Daten stammen aus den Jahren 2012 und 2013; b: Daten aus www.naturgucker.de; c–e: Daten aus www.ornitho.de).

Wissenschaftlicher Name	Deutscher Name	Status	Schutz	RL D	RL HE	EHZ	Quelle
Accipiter gentilis	Habicht	GV	§§		V	grün	a
Acrocephalus arundinaceus	Drosselrohrsänger	n.n.	§§	1	V	grün	e
Acrocephalus scirpaceus	Teichrohrsänger	GV	§		V	grün	a
Actitis hypoleucos	Flussuferläufer	GV	§§	2	1	rot	a
Aegithalos caudatus	Schwanzmeise	BV	§			grün	
Alcedo atthis	Eisvogel	n.n.	§§	3		grün	d
Alopochen aegyptiaca	Nilgans	BV	§		–		
Anas platyrhynchos	Stockente	BV	§		3	gelb	
Anser anser x *Branta canadensis*	Hybrid Grau- und Kanadagans	n.n.				grün	d
Apus apus	Mauersegler	GV	§		V	gelb	
Ardea cinerea	Graureiher	GV	§		3	gelb	
Aythya ferina	Tafelente	uG	§		1	rot	
Aythya fuligula	Reiherente	n.n.	§	V		grün	b
Bombycilla garrulus	Seidenschwanz	GV					a
Branta canadensis	Kanadagans	GV	§				
Buteo buteo	Mäusebussard	BV	§§			grün	
Carduelis carduelis	Stieglitz	BV	§		V	gelb	
Carduelis chloris	Grünfink	BV	§			grün	
Certhia brachydactyla	Gartenbaumläufer	BV	§			grün	
Columba livia f. *domestica*	Straßentaube	BV			–		
Columba palumbus	Ringeltaube	BV	§			grün	
Corvus corone	Rabenkrähe	BV	§			grün	
Corvus frugilegus	Saatkrähe	GV	§		V	grün	
Corvus monedula	Dohle	n.n.	§	V		grün	b
Cuculus canorus	Kuckuck	BV	§	V	V	gelb	
Cyanistes caeruleus	Blaumeise	BV	§			grün	
Cygnus olor	Höckerschwan	BV	§				
Delichon urbica	Mehlschwalbe	GV	§	V	3	gelb	
Dendrocopos major	Buntspecht	BV	§			grün	
Dryobates minor	Kleinspecht	uG	§	V		grün	a
Dryocopus martius	Schwarzspecht	GV	§§		V	grün	a

Wissenschaftlicher Name	Deutscher Name	Status	Schutz	RL D	RL HE	EHZ	Quelle
Emberiza schoeniclus	Rohrammer	GV	§		3	gelb	
Erithacus rubecula	Rotkehlchen	BV	§			grün	
Fringilla coelebs	Buchfink	BV	§			grün	
Gallinula chloropus	Teichhuhn	BV	§§	V	V	gelb	
Garrulus glandarius	Eichelhäher	BV	§			grün	
Grus grus	Kranich	GV					a
Hirundo rustica	Rauchschwalbe	n.n.	§	3	V	grün	c
Jynx torquilla	Wendehals	GV	§§	2	1	rot	a
Larus canus	Sturmmöve	n.n.				grün	b
Larus fuscus	Heringsmöve	n.n.				grün	d
Larus michahellis	Mittelmeermöve	uG	§		R	rot	
Larus ridibundus	Lachmöwe	uG	§		1	rot	
Luscinia megarhynchos	Nachtigall	BV	§			grün	
Melopsittacus undulatus	Wellensittich	GV	kA	kA	kA	kA	
Mergus merganser	Gänsesäger	n.n.	§		2	grün	b
Milvus migrans	Schwarzmilan	GV	§§		V	gelb	a
Parus major	Kohlmeise	BV	§			grün	
Parus palustris	Sumpfmeise	BV	§			grün	
Passer domesticus	Haussperling	BV	§	V	V	gelb	
Phalacrocorax carbo	Kormoran	GV	§		3	gelb	
Phasianus colchicus	Jagdfasan	BV					
Phoenicurus ochruros	Hausrotschwanz	BV	§			grün	
Phoenicurus phoenicurus	Gartenrotschwanz	BV	§		3	rot	
Phylloscopus collybita	Zilpzalp	BV	§			grün	
Pica pica	Elster	BV	§			grün	
Picus viridis	Grünspecht	BV	§§			grün	
Prunella modularis	Heckenbraunelle	BV	§			grün	
Serinus serinus	Girlitz	GV	§		V	gelb	
Streptopelia decaocto	Türkentaube	GV	§		3	gelb	
Strix aluco	Waldkauz	BV	§§			grün	a
Sturnus vulgaris	Star	BV	§			grün	
Sylvia atricapilla	Mönchsgrasmücke	BV	§			grün	
Troglodytes troglodytes	Zaunkönig	BV	§			grün	
Turdus merula	Amsel	BV	§			grün	
Turdus philomelos	Singdrossel	BV	§			grün	
Turdus pilaris	Wacholderdrossel	n.n.	§			grün	b
Turdus viscivorus	Misteldrossel	BV	§			grün	a
Upupa epos	Wiedehopf	GV	§§	2	1	rot	a

Tab. A3: Liste der an den beiden neuen Gewässern („Hessen-Mobil-Teich" und „Kleiner Nebenarm") am Fechenheimer Mainbogen nachgewiesenen höheren Pflanzen, Stand: September 2020.
Einwanderung (nach Bönsel et al. 2009): A = Archäophyt (Alteinwanderer), N = Neophyt (Neueinwanderer), I = Indigen (Einheimisch).
Status (nach Starke-Ottich et al. 2019): E = etablierter Neophyt, T = Sippe mit Einbürgerungstendenz, u = unbeständige Sippe, k = Kulturrelikt, angepflanzt und angesät. Einstufung nach Schwarzer Liste (nach Starke-Ottich et al. 2019): Neophytische Arten, die als Gefährdung für die heimische Artenvielfalt eingestuft worden sind oder zu denen Hinweise vorliegen, dass sie zu einer Gefährdung werden könnten. SM = Art der Managementliste. SA = Art der Aktionsliste, SH = Art der Handlungsliste, SB = Art der Beobachtungsliste. EU = Art der EU-Liste invasiver Arten („Unionsliste").

Wissenschaftlicher Name	Deutscher Name	Einwanderung	Status, Einstufung nach Schwarzer Liste
Acer campestre	Feld-Ahorn	I	
Acer negundo	Eschen-Ahorn	N	E (SM)
Achillea millefolium	Gewöhnliche Schafgarbe	I	
Agrostis stolonifera	Weißes Straußgras	I	
Ailanthus altissima	Götterbaum	N	E (EU,SM)
Alliaria petiolata	Knoblauchsrauke	I	
Amaranthus caudatus	Garten-Fuchsschwanz	N	u
Amaranthus albus	Weißer Amarant	N	E
Amaranthus blitoides	Westamerikanischer Amarant	N	E
Amaranthus powellii	Grünähriger Amarant	N	E
Amaranthus retroflexus	Zurückgebogener Amarant	N	E
Anagallis arvensis	Acker-Gauchheil	A	
Arctium tomentosum	Filz-Klette	A	
Artemisia vulgaris	Gewöhnlicher Beifuß	I	
Atriplex patula	Spreizende Melde	A	
Atriplex prostrata	Spießblättrige Melde	A	
Ballota nigra subsp. *nigra*	Schwarznessel	A	
Berula erecta	Schmalblättriger Merk	I	
Bidens frondosa	Schwarzfrüchtiger Zweizahn	N	E (SH)
Bromus hordeaceus	Flaum-Trespe	A	
Bromus sterilis	Taube Trespe	A	
Bromus tectorum	Dach-Trespe	A	
Callitriche palustris agg.	Sumpf-Wasserstern	I	
Calystegia sepium	Gewöhnliche Zaunwinde	I	
Campanula rapunculus	Rapunzel-Glockenblume	I	
Capsella bursa-pastoris	Gewöhnliches Hirtentäschel	A	
Carduus acanthoides	Weg-Distel	A	
Cerastium glomeratum	Knäuel-Hornkraut	A	
Chaenorhinum minus	Kleiner Orant	I	
Chenopodium album	Weißer Gänsefuß	I	
Chenopodium ficifolium	Feigenblättriger Gänsefuß	N	E

Wissenschaftlicher Name	Deutscher Name	Einwanderung	Status, Einstufung nach Schwarzer Liste
Chenopodium hybridum	Stechapfelblättriger Gänsefuß	A	
Chenopodium polyspermum	Vielsamiger Gänsefuß	I	
Cirsium arvense	Acker-Kratzdistel	I	
Convolvulus arvensis	Acker-Winde	I	
Cosmea spec.	Schmuckkörbchen	N	K
Crepis capillaris	Kleinköpfiger Pippau	A	
Cynoglossum officinale	Echte Hundszunge	I	
Datura stramonium	Weißer Stechapfel	N	E
Daucus carota	Gewöhnliche Möhre	I	
Diplotaxis tenuifolia	Schmalblättriger Doppelsame	N	E
Epilobium brachycarpum	Kurzfrüchtiges Weidenröschen	N	E
Epilobium hirsutum	Behaartes Weidenröschen	I	
Epilobium parviflorum	Kleinblütiges Weidenröschen	I	
Epilobium tetragonum	Vierkantiges Weidenröschen	I	
Erigeron annuus	Feinstrahl-Berufkraut	N	E
Erigeron canadensis	Kanadisches Berufkraut	N	E
Eupatorium cannabinum	Gewöhnlicher Wasserdost	I	
Fallopia convolvulus	Acker-Flügelknöterich	A	
Festuca pratensis	Wiesen-Schwingel	I	
Galinsoga parviflora	Kleinblütiges Franzosenkraut	N	E
Galium album	Weißes Labkraut	I	
Geranium pratense	Wiesen-Storchschnabel	A	
Geum urbanum	Echte Nelkenwurz	I	
Glechoma hederacea	Gewöhnlicher Gundermann	I	
Gnaphalium uliginosum	Sumpf-Ruhrkraut	I	
Holcus lanatus	Wolliges Honiggras	I	
Hypochaeris radicata	Gewöhnliches Ferkelkraut	I	
Juglans regia	Echte Walnuss	N	E
Juncus bufonius	Kröten-Binse	I	
Juncus effusus	Flatter-Binse	I	
Juncus inflexus	Blaugrüne Binse	I	
Lactuca serriola	Kompass-Lattich	I	
Linum usitatissimum	Saat-Lein	N	u
Lolium perenne	Deutsches Weidelgras	I	
Lotus corniculatus	Gewöhnlicher Hornklee	I	
Lotus pedunculatus	Sumpf-Hornklee	I	
Lycopus europaeus	Ufer-Wolfstrapp	I	
Lysimachia vulgaris	Gewöhnlicher Gilbweiderich	I	
Lythrum salicaria	Gewöhnlicher Blutweiderich	I	

Wissenschaftlicher Name	Deutscher Name	Einwanderung	Status, Einstufung nach Schwarzer Liste
Malva neglecta	Weg-Malve	A	
Matricaria discoidea	Strahlenlose Kamille	N	E
Matricaria recutita	Echte Kamille	A	
Medicago lupulina	Hopfenklee	I	
Medicago sativa	Luzerne	N	K
Mentha arvensis	Acker-Minze	I	
Mentha longifolia	Ross-Minze	I	
Mentha verticillata	Quirl-Minze	I	
Mercurialis annua	Einjähriges Bingelkraut	A	
Myriophyllum spicatum	Ähren-Tausendblatt	I	
Najas marina subsp. marina	Großes Nixkraut	I	
Papaver rhoeas	Klatsch-Mohn	A	
Papaver somniferum	Schlaf-Mohn	N	K
Persicaria lapathifolia subsp. lapathifolia	Ampfer-Knöterich	I	
Persicaria maculosa	Floh-Knöterich	I	
Phalaris canariensis	Kanariengras	N	u
Plantago lanceolata	Spitz-Wegerich	I	
Plantago uliginosa	Kleiner Wegerich	I	
Poa annua	Einjähriges Rispengras	I	
Poa trivialis	Gewöhnliches Rispengras	I	
Polygonum aviculare agg.	Echter Vogelknöterich	I	
Populus alba	Silber-Pappel	N	E
Populus x canadensis	Kanadische Pappel	N	E (SM)
Portulaca oleracea	Gemüse-Portulak	N	E
Potamogeton berchtoldii	Berchtold-Laichkraut	I	
Potamogeton natans	Schwimmendes Laichkraut	I	
Potentilla supina	Niedriges Fingerkraut	I	
Ranunculus acris	Scharfer Hahnenfuß	I	
Ranunculus polyanthemos agg.	Vielblütiger Hahnenfuß	I	
Ranunculus repens	Kriechender Hahnenfuß	I	
Ranunculus sceleratus	Gift-Hahnenfuß	I	
Raphanus raphanistrum	Hederich	A	
Rorippa palustris	Gewöhnliche Sumpfkresse	I	
Rubus armeniacus	Armenische Brombeere	N	E
Rubus idaeus	Himbeere	I	
Rumex conglomeratus	Knäuel-Ampfer	I	
Rumex crispus	Krauser Ampfer	I	
Rumex hydrolapathum	Fluss-Ampfer	I	

Wissenschaftlicher Name	Deutscher Name	Einwanderung	Status, Einstufung nach Schwarzer Liste
Rumex maritimus	Strand-Ampfer	I	
Rumex obtusifolius ssp. *obtusifolius*	Stumpfblättriger Ampfer	I	
Salix alba	Silber-Weide	I	
Salix caprea	Sal-Weide	I	
Scirpus sylvaticus	Wald-Simse	I	
Scrophularia nodosa	Knoten-Braunwurz	I	
Scrophularia umbrosa	Flügel-Braunwurz	I	
Senecio erucifolius	Raukenblättriges Greiskraut	I	
Senecio inaequidens	Schmalblättriges Greiskraut	N	E (SB)
Senecio vernalis	Frühlings-Greiskraut	N	E
Senecio vulgaris	Gewöhnliches Greiskraut	I	
Solanum decipiens	Täuschender Nachtschatten	N	E
Solanum dulcamara	Bittersüßer Nachtschatten	I	
Solanum nigrum	Schwarzer Nachtschatten	A	
Solidago canadensis	Kanadische Goldrute	N	E (SM)
Sonchus asper	Raue Gänsedistel	I	
Sonchus oleraceus	Kohl-Gänsedistel	I	
Spergularia rubra	Rote Schuppenmiere	A	
Stachys palustris	Sumpf-Ziest	I	
Taraxacum sectio *Ruderalia*	Wiesen-Kuhblumen-Gruppe	I	
Thlaspi arvense	Acker-Hellerkraut	A	
Trifolium campestre	Feld-Klee	I	
Trifolium dubium	Kleiner Klee	I	
Trifolium pratense	Rot-Klee	I	
Tripleurospermum perforatum	Geruchlose Kamille	A	
Trisetum flavescens	Goldhafer	I	
Tussilago farfara	Huflattich	I	
Typha angustifolia	Schmalblättriger Rohrkolben	I	
Ulmus minor	Feld-Ulme	I	
Urtica dioica subsp. *dioica*	Große Brennnessel	I	
Veronica arvensis	Feld-Ehrenpreis	A	
Veronica persica	Persischer Ehrenpreis	N	E
Vulpia myuros	Mäuseschwanz-Federschwingel	I	

Tab. A4: Gesamtartenliste der im Biegwald nachgewiesenen Vogelarten nach Schrauth (2020).
Status: BV = Brutvogel, DZ = Durchzügler, Rastvogel, NG = Nahrungsgast.
RL D = Rote Liste Deutschland (Grüneberg et al. 2015). RL HE = Rote Liste Hessen (VSW & HGON 2014). n. b. = nicht bewertet,
* = ungefährdet, V = Vorwarnliste, 3 = gefährdet, 2 = stark gefährdet. EHZ = Erhaltungszustand in Hessen (Werner et al. 2014a),
grün = günstig, gelb = ungünstig-unzureichend, rot = ungünstig-schlecht.

Wissenschaftlicher Name	Deutscher Name	Status	n Reviere	RL D	RL HE	EHZ
Aegithalos caudatus	Schwanzmeise	BV	1	*	*	grün
Alopochen aegyptiaca	Nilgans	NG	–	n. b.	n. b.	
Buteo buteo	Mäusebussard	NG	–	*	*	grün
Carduelis carduelis	Stieglitz	NG	–	*	V	gelb
Certhia brachydactyla	Gartenbaumläufer	BV	11	*	*	grün
Coccothraustes coccothraustes	Kernbeißer	BV	2	*	*	grün
Columba oenas	Hohltaube	BV	1	*	*	gelb
Columba palumbus	Ringeltaube	BV	13	*	*	grün
Corvus corone	Rabenkrähe	NG	–			grün
Cyanistes caeruleus	Blaumeise	BV	18	*	*	grün
Dendrocopos major	Buntspecht	BV	12	*	*	grün
Dendrocoptes medius	Mittelspecht	BV	6	*	*	gelb
Dryobates minor	Kleinspecht	BV	1	V	V	gelb
Erithacus rubecula	Rotkehlchen	BV	26	*	*	gelb
Fringilla coelebs	Buchfink	BV	7	*	*	gelb
Fringilla montifringilla	Bergfink	DZ	–			
Garrulus glandarius	Eichelhäher	BV	4	*	*	grün
Muscicapa striata	Grauschnäpper	BV	3	V	*	grün
Parus major	Kohlmeise	BV	27	*	*	grün
Phoenicurus phoenicurus	Gartenrotschwanz	BV	2	V	2	rot
Phylloscopus collybita	Zilpzalp	BV	10	*	*	grün
Phylloscopus trochilus	Fitis	DZ	–	*	*	
Pica pica	Elster	NG	–	*	*	grün
Picus viridis	Grünspecht	BV	4	*	*	grün
Prunella modularis	Heckenbraunelle	BV	1	*	*	grün
Psittacula krameri	Halsbandsittich	NG		n. b.	n. b.	
Pyrrhula pyrrhula	Gimpel	DZ	–	*	*	grün
Regulus ignicapilla	Sommergoldhähnchen	BV	3	*	*	grün
Regulus regulus	Wintergoldhähnchen	DZ	–	*	*	grün
Serinus serinus	Girlitz	NG	–	*	*	gelb
Sitta europaea	Kleiber	BV	14	*	*	grün
Strix aluco	Waldkauz	BV	1	*	*	grün
Sturnus vulgaris	Star	BV	26	3	*	grün
Sylvia atricapilla	Mönchsgrasmücke	BV	13	*	*	grün
Troglodytes troglodytes	Zaunkönig	BV	13	*	*	grün
Turdus iliacus	Rotdrossel	DZ	–	n. b.	n. b.	
Turdus merula	Amsel	BV	13	*	*	grün
Turdus philomelos	Singdrossel	BV	8	*	*	grün
Turdus pilaris	Wacholderdrossel	NG	–	*	*	gelb
Turdus torquatus	Ringdrossel	DZ	–	*	0	rot

Tab. A5: Gesamtliste der auf dem Frankfurter Hauptfriedhof nachgewiesenen Vogelarten und Anzahl der Brutpaare nach Püschel (2020).
Status: BV = Brutvogel, DZ = Durchzügler, Rastvogel, NG = Nahrungsgast.
RL D = Rote Liste Deutschland (Grüneberg et al. 2015). RL HE = Rote Liste Hessen (VSW & HGON 2014). n. b. = nicht bewertet,
* = ungefährdet, V = Vorwarnliste, 3 = gefährdet, 2 = stark gefährdet. EHZ = Erhaltungszustand in Hessen (Werner et al. 2014a),
grün = günstig, gelb = ungünstig-unzureichend, rot = ungünstig-schlecht.

Wissenschaftlicher Name	Deutscher Name	Status	n Reviere	RL D	RL HE	EHZ
Accipiter gentilis	Habicht	BV	1	*	3	gelb
Accipiter nisus	Sperber	BV	1	*	*	grün
Acrocephalus scirpaceus	Teichrohrsänger	DZ		*	V	gelb
Aegithalos caudatus	Schwanzmeise	BV	2	*	*	grün
Alopochen aegyptiaca	Nilgans	DZ, NG		n. b.	n. b.	
Apus apus	Mauersegler	DZ, NG		*	*	gelb
Ardea cinerea	Graureiher	DZ		*	*	gelb
Buteo buteo	Mäusebussard	BV	3	*	*	grün
Carduelis carduelis	Stieglitz	BV	7	*	V	gelb
Carduelis chloris	Grünfink	BV	3	*	*	grün
Carduelis flammea	Birkenzeisig	DZ		*	*	gelb
Carduelis spinus	Erlenzeisig	DZ		*	*	grün
Certhia brachydactyla	Gartenbaumläufer	BV	19	*	*	grün
Coccothraustes coccothraustes	Kernbeißer	BV	5	*	*	grün
Coloeus monedula	Dohle	DZ, NG		*	*	gelb
Columba livia f. domestica	Straßentaube	BV	1		n. b.	
Columba palumbus	Ringeltaube	BV	55	*	*	grün
Corvus corone	Rabenkrähe	NG		*	*	grün
Cyanistes caeruleus	Blaumeise	BV	50	*	*	grün
Delichon urbicum	Mehlschwalbe	DZ		3	3	gelb
Dendrocopos major	Buntspecht	BV	10	*	*	grün
Dendrocoptes medius	Mittelspecht	BV	2	*	*	grün
Erithacus rubecula	Rotkehlchen	BV	70	*	*	grün
Falco tinnunculus	Turmfalke	NG		*	*	grün
Ficedula hypoleuca	Trauerschnäpper	DZ		3	V	gelb
Fringilla coelebs	Buchfink	BV	65	*	*	grün
Garrulus glandarius	Eichelhäher	BV	5	*	*	grün
Hippolais icterina	Gelbspötter	DZ		*	3	rot
Hirundo rustica	Rauchschwalbe	DZ		3	3	gelb
Loxia curvirostra	Fichtenkreuzschnabel	BV	1	*	*	grün
Luscinia megarhynchos	Nachtigall	DZ		*	*	grün
Motacilla alba	Bachstelze	BV	1	*	*	grün
Muscicapa striata	Grauschnäpper	BV	19	V	*	grün
Parus ater	Tannenmeise	BV	2	*	*	grün

Wissenschaftlicher Name	Deutscher Name	Status	n Reviere	RL D	RL HE	EHZ
Parus cristatus	Haubenmeise	BV	4	*	*	🟩
Parus major	Kohlmeise	BV	77	*	*	🟩
Parus palustris	Sumpfmeise	DZ		*	*	🟩
Passer domesticus	Haussperling	NG		V	V	🟨
Phoenicurus ochruros	Hausrotschwanz	BV	1	*	*	🟩
Phoenicurus phoenicurus	Gartenrotschwanz	?	?	V	2	🟥
Phylloscopus collybita	Zilpzalp	BV	21	*	*	🟩
Phylloscopus sibilatrix	Waldlaubsänger	BV	1	*	3	🟨
Phylloscopus trochilus	Fitis	BV	1	*	*	🟩
Pica pica	Elster	BV	1	*	*	🟩
Picus viridis	Grünspecht	BV	1	*	*	🟩
Prunella modularis	Heckenbraunelle	BV	3	*	*	🟩
Pyrrhula pyrrhula	Gimpel	BV	2	*	*	🟩
Regulus ignicapilla	Sommergoldhähnchen	BV	24	*	*	🟩
Regulus regulus	Wintergoldhähnchen	BV	10	*	*	🟩
Scolopax rusticola	Waldschnepfe	DZ		V	V	🟨
Serinus serinus	Girlitz	BV	9		*	🟨
Sitta europaea	Kleiber	BV	25	*	*	🟩
Strix aluco	Waldkauz	BV	1–?	*	*	🟩
Sturnus vulgaris	Star	BV	1	3	*	🟩
Sylvia atricapilla	Mönchsgrasmücke	BV	38	*	*	🟩
Sylvia borin	Gartengrasmücke	DZ		*	*	🟩
Troglodytes troglodytes	Zaunkönig	BV	25	*	*	🟩
Turdus iliacus	Rotdrossel	DZ		n. b.	n. b.	
Turdus merula	Amsel	BV	63	*	*	🟩
Turdus philomelos	Singdrossel	BV	39	*	*	🟩
Turdus pilaris	Wacholderdrossel	DZ, NG		*	*	🟨
Turdus viscivorus	Misteldrossel	DZ, NG		*	*	🟩

Tab. A6: Gesamtartenliste der am Frankfurter Kreuz nachgewiesenen Pflanzenarten. Angaben zum Rote-Liste-Status gemäß der zum Untersuchungszeitpunkt gültigen Listen. Schutz: § = besonders geschützt nach Bundesnaturschutzgesetz. RL D = Rote Liste Deutschland (Korneck et al. 1996), RL HE = Rote Liste Hessen (Hemm et al. 2008), RL HE SW = Rote Liste Region Südwest (Hemm et al. 2008). V = Vorwarnliste, 3 = gefährdet, 2 = stark gefährdet, 0 = natürliche Vorkommen ausgestorben. Einwanderung (nach Bönsel et al. 2009): A = Archäophyt (Alteinwanderer), N = Neophyt (Neueinwanderer), I = Indigen (Einheimisch). Status (nach Hemm et al. 2008): E = etablierter Neophyt, T = Sippe mit Einbürgerungstendenz, u = unbeständig, K = Kulturrelikt, angepflanzt oder angesät.

Wissenschaftlicher Name	Deutscher Name	Schutz	RL D	RL HE	RL HE SW	Einwanderung	Status
Acer campestre	Feld-Ahorn					I	
Acer platanoides	Spitz-Ahorn					N	
Acer pseudoplatanus	Berg-Ahorn					N	
Achillea millefolium agg.	Wiesen-Schafgarbe					I	
Acinos arvensis	Steinquendel					I	
Agrostis capillaris	Rotes Straußgras					I	
Ailanthus altissima	Götterbaum					N	E
Aira caryophyllea	Nelken-Schmielenhafer		V	V	V	I	
Aira praecox	Früher Schmielenhafer		V	2	3	I	
Ajuga genevensis	Genfer Günsel					I	
Alliaria petiolata	Lauchhederich					I	
Anagallis arvensis	Acker-Gauchheil					A	
Anchusa arvensis	Acker-Krummhals					A	
Anchusa officinalis	Gewöhnliche Ochsenzunge					A	
Arabidopsis thaliana	Acker-Schmalwand					A	
Arenaria serpyllifolia	Thymianblättriges Sandkraut					I	
Armoracia rusticana	Meerrettich					A	
Arrhenatherum elatius	Glatthafer					N	
Artemisia absinthium	Wermut					A	E
Artemisia vulgaris	Gewöhnlicher Beifuß					I	
Asparagus officinalis	Gemüse-Spargel					A	
Astragalus glycyphyllos	Süßer Tragant					I	
Atriplex micrantha	Verschiedensamige Melde					N	E
Atriplex oblongifolia	Langblättrige Melde					A	
Atriplex prostrata	Spießmelde					A	
Atriplex sagittata	Glanz-Melde					N	E
Ballota nigra subsp. nigra	Gewöhnliche Schwarznessel					A	
Barbarea vulgaris	Echtes Barbarakraut					I	
Bellis perennis	Gänseblümchen					A	
Berteroa incana	Graukresse					N	E
Betula pendula	Hänge-Birke					I	
Brachypodium sylvaticum	Wald-Zwenke					I	
Bromus hordeaceus	Gewöhnliche Weiche Trespe					A	
Bromus inermis	Unbewehrte Trespe					I	
Bromus sterilis	Taube Trespe					A	

Wissenschaftlicher Name	Deutscher Name	Schutz	RL D	RL HE	RL HE SW	Einwanderung	Status
Bromus tectorum	Dach-Trespe					A	
Calamagrostis epigejos	Land-Reitgras					I	
Calluna vulgaris	Heidekraut					I	
Campanula patula	Wiesen-Glockenblume			V		I	
Campanula rapunculus	Rapunzel-Glockenblume					I	
Cardamine hirsuta	Behaartes Schaumkraut					N	E
Carduus acanthoides	Weg-Distel					A	
Carduus crispus	Krause Distel					I	
Carex divulsa	Lockerährige Segge					I	
Carex hirta	Raue Segge					I	
Carex pairae	Pairas Segge					I	
Carex pilulifera	Pillen-Segge					I	
Carpinus betulus	Hainbuche					I	
Centaurea jacea	Gewöhnliche Wiesen-Flockenblume					I	
Centaurea stoebe	Echte Rispen-Flockenblume					I	
Centaurium erythraea	Echtes Tausendgüldenkraut	§	V			I	
Cerastium arvense	Acker-Hornkraut					I	
Cerastium glomeratum	Knäuel-Hornkraut					A	
Cerastium glutinosum	Bleiches Hornkraut					I	
Cerastium holosteoides	Gewöhnliches Hornkraut					I	
Chaenorhinum minus	Kleines Leinkraut					N	E
Chaerophyllum bulbosum	Rüben-Kälberkropf					I	
Chaerophyllum temulum	Hecken-Kälberkropf					I	
Chenopodium album	Weißer Gänsefuß					I	
Chenopodium polyspermum	Vielsamiger Gänsefuß					I	
Cichorium intybus	Gewöhnliche Wegwarte					A	
Cirsium arvense	Acker-Kratzdistel					I	
Cirsium vulgare	Gewöhnliche Kratzdistel					I	
Cochlearia danica	Dänisches Löffelkraut	§				N	E
Colutea arborescens	Gewöhnlicher Blasenstrauch					N	K
Convolvulus arvensis	Acker-Winde					I	
Cornus sanguinea agg.	Roter Hartriegel					I	
Corylus avellana	Gewöhnliche Hasel					I	
Corynephorus canescens	Silbergras			3	V	I	
Cotoneaster moupinensis	Moupin-Zwergmistel					N	K
Crataegus crus-galli	Hahnensporn-Weißdorn					N	K
Crataegus monogyna	Eingriffeliger Weißdorn					I	
Crepis capillaris	Grüner Pippau					A	
Cynoglossum officinale	Gewöhnliche Hundszunge					I	
Cytisus scoparius	Gewöhnlicher Besenginster					I	

Wissenschaftlicher Name	Deutscher Name	Schutz	RL D	RL HE	RL HE SW	Einwanderung	Status
Dactylis glomerata	Wiesen-Knäuelgras					I	
Danthonia decumbens	Gewöhnlicher Dreizahn			V	V	I	
Daucus carota	Wilde Möhre					I	
Dianthus carthusianorum	Karthäuser-Nelke	§	V	V		I	
Dianthus deltoides	Heide-Nelke	§	V			I	
Dianthus giganteus	Riesen-Nelke	§				N	T
Diplotaxis tenuifolia	Stinkrauke					N	
Dipsacus fullonum	Wilde Kardendistel					A	
Dittrichia graveolens	Klebriger Alant					N	E
Draba verna	Frühlings-Hungerblümchen					I	
Echinops sphaerocephalus	Gewöhnliche Kugeldistel					N	E
Echium vulgare	Stolzer Heinrich					A	
Elaeagnus angustifolia	Schmalblättrige Ölweide					N	K
Elymus repens	Kriechende Quecke					I	
Epilobium brachycarpum	Kurzfrüchtiges Weidenröschen					N	E
Epilobium tetragonum	Vierkantiges Weidenröschen					I	
Erigeron annuus agg.	Einjähriger Feinstrahl					N	E
Erigeron canadensis	Kanadisches Berufkraut					N	E
Erodium cicutarium	Gewöhnlicher Reiherschnabel					I	
Erysimum cheiranthoides	Acker-Schöterich					I	
Euonymus europaea	Gewöhnliches Pfaffenkäppchen					I	
Euphorbia cyparissias	Zypressen-Wolfsmilch					I	
Euphorbia esula	Esels-Wolfsmilch					I	
Falcaria vulgaris	Sichelmöhre					I	
Fallopia baldschuanica	Schling-Flügelknöterich					N	u
Fallopia convolvulus	Gewöhnlicher Flügelknöterich					A	
Fallopia dumetorum	Hecken-Flügelknöterich					I	
Fallopia japonica	Japanischer Staudenknöterich					N	E
Festuca arundinacea	Rohr-Schwingel					I	
Festuca brevipila	Raublättriger Schaf-Schwingel					N	E
Festuca filiformis	Dünnblättriger Schaf-Schwingel					I	
Festuca guestfalica	Harter Schaf-Schwingel					I	
Festuca ovina agg.	Artengruppe Schafschwingel					I	
Festuca pratensis	Wiesen-Schwingel					I	
Festuca rubra	Gewöhnlicher Rot-Schwingel					I	
Filago arvensis	Acker-Filzkraut		3	3	3	I	
Filago minima	Kleines Filzkraut		V	3	V	I	
Fragaria vesca	Wald-Erdbeere					I	
Fraxinus excelsior	Gewöhnliche Esche					I	
Galeopsis tetrahit	Gewöhnlicher Hohlzahn					I	
Galium album	Weißes Labkraut					I	

Wissenschaftlicher Name	Deutscher Name	Schutz	RL D	RL HE	RL HE SW	Einwanderung	Status
Galium aparine	Gewöhnliches Kleblabkraut					I	
Galium parisiense	Pariser Labkraut		0	0	0	N	T
Galium verum	Echtes Labkraut					I	
Genista pilosa	Heide-Ginster					I	
Genista sagittalis	Flügel-Ginster			V	V	I	
Geranium molle	Weicher Storchschnabel					A	
Geranium pratense	Wiesen-Storchschnabel					A	
Geranium pyrenaicum	Pyrenäen-Storchschnabel					N	E
Geranium robertianum	Ruprechtskraut					I	
Geum urbanum	Echte Nelkenwurz					I	
Glechoma hederacea	Gundelrebe					I	
Hedera helix	Efeu					I	
Heracleum sphondylium	Wiesen-Bärenklau					I	
Herniaria glabra	Kahles Bruchkraut					A	
Hieracium pilosella	Kleines Habichtskraut					I	
Hieracium sabaudum	Savoyer Habichtskraut					I	
Hippocrepis comosa	Hufeisenklee			V	V	I	
Hippophaë rhamnoides	Sanddorn					N	K
Holcus lanatus	Wolliges Honiggras					I	
Holcus mollis	Weiches Honiggras					I	
Holosteum umbellatum	Spurre					I	
Humulus lupulus	Gewöhnlicher Hopfen					I	
Hylotelephium maximum	Große Fetthenne					I	
Hypericum perforatum	Echtes Johanniskraut					I	
Hypochaeris radicata	Gewöhnliches Ferkelkraut					I	
Inula conyzae	Dürrwurz					I	
Jasione montana	Berg-Sandglöckchen			V	V	I	
Juncus effusus	Flatter-Binse					I	
Lactuca serriola	Kompass-Lattich					I	
Lamium album	Weiße Taubnessel					A	
Lamium purpureum	Purpurrote Taubnessel					A	
Lapsana communis	Rainkohl					I	
Lathyrus pratensis	Wiesen-Platterbse					I	
Lathyrus sylvestris	Wald-Platterbse					I	
Lepidium campestre	Feld-Kresse					A	
Lepidium draba	Pfeilkresse					N	E
Lepidium heterophyllum	Verschiedenblättrige Kresse					N	T
Lepidium latifolium	Breitblättrige Kresse					N	E
Lepidium virginicum	Virginische Kresse					N	E
Leucanthemum ircutianum	Wiesen-Margerite					I	
Ligustrum vulgare	Liguster					I	

Wissenschaftlicher Name	Deutscher Name	Schutz	RL D	RL HE	RL HE SW	Einwan- derung	Status
Linaria vulgaris	Gewöhnliches Leinkraut					I	
Lolium perenne	Ausdauernder Lolch					I	
Lonicera xylosteum	Rote Heckenkirsche					I	
Lotus corniculatus	Gewöhnlicher Hornklee					I	
Luzula campestris	Hasenbrot		V			I	
Luzula luzuloides	Weißliche Hainsimse					I	
Luzula multiflora	Vielblütiges Hasenbrot					I	
Lycium barbarum	Gewöhnlicher Bocksdorn					N	T
Mahonia aquifolium	Mahonie					N	E
Malva alcea	Rosen-Malve					A	
Medicago lupulina	Hopfenklee					I	
Medicago minima	Zwerg-Schneckenklee			3	3	I	
Medicago sativa	Saat-Luzerne					N	T
Melilotus albus	Weißer Steinklee					A	
Melilotus officinalis	Gebräuchlicher Steinklee					A	
Mentha spicata	Grüne Minze					N	E
Muscari armeniacum	Armenische Traubenhyazinthe					N	T
Myosotis arvensis	Acker-Vergissmeinnicht					A	
Myosotis ramosissima	Hügel-Vergissmeinnicht					I	
Myosotis stricta	Sand-Vergissmeinnicht					I	
Narcissus poeticus	Dichter-Narzisse					N	T
Nardus stricta	Borstgras		V	V	V	I	
Nepeta cataria	Gewöhnliche Katzenminze		3	3	3	A	
Oenothera biennis	Gewöhnliche Nachtkerze					N	E
Oenothera fallax	Täuschende Nachtkerze					N	E
Oenothera pycnocarpa	Dichtfrüchtige Nachtkerze					N	E
Onobrychis viciifolia	Futter-Esparsette					N	E
Ornithogalum umbellatum	Dolden-Milchstern					N	E
Ornithopus perpusillus	Mäusewicke				V	I	
Papaver argemone	Sand-Mohn					A	
Papaver dubium	Saatmohn					A	
Papaver rhoeas	Klatsch-Mohn					A	
Pastinaca sativa	Gewöhnlicher Pastinak					A	
Petrorhagia prolifera	Sprossende Felsennelke					I	
Phragmites australis	Schilf					I	
Picris hieracioides	Gewöhnliches Bitterkraut					I	
Pinus sylvestris	Wald-Kiefer					N	
Plantago arenaria	Sand-Wegerich					N	E
Plantago coronopus	Schlitzblättriger Wegerich					N	T
Plantago lanceolata	Spitz-Wegerich					I	
Plantago major subsp. major	Breit-Wegerich					I	

Wissenschaftlicher Name	Deutscher Name	Schutz	RL D	RL HE	RL HE SW	Einwan- derung	Status
Poa angustifolia	Schmalblättriges Rispengras					I	
Poa annua	Einjähriges Rispengras					I	
Poa compressa	Flaches Rispengras					I	
Poa nemoralis	Hain-Rispengras					I	
Poa palustris	Sumpf-Rispengras					I	
Poa pratensis	Gewöhnl. Wiesen-Rispengras					I	
Poa trivialis	Gewöhnliches Rispengras					I	
Polygonum arenastrum	Gleichblättriger Vogelknöterich					I	
Populus canadensis	Kanadische Pappel					N	E
Populus tremula	Espe					I	
Portulaca oleracea	Portulak					A	
Potentilla argentea	Silber-Fingerkraut					I	
Potentilla neumanniana	Frühlings-Fingerkraut					I	
Potentilla recta	Hohes Fingerkraut					N	
Potentilla reptans	Kriechendes Fingerkraut					I	
Prunus avium	Vogel-Kirsche					I	
Prunus serotina	Späte Trauben-Kirsche					N	E
Prunus spinosa	Schlehe					I	
Pteridium aquilinum	Adlerfarn					I	
Puccinellia distans	Gewöhnlicher Salzschwaden					I	
Quercus robur	Stiel-Eiche					I	
Quercus rubra	Rot-Eiche					N	T
Reseda lutea	Wilde Resede					A	
Reseda luteola	Färber-Resede					A	
Ribes aureum	Gold-Johannisbeere					N	K
Robinia pseudoacacia	Robinie					N	E
Rosa canina	Echte Hundsrose					I	
Rosa rubiginosa	Wein-Rose					N	
Rosa rugosa	Kartoffel-Rose					N	T
Rosa spinosissima	Pimpinell-Rose					N	K
Rubus amiantinus	Asbestschimmernde Brombeere					I	
Rubus bifrons	Zweifarbige Brombeere					I	
Rubus caesius	Kratzbeere					I	
Rubus condensatus	Gedrängtblütige Brombeere					I	
Rubus constrictus	Zusammengezogene Brombeere					I	
Rubus devitatus	Gemiedene Brombeere					I	
Rubus montanus	Mittelgebirgs-Brombeere					I	
Rubus plicatus	Falten-Brombeere					I	
Rubus sciocharis	Schattenliebende Brombeere					I	
Rubus sect. *Corylifolii*	Artengr. Haselblatt-Brombeere					I	
Rubus subsect. *Hiemales*	Artengruppe Wintergrüne Brombeeren					I	

Wissenschaftlicher Name	Deutscher Name	Schutz	RL D	RL HE	RL HE SW	Einwanderung	Status
Rumex acetosa	Wiesen-Sauer-Ampfer					I	
Rumex acetosella	Kleiner Sauer-Ampfer					I	
Rumex crispus	Krauser Ampfer					I	
Rumex obtusifolius	Stumpfblättriger Ampfer					I	
Rumex thyrsiflorus	Straußblütiger Sauerampfer					I	
Sagina apetala	Wimper-Mastkraut					A	
Salix alba	Silber-Weide					I	
Salix caprea	Sal-Weide					I	
Salix purpurea	Purpur-Weide					I	
Salix triandra	Mandel-Weide					I	A
Salvia pratensis	Wiesen-Salbei					I	
Sambucus nigra	Schwarzer Holunder					A	
Sanguisorba minor subsp. balearica	Weichstacheliger Wiesenknopf					N	E
Sanguisorba minor subsp. minor	Kleiner Wiesenknopf					I	
Saxifraga granulata	Knöllchen-Steinbrech	§	V		V	I	
Saxifraga tridactylites	Dreifinger-Steinbrech					A	
Scorzoneroides autumnalis	Gewöhnlicher Herbst-Schuppenlöwenzahn					I	
Securigera varia	Bunte Kronwicke					I	
Sedum album	Weiße Fetthenne					A	
Senecio erucifolius	Raukenblättriges Greiskraut					I	
Senecio inaequidens	Schmalblättriges Greiskraut					N	E
Senecio jacobaea	Jakobs-Greiskraut					I	
Senecio vernalis	Frühlings-Greiskraut					N	E
Senecio viscosus	Klebriges Greiskraut					I	
Senecio vulgaris	Gewöhnliches Greiskraut					I	
Setaria pumila	Rote Borstenhirse					A	
Setaria viridis	Grüne Borstenhirse					N	
Silene latifolia subsp. alba	Weiße Lichtnelke					I	
Sisymbrium altissimum	Ungarische Rauke					N	E
Solanum dulcamara	Bittersüßer Nachtschatten					I	
Solidago canadensis	Kanadische Goldrute					N	E
Sonchus asper	Raue Gänsedistel					I	
Sonchus oleraceus	Gemüse-Gänsedistel					I	
Sorbus aucuparia	Gewöhnliche Vogelbeere					I	
Sorbus intermedia	Schwedische Mehlbeere					N	K
Spergularia rubra	Rote Schuppenmiere					A	
Stellaria media	Gewöhnliche Vogelmiere					I	
Stellaria pallida	Bleiche Vogelmiere					A	
Tanacetum vulgare	Rainfarn					A	
Taraxacum sect. Erythrosperma	Rotfruchtlöwenzahn					I	

Wissenschaftlicher Name	Deutscher Name	Schutz	RL D	RL HE	RL HE SW	Einwanderung	Status
Taraxacum sect. *Ruderalia*	Wiesenlöwenzahn					I	
Teesdalia nudicaulis	Bauernsenf			3	V	I	
Teucrium scorodonia	Salbei-Gamander					I	
Tilia cordata	Winter-Linde					I	
Tilia platyphyllos	Sommer-Linde					I	
Tordylium maximum	Große Zirmet					N	u
Tragopogon dubius	Großer Bocksbart					A	
Tragopogon pratensis	Gewöhnlicher Wiesen-Bocksbart					I	
Trifolium alpestre	Hügel-Klee		V	V	V	I	
Trifolium arvense	Hasen-Klee					I	
Trifolium aureum	Gold-Klee					I	
Trifolium campestre	Feld-Klee					I	
Trifolium dubium	Kleiner Klee					I	
Trifolium pratense	Wiesen-Klee					I	
Trifolium repens	Weiß-Klee					I	
Tripleurospermum perforatum	Geruchlose Kamille					A	
Turritis glabra	Turmkraut					I	
Ulmus minor	Feld-Ulme		3	3	3	I	K
Urtica dioica	Große Brennnessel					I	
Valerianella locusta	Echter Feldsalat					A	
Verbascum densiflorum	Großblütige Königskerze					A	
Verbascum lychnitis	Mehlige Königskerze					A	
Verbascum nigrum	Dunkle Königskerze					A	
Verbascum thapsus	Kleinblütige Königskerze					A	
Verbena officinalis	Gewöhnliches Eisenkraut					A	
Veronica arvensis	Feld-Ehrenpreis					A	
Veronica chamaedrys	Gamander-Ehrenpreis					I	
Veronica officinalis	Wald-Ehrenpreis					I	
Veronica persica	Persischer Ehrenpreis					N	E
Veronica sublobata	Hecken-Ehrenpreis					I	
Viburnum lantana	Wolliger Schneeball					N	
Vicia angustifolia subsp. *angustifolia*	Schmalblättrige Futter-Wicke					A	
Vicia cracca	Vogel-Wicke					I	
Vicia hirsuta	Rauhaarige Wicke					A	
Vicia villosa subsp. *villosa*	Zottel-Wicke					N	E
Viola arvensis	Ackerstiefmütterchen					A	
Viola canina	Hunds-Veilchen			V	V	I	
Viola riviniana	Hain-Veilchen					I	
Vulpia bromoides	Trespen-Federschwingel			3	V	I	
Vulpia myuros	Mäuseschwanz-Federschwingel					I	

Tab. A7: Artenliste und Individuenzahlen der am Frankfurter Kreuz gefangenen Laufkäfer.
Schutz nach Bundesnaturschutzgesetz: § = besonders geschützt. RL D = Rote Liste Deutschland (Schmidt et al. 2016), RL HE = Rote Liste Hessen (Grenz & Malten 1996): * = ungefährdet, D = Daten mangelhaft, V = Vorwarnliste, G = Gefährdung unbekannten Ausmaßes, 3 = gefährdet, 2 = stark gefährdet. Fallen: 1–4 = Bodenfallen im Offenland, 5 = Bodenfallen nahe Birke, 6 = Bodenfallen nach Buche, 7 = Stammeklektor an Birke, 8 = Stammeklektor an Buche. Die Individuenzahlen der Bodenfallen wurden jeweils addiert aus sechs einzelnen Fallen pro Standort.

Wissenschaftlicher Name	Schutz	RL D	RL HE	1	2	3	4	5	6	7	8
Abax parallelus		*	*			1					
Amara aenea		*	*	59	36	181	240	8	1		
Amara aulica		*	*				6				
Amara bifrons		*	*	1	52	53	170	1			
Amara communis		*	*	65			1	4	139		
Amara convexior		*	*	4				289	15		
Amara cursitans		V	3			2					
Amara curta		*	3	1		3					
Amara equestris		*	*	16			22				
Amara eurynota		*	*			6					
Amara lunicollis		*	*	4	1		6	55	1		
Amara ovata		*	*				1		2		
Amara tibialis		*	3	1	2	10	4	1			
Badister bullatus		*	*	2	2	2	6	18	1		
Badister lacertosus		*	*						1		
Bembidion lampros		*	*	1							
Bembidion properans		*	*				2				
Bradycellus csikii		*	*		2		1				
Bradycellus harpalinus		*	*	1	1						
Calathus ambiguus		*	*				1				
Calathus cinctus		*	*	28	16		1				
Calathus erratus		*	*		82						
Calathus fuscipes		*	*	28			17	3			
Calathus melanocephalus		*	*	4	1						
Calathus rotundicollis		*	*						1		
Calodromius spilotus		*	*								1
Calosoma inquisitor	§	3	3						1		2
Cicindela campestris	§	*	*	2	39	1					
Dromius agilis		*	*							1	
Dromius quadrimaculatus		*	*								9
Harpalus affinis		*	*	1	1	6	99		1		
Harpalus anxius		*	*		13	83		1	1		
Harpalus griseus		*	*		8						
Harpalus latus		*	*	2					13		1

Wissenschaftlicher Name	Schutz	RL D	RL HE	1	2	3	4	5	6	7	8
Harpalus luteicornis		*	*	2		1	21	6	9		
Harpalus melancholicus		2	2		13		1				
Harpalus pumilus		*	*	36	27	374	76	21			
Harpalus rubripes		*	*	63	9	57	299	260	15	1	
Harpalus rufipalpis		*	*	1	1	2		2			
Harpalus rufipes		*	*		1		2				
Harpalus serripes		3	3				10				
Harpalus smaragdinus		*	V	3	99	16	1				
Harpalus subcylindricus		G	D	43	22	2	221	21			
Harpalus tardus		*	*	12	4	30	5	58	3		
Leistus ferrugineus		*	*	3	4						
Masoreus wetterhallii		3	2	5	4	3					
Microlestes minutulus		*	*		1						
Nebria brevicollis		*	*							1	
Notiophilus aestuans		V	*		1		1				
Notiophilus aquaticus		*	*	34					4		
Notiophilus biguttatus		*	*						5		
Notiophilus palustris		*	*	3					16		
Notiophilus rufipes		*	*					3	245		2
Olisthopus rotundatus		V	2	6	7						
Ophonus azureus		*	*						3		
Ophonus puncticeps		*	*		2		50				
Panagaeus bipustulatus		*	*		1		1	4			
Paradromius linearis		*	*			1		1		2	
Parophonus maculicornis		*	3		1			2			
Philorhizus notatus		*	V				1				1
Poecilus lepidus		*	3	115		10	7				
Poecilus versicolor		*	*	69	1		6	1	102		
Pterostichus oblongopunctatus		*	*						9		
Pterostichus strenuus		*	*						5		
Pterostichus vernalis		*	*	1					1		
Syntomus foveatus		*	*	7	1	19		1			
Syntomus truncatellus		*	*					1	24		
Synuchus vivalis		*	*				1				
Trechus obtusus		*	*	16		2	1				
Trechus quadristriatus		*	*						1		1
Summe				**639**	**456**	**861**	**1285**	**787**	**592**	**5**	**17**

Tab. A8: Artenliste der am Frankfurter Kreuz festgestellten Spinnen- und Weberknechtarten.
RL D = Rote Liste Deutschland (Blick et al. 2016, Muster et al. 2016): * = ungefährdet, D = Daten mangelhaft, V = Vorwarnliste, G = Gefährdung unbekannten Ausmaßes, 3 = gefährdet, 2 = stark gefährdet, n. b. = nicht bewertet. Fallen: 1–4 = Bodenfallen im Offenland, 5 = Bodenfallen nahe Birke, 6 = Bodenfallen nach Buche, 7 = Stammeklektor an Birke, 8 = Stammeklektor an Buche.
Die Individuenzahlen der Bodenfallen wurden jeweils addiert aus sechs einzelnen Fallen pro Standort.

Wissenschaftlicher Name	RL D	1	2	3	4	5	6	7	8
ARANEAE-WEBSPINNEN									
PHOLCIDAE									
Pholcus opilionoides	*								1
DYSDERIDAE									
unbestimmte Jungtiere								2	1
Harpactea hombergi	*							1	1
Harpactea rubicunda		35						168	113
MIMETIDAE									
Ero furcata	*		1						
Ero tuberculata	*	1						3	
THERIDIIDAE									
unbestimmte Jungtiere		3	3	6	1	12		5	12
Parasteatoda lunata	*								1
Anelosimus vittatus	*								4
Dipoena melanogaster	*							11	3
Enoplognatha thoracica	*	12	6			17	3		
Robertus arundineti	*						1		
Robertus lividus	*	8	2			1	1	1	
Steatoda albomaculata	G		19						
Steatoda bipunctata	*							7	
Asagena phalerata	*	131	22	2	20				
Neottiura bimaculata	*	1				5			
Phylloneta impressa	*							1	
Theridion melanurum	D								21
Theridion mystaceum	*							3	4
Theridion pinastri	*							4	3
Platnickia tincta	*							4	3
Theridion varians	*								1
LINYPHIIDAE									
unbestimmte Jungtiere		11	7	13	10	4	12	3	3
Agyneta fuscipalpa	*			1	5				
Agyneta rurestris	*	39	24	19	6	1	4	1	1
Agyneta simplicitarsis	G	8		1					

Wissenschaftlicher Name	RL D	1	2	3	4	5	6	7	8
Anguliphantes angulipalpis	*			1		1			
Araeoncus humilis	*		1	4					
Centromerita bicolor	*	33	1	1	205	6			
Centromerita concinna	*	105	319	47	411	9			
Centromerus dilutus	*				1	2			
Centromerus pabulator	*	7	1			1			
Centromerus serratus	*		1		1	1			
Centromerus sylvaticus	*	3	20	2	6	1			
Cnephalocotes obscurus	*	2							
Diplocephalus picinus	*							1	
Diplostyla concolor	*	5	2	8	9	14	76	2	4
Erigone atra	*		15				1		2
Erigone dentipalpis	*	1	51	3	2	2			
Mecynargus foveatus	3	2							
Meioneta affinis	*	23	2	6		11			
Mermessus trilobatus	n.b.	16	7	10	3	8	1		
Micrargus subaequalis	*					1			
Microneta viaria	*	1		2			7	1	
Neriene clathrata	*	2							
Palliduphantes pallidus	*	1	5						
Pelecopsis parallela	*		26	1					
Pocadicnemis pumila	*	1							
Porrhomma microphthalmum	*				1			1	1
Stemonyphantes lineatus	*				28				
Styloctetor romanus	3		79	85					
Tapinocyba praecox	*	1	3						
Tenuiphantes flavipes	*	1	1				44	2	5
Tenuiphantes tenebricola	*								4
Tenuiphantes tenuis	*	2		4		10	18	2	
Typhochrestus digitatus	*	2	65	190					
Walckenaeria antica	*		11			4			
Walckenaeria atrotibialis	*	1							
TETRAGNATHIDAE									
Pachygnatha degeeri	*	3			8	2			1
Tetragnatha obtusa	*							1	
ARANEIDAE									
unbestimmte Jungtiere		1						1	
Agalenatea redii	*		1	2					
Araneus angulatus	G							2	1
Araneus diadematus	*							7	

Wissenschaftlicher Name	RL D	1	2	3	4	5	6	7	8
Araneus triguttatus	*							1	
Araniella spec. juv.								6	2
Araniella cucurbitina	*							6	
Araniella opisthographa	*	1						23	2
Argiope bruennichi	*	4							
Cercidia prominens	*	1							
Gibbaranea gibbosa	*							3	1
Hypsosinga albovittata	V	1	3						
Mangora acalypha	*	2							
Neoscona adianta	V	1							
Nuctenea umbratica	*							252	3
LYCOSIDAE									
unbestimmte Jungtiere		502	98		118	83	12		
Alopecosa spec. juv.		103	1		4			1	
Alopecosa cuneata	*	490	39	4	42	63	10		
Alopecosa pulverulenta	*				1				
Aulonia albimana	*	298	5		30	82	44	5	5
Pardosa spec. juv.		23	3	4	98	10		23	7
Pardosa agrestis agrestis	*	1			1	1			
Pardosa hortensis	*	99	61	6	2	10	66	1	1
Pardosa lugubris s.l.	*	5					17		1
Pardosa lugubris s. str.	*		1				33		1
Pardosa saltans	*					1	32		1
Pardosa monticola	*	41			5		1		
Pardosa nigriceps	*	33	1						
Pardosa palustris	*	18	2	1	96	24			
Pardosa prativaga	*	14			10	60	17		1
Pardosa pullata	*	12			1	2			
Pirata uliginosus	*								3
Trochosa ruricola	*	6			17	15			
Trochosa terricola	*		2						
Xerolycosa miniata	*	150	32	4	115			2	
PISAURIDAE									
Pisaura mirabilis	*	119	16	10	4	39	16	43	
AGELENIDAE									
Eratigena atrica	*	2					3		16
HAHNIIDAE									
Hahnia nava	*		1	3	2	11	2		
DICTYNIDAE									
Argenna subnigra	*	24	1	3	13	5			

Wissenschaftlicher Name	RL D	1	2	3	4	5	6	7	8
Lathys humilis	*							1	4
Nigma flavescens	*							1	1
ANYPHAENIDAE									
Anyphaena accentuata	*	1						53	78
EUTICHURIDAE									
Cheiracanthium spec. juv.		5			1			73	13
Cheiracanthium campestre	G	20	26	4	4				
Cheiracanthium mildei	n.b.						1	849	30
CLUBIONIDAE									
Clubiona spec. juv.		2			1	2		524	389
Clubiona brevipes	*							96	52
Clubiona comta	*		1					24	178
Clubiona corticalis	*							1	
Clubiona leucaspis	*							41	2
Clubiona neglecta	*	1	1						
Clubiona pallidula	*						1	80	21
Clubiona subtilis	*				1	2			
CORINNIDAE									
Phrurolithus festivus	*	4	1		6	5	30	1	23
ZODARIIDAE									
Zodarion italicum	*	173	48	4	66	14	52	32	3
GNAPHOSIDAE									
unbestimmte Jungtiere		6			7	5	1	4	6
Callilepis nocturna	*		3						
Drassodes spec. juv.		7		1				1	
Drassodes lapidosus	*	31							5
Drassodes pubescens	*	6			1				
Drassyllus spec. juv.		1	2		1	3			
Drassyllus praeficus	*	10			1				
Drassyllus pusillus	*	16	5		5	11	3		
Haplodrassus spec. juv.					1				
Haplodrassus signifer	*		4						
Haplodrassus silvestris	*							3	
Micaria subopaca	*							6	5
Phaeocedus braccatus	3		1		2				
Trachyzelotes pedestris	*	125			21	106	529	31	624
Zelotes spec. juv.		73	1	12		1	6		58
Zelotes aeneus	V	24				1			
Zelotes electus	*	52	9	6	4	1			
Zelotes latreillei	*	13	1		1	3			

Wissenschaftlicher Name	RL D	1	2	3	4	5	6	7	8
Zelotes longipes	*	18	1	6					
Zelotes petrensis	*	50	9						
Zelotes subterraneus	*	9			2	10	14		
ZORIDAE									
Zora silvestris	*							1	
PHILODROMIDAE									
Philodromus spec. juv.	*							159	20
Philodromus albidus	*							8	
Philodromus aureolus	*							3	6
Philodromus buxi	*							4	
Philodromus cespitum	*							167	
Philodromus collinus	*							1	
Philodromus margaritatus	*							1	
Philodromus praedatus	*							18	
Philodromus rufus	*					1		46	3
Thanatus spec. juv.		1	5	1				2	
Thanatus sabulosus	V	3	1						
Thanatus striatus	V	1				5			
Tibellus oblongus	*	5	1	1	2	5		1	
THOMISIDAE									
Coriarachne depressa	*								1
Misumena vatia	*							1	
Ebrechtella tricuspidatus	*							1	
Ozyptila spec. juv.					1	3		2	
Ozyptila atomaria	*					1			
Ozyptila praticola	*					6	41	10	
Ozyptila simplex	*	4			3	5	1		
Pistius truncatus	*								1
Synema globosum	*							9	
Thomisus onustus	*								1
Tmarus piger	V	1						2	
Xysticus spec. juv.		29		12	25	6		2	5
Xysticus acerbus	*	36	3	43	25	1			
Xysticus audax	*							2	1
Xysticus cristatus	*	24	3	3	14	11		3	
Xysticus kochi	*	78	4	36	31	3	1		
Xysticus lanio	*							2	4
Xysticus luctator	V					2			

Wissenschaftlicher Name	RL D	1	2	3	4	5	6	7	8
SALTICIDAE									
unbestimmte Jungtiere					1			58	24
Ballus chalybeius	*							17	9
Carrhotus xanthogramma	*							4	4
Dendryphantes rudis	*							9	
Euophrys spec. juv.								6	
Euophrys frontalis	*				2	1			
Talavera aequipes	*	6		6	1				
Talavera aperta	*	5		5	1				
Talavera petrensis	*					5			
Evarcha arcuata	*	1	1						
Heliophanus spec. juv.				1				1	1
Heliophanus cupreus	*								37
Heliophanus dubius	*							1	
Heliophanus flavipes	*				1				
Marpissa muscosa	*							5	14
Pellenes nigrociliatus	2			1					
Phlegra fasciata	*	1		2	18				
Pseudicius encarpatus	*							38	
Salticus spec. juv.								1	
Salticus scenicus	*		1					13	
Salticus zebraneus	*							16	3
OPILIONES-WEBERKNECHTE									
NEMASTOMATIDAE									
Nemastoma lugubre	*		1						
PHALANGIIDAE									
unbestimmte Jungtiere		3	5	1	10	43		3	35
Lophopilio palpinalis	*		1						
Odiellus spinosus	*	8						18	
Opilio saxatilis	*	12					1	2	
Phalangium opilio	*				67			1	
Rilaena triangularis	*		4				3		29
Summe		**3277**	**1104**	**588**	**1603**	**779**	**1282**	**2884**	**1924**

Tab. A9: Detektor-Nachweise von Fledermausarten in verschiedenen Untersuchungsgebieten in Frankfurt am Main, Angabe der Untersuchungsjahre in Klammern. Alle Arten sind in Deutschland gemäß Bundesartenschutzverordnung streng geschützt.

Wissenschaftlicher Name	Deutscher Name	Nordpark Bonames (2017–2020)	Monte Scherbelino (2016–2020)	Alter Flugplatz (2020)	Biegwald (2019)	Rebstockwald (2021)	Hauptfriedhof (2019)	Höchster Schloss (2018–2019)	Hochbunker Goldsteinstraße (2019)	Hochbunker Alt-Schwanheim (2018)	Hochbunker Petterweilstraße (2018–2019)
Eptesicus serotinus	Breitflügelfledermaus	x	x	x	x		x				
Myotis daubentonii	Wasserfledermaus	x									
Myotis spec.	Mausohr		x	x			x	x			
Nyctalus leisleri	Kleiner Abendsegler	x	x	x	x		x				
Nyctalus noctula	Großer Abendsegler	x	x	x			x			x	x
Pipistrellus nathusii	Rauhautfledermaus	x	x	x		x		x		x	
Pipistrellus pipistrellus	Zwergfledermaus	x	x	x	x	x	x	x	x	x	x
Pipistrellus pygmaeus	Mückenfledermaus	x	x		x				x	x	
Plecotus spec.	Langohr		x		x						
			Wildnis		innerstädtische Wälder		Friedhöfe		Efeu-Wände		

Tab. A10: Liste der Farn- und Samenpflanzen, die auf den Wildnisflächen am Nordpark Bonames und am Monte Scherbelino im Rahmen der Vollerfassungen 2017 und 2020 nachgewiesen wurden.

Wissenschaftlicher Name	Deutscher Name	Nordpark Bonames		Monte Scherbelino	
		2017	2020	2017	2020
Acer campestre	Feld-Ahorn	x	x		x
Acer negundo	Eschen-Ahorn	x	x		
Acer platanoides	Spitz-Ahorn	x	x		
Acer pseudoplatanus	Berg-Ahorn	x	x	x	x
Acer saccharinum	Silber-Ahorn	x	x		
Achillea millefolium agg.	Gewöhnliche Wiesenschafgarbe	x	x	x	x
Acinos arvensis	Gewöhnlicher Steinquendel				x
Acorus calamus	Kalmus		x		
Aegopodium podagraria	Giersch	x	x		
Aesculus hippocastanum	Gewöhnliche Rosskastanie	x	x	x	x
Agrimonia eupatoria	Gewöhnlicher Odermennig	x	x	x	
Agrostis capillaris	Rotes Straußgras	x	x	x	x
Agrostis stolonifera	Weißes Straußgras	x		x	x
Ailanthus altissima	Götterbaum	x	x	x	x
Ajuga genevensis	Genfer Günsel			x	
Ajuga reptans	Kriechender Günsel	x	x	x	x
Alisma plantago-aquatica	Gewöhnlicher Froschlöffel		x	x	x
Alliaria petiolata	Lauchhederich	x	x	x	x
Allium vineale	Weinberg-Lauch		x		
Alnus glutinosa	Schwarz-Erle	x	x	x	x
Alnus incana	Grau-Erle	x	x	x	x
Alopecurus geniculatus	Knick-Fuchsschwanz			x	
Alopecurus myosuroides	Acker-Fuchsschwanz			x	
Alopecurus pratensis	Wiesen-Fuchsschwanz	x	x		
Amaranthus albus	Weißer Fuchsschwanz		x		
Amaranthus blitum	Aufsteigender Fuchsschwanz	x	x		
Amaranthus hybridus s.str.	Ausgebreiteter Fuchsschwanz	x			
Amaranthus retroflexus	Rauhaariger Fuchsschwanz		x	x	
Anagallis arvensis	Acker-Gauchheil	x		x	x
Angelica sylvestris	Wald-Engelwurz	x			
Anthemis tinctoria	Färber-Kamille		x		
Anthoxanthum odoratum	Gewöhnliches Ruchgras		x		
Anthriscus sylvestris	Wiesen-Kerbel	x	x		
Aquilegia vulgaris agg.	Gewöhnliche Akelei			x	x
Arabidopsis thaliana	Acker-Schmalwand			x	
Arctium lappa	Große Klette			x	
Arctium minus	Kleine Klette	x	x		x
Arctium tomentosum	Filzige Klette	x	x		
Arenaria serpyllifolia	Quendel-Sandkraut	x	x	x	x
Armoracia rusticana	Meerrettich	x	x	x	x
Arrhenatherum elatius	Glatthafer	x	x	x	x

Wissenschaftlicher Name	Deutscher Name	Nordpark Bonames 2017	Nordpark Bonames 2020	Monte Scherbelino 2017	Monte Scherbelino 2020
Artemisia vulgaris	Gewöhnlicher Beifuß	X	X	X	X
Arum maculatum	Gefleckter Aronstab	X	X		
Athyrium filix-femina	Gewöhnlicher Frauenfarn		X		
Atriplex patula	Spreizende Melde		X		X
Atriplex prostrata	Spieß-Melde		X		
Atriplex sagittata	Glanz-Melde			X	X
Ballota nigra s. l.	Gewöhnliche Schwarznessel		X	X	
Barbarea stricta	Steifes Barbarakraut			X	
Barbarea vulgaris	Echtes Barbarakraut		X	X	X
Bellis perennis	Gänseblümchen	X	X	X	X
Berteroa incana	Graukresse	X	X	X	X
Betula pendula	Hänge-Birke	X	X	X	X
Betula pubescens subsp. pubescens	Moor-Birke			X	
Bidens frondosa	Schwarzfrüchtiger Zweizahn		X	X	X
Brachypodium sylvaticum	Wald-Zwenke	X	X	X	X
Briza media	Gewöhnliches Zittergras				X
Bromus erectus	Aufrechte Trespe	X		X	
Bromus hordeaceus s. l.	Weiche Trespe	X	X	X	X
Bromus inermis	Wehrlose Trespe	X	X		
Bromus sterilis	Taube Trespe	X	X	X	X
Bryonia dioica	Zweihäusige Zaunrübe	X	X		
Buddleja davidii	Davids Fliederspeer			X	X
Calamagrostis epigejos	Land-Reitgras	X	X	X	X
Calendula officinalis	Ringelblume		X		
Calystegia sepium	Gewöhnliche Zaunwinde	X	X	X	X
Campanula rapunculus	Rapunzel-Glockenblume			X	X
Campanula rotundifolia	Rundblättrige Glockenblume	X			
Cannabis sativa	Hanf	X			
Capsella bursa-pastoris	Gewöhnliches Hirtentäschel	X	X	X	X
Cardamine hirsuta	Behaartes Schaumkraut	X	X	X	X
Cardamine impatiens	Spring-Schaumkraut	X	X		
Cardamine pratensis	Wiesen-Schaumkraut	X	X		
Carduus crispus	Krause Distel	X	X	X	X
Carduus nutans	Nickende Distel			X	X
Carex disticha	Zweizeilige Segge				X
Carex hirta	Raue Segge	X	X	X	X
Carex leporina	Hasen-Segge			X	X
Carex muricata agg.	Sparrige Segge			X	X
Carex otrubae	Falsche Fuchs-Segge				X
Carex pseudocyperus	Scheinzypergras-Segge			X	X
Carex remota	Lockerährige Segge		X		
Carpinus betulus	Hainbuche	X	X		X
Centaurea cyanus	Kornblume		X		
Centaurea jacea	Gewöhnliche Wiesen-Flockenblume	X	X		X

Wissenschaftlicher Name	Deutscher Name	Nordpark Bonames 2017	Nordpark Bonames 2020	Monte Scherbelino 2017	Monte Scherbelino 2020
Centaurium erythraea	Echtes Tausendgüldenkraut			x	x
Centaurium pulchellum	Kleines Tausendgüldenkraut			x	x
Cerastium arvense	Acker-Hornkraut		x		
Cerastium fontanum	Quellen-Hornkraut		x		
Cerastium glomeratum	Knäuel-Hornkraut	x	x	x	x
Cerastium glutinosum	Bleiches Hornkraut	x			
Cerastium holosteoides	Gewöhnliches Hornkraut	x	x	x	x
Ceratophyllum demersum	Raues Hornblatt		x		
Chaenorhinum minus	Kleines Leinkraut			x	x
Chaerophyllum bulbosum	Rüben-Kälberkropf	x	x		
Chaerophyllum temulum	Hecken-Kälberkropf	x	x		x
Chelidonium majus	Schöllkraut	x	x		
Chenopodium album agg.	Weißer Gänsefuß	x	x	x	x
Chenopodium ficifolium	Feigenblättriger Gänsefuß			x	
Chenopodium glaucum	Graugrüner Gänsefuß			x	x
Chenopodium polyspermum	Vielsamiger Gänsefuß		x	x	x
Chenopodium rubrum	Roter Gänsefuß				x
Cichorium intybus var. intybus	Gewöhnliche Wegwarte	x	x	x	x
Circaea lutetiana	Gewöhnliches Hexenkraut	x	x	x	x
Cirsium arvense	Acker-Kratzdistel	x	x	x	x
Cirsium vulgare	Gewöhnliche Kratzdistel	x	x	x	x
Convolvulus arvensis	Acker-Winde	x	x	x	x
Conyza canadensis	Kanadischer Katzenschweif	x	x	x	x
Conyza sumatrensis	Weißliches Berufkraut				x
Cornus mas	Kornelkirsche	x	x		
Cornus sanguinea s. l.	Roter Hartriegel	x	x	x	x
Corydalis solida	Gefingerter Lerchensporn		x		
Corylus avellana	Gewöhnliche Hasel	x	x		
Cotoneaster dielsianus	Diels Zwergmispel				x
Cotoneaster divaricatus	Gespreizte Zwergmispel				x
Crataegus crus-galli	Hahnenkamm-Weißdorn		x		
Crataegus laevigata	Zweigriffeliger Weißdorn	x	x		
Crataegus monogyna agg.	Eingriffeliger Weißdorn	x	x	x	x
Crepis biennis	Wiesen-Pippau	x		x	
Crepis capillaris	Grüner Pippau	x	x	x	
Cynoglossum officinale	Gewöhnliche Hundszunge		x		
Cynosurus cristatus	Wiesen-Kammgras	x			
Cytisus scoparius	Gewöhnlicher Besenginster			x	x
Dactylis glomerata	Wiesen-Knäuelgras	x	x	x	x
Datura stramonium	Gemeiner Stechapfel		x		
Daucus carota	Wilde Möhre	x	x	x	x
Deschampsia cespitosa	Rasen-Schmiele	x			
Dianthus armeria	Büschel-Nelke			x	
Dianthus barbatus	Bart-Nelke	x			
Dianthus carthusianorum	Karthäuser-Nelke	x			

Wissenschaftlicher Name	Deutscher Name	Nordpark Bonames		Monte Scherbelino	
		2017	2020	2017	2020
Dianthus giganteus	Riesen-Nelke	x	x		
Digitalis purpurea	Roter Fingerhut	x		x	x
Digitaria sanguinalis	Blut-Fingergras	x	x	x	x
Diplotaxis muralis	Mauersenf			x	
Diplotaxis tenuifolia	Schalblättriger Doppelsame			x	x
Dipsacus fullonum	Wilde Kardendistel	x	x	x	x
Dipsacus strigosus	Schlanke Karde		x	x	x
Dittrichia graveolens	Klebalant				x
Draba verna	Frühlings-Hungerblümchen	x	x	x	x
Dryopteris filix-mas	Männlicher Wurmfarn	x	x	x	x
Echinochloa crus-galli	Gewöhnliche Hühnerhirse	x	x	x	x
Echium vulgare	Stolzer Heinrich	x	x	x	x
Eleocharis vulgaris	Gewöhnliche Sumpfbinse			x	x
Elymus repens	Kriechende Quecke	x	x	x	x
Epilobium brachycarpum	Kurzfrüchtiges Weidenröschen			x	x
Epilobium ciliatum subsp. *adenocaulon*	Drüsiges Weidenröschen	x	x	x	x
Epilobium hirsutum	Zottiges Weidenröschen	x	x	x	x
Epilobium lamyi	Graugrünes Weidenröschen	x	x		x
Epilobium parviflorum	Bach-Weidenröschen	x	x	x	x
Epilobium tetragonum	Vierkantiges Weidenröschen			x	x
Epipactis helleborine	Breitblättrige Ständelwurz	x	x		
Equisetum arvense	Acker-Schachtelhalm	x	x	x	x
Eragrostis minor	Kleines Liebesgras			x	x
Eranthis hyemalis	Winterling		x		
Erigeron annuus s. l.	Einjähriger Feinstrahl	x	x	x	x
Erodium cicutarium	Gewöhnlicher Reiherschnabel		x	x	x
Erysimum cheiranthoides	Acker-Schöterich	x		x	
Erysimum virgatum	Ruten-Schöterich			x	x
Euonymus europaeus	Gewöhnliches Pfaffenhütchen	x	x		x
Eupatorium cannabinum	Wasserdost	x	x	x	x
Euphorbia cyparissias	Zypressen-Wolfsmilch			x	x
Euphorbia helioscopia	Sonnenwend-Wolfsmilch	x	x	x	x
Euphorbia lathyris	Kreuzblättrige Wolfsmilch	x	x		
Euphorbia peplus	Garten-Wolfsmilch	x	x		
Fagus sylvatica	Rot-Buche			x	x
Fallopia dumetorum	Hecken-Windenknöterich			x	x
Fallopia japonica	Japanischer Staudenknöterich				x
Festuca arundinacea	Rohr-Schwingel	x		x	x
Festuca gigantea	Riesen-Schwingel		x		
Festuca ovina agg.	Artengruppe Schaf-Schwingel	x	x	x	
Festuca pratensis	Wiesen-Schwingel	x	x		x
Festuca rubra	Echter Rot-Schwingel	x	x	x	x
Ficaria verna subsp. *verna*	Scharbockskraut	x	x		
Filipendula ulmaria	Echtes Mädesüß		x		

		Nordpark Bonames		Monte Scherbelino	
Wissenschaftlicher Name	Deutscher Name	2017	2020	2017	2020
Fragaria vesca	Wald-Erdbeere	x	x	x	x
Fraxinus excelsior	Gewöhnliche Esche	x	x	x	x
Gagea lutea	Wald-Gelbstern		x		
Galanthus nivalis	Schneeglöckchen		x		
Galeobdolon argentatum	Garten-Goldnessel	x			
Galeopsis bifida	Kleinblütiger Hohlzahn			x	
Galeopsis tetrahit	Gewöhnlicher Hohlzahn	x	x	x	
Galinsoga parviflora	Kleinblütiges Knopfkraut			x	
Galinsoga quadriradiata	Behaartes Knopfkraut	x	x	x	
Galium album	Weißes Labkraut	x	x	x	x
Galium aparine	Gewöhnliches Klebkraut	x	x	x	x
Galium mollugo	Wiesen-Labkraut	x	x		x
Galium verum	Echtes Labkraut			x	
Geranium dissectum	Schlitzblättriger Storchschnabel	x		x	x
Geranium molle	Weicher Storchschnabel	x	x	x	x
Geranium pratense	Wiesen-Storchschnabel	x	x		
Geranium purpureum	Purpur-Storchschnabel				x
Geranium pusillum	Kleiner Storchschnabel	x	x	x	
Geranium pyrenaicum	Pyrenäen-Storchschnabel				x
Geranium robertianum	Ruprechtskraut	x	x	x	x
Geum urbanum	Echte Nelkenwurz	x	x	x	x
Glechoma hederacea	Gundelrebe	x	x	x	x
Gnaphalium uliginosum	Sumpf-Ruhrkraut			x	x
Hedera helix	Efeu	x	x		x
Helianthus tuberosus	Topinambur				x
Helminthotheca echioides	Natternkopf-Wurmlattich			x	x
Heracleum sphondylium	Wiesen-Bärenklau	x	x		
Herniaria glabra	Kahles Bruchkraut			x	x
Hibiscus syriacus	Straucheibisch	x			
Hieracium aurantiacum	Orangerotes Habichtskraut	x		x	x
Holcus lanatus	Wolliges Honiggras	x	x	x	x
Holcus mollis	Weiches Honiggras			x	
Hordeum murinum	Mäusegerste	x	x		
Humulus lupulus	Gewöhnlicher Hopfen	x	x		
Hypericum dubium	Stumpfliches Johanniskraut	x	x		x
Hypericum perforatum	Echtes Johanniskraut	x	x	x	x
Hypericum x desetangsii	Des-Étangs-Hartheu		x		x
Hypochaeris radicata	Gewöhnliches Ferkelkraut	x	x	x	x
Ilex aquifolium	Europäische Stechpalme		x		
Impatiens glandulifera	Indisches Springkraut	x	x		
Impatiens parviflora	Kleinblütiges Springkraut	x		x	
Inula conyzae	Dürrwurz				x
Iris pseudacorus	Sumpf-Schwertlilie		x		
Isolepis setacea	Borsten-Moorbinse			x	
Juglans regia	Walnuss	x	x		

		Nordpark Bonames		Monte Scherbelino	
Wissenschaftlicher Name	Deutscher Name	2017	2020	2017	2020
Juncus acutiflorus	Spitzblütige Binse			x	
Juncus articulatus	Glanzfrüchtige Binse			x	x
Juncus bufonius	Kröten-Binse			x	x
Juncus compressus	Zusammengedrückte Binse				x
Juncus conglomeratus	Knäuel-Binse			x	x
Juncus effusus	Flatter-Binse		x	x	x
Juncus inflexus	Blaugrüne Binse			x	x
Juncus tenuis	Zarte Binse		x	x	x
Knautia arvensis	Wiesen-Knautie	x	x		
Lactuca serriola	Kompass-Lattich	x	x	x	x
Lamium album	Weiße Taubnessel	x	x		
Lamium maculatum	Gefleckte Taubnessel	x	x	x	x
Lamium purpureum	Rote Taubnessel	x	x	x	x
Lapsana communis	Rainkohl	x	x	x	x
Larix decidua	Europäische Lärche			x	x
Lathyrus pratensis	Wiesen-Platterbse	x	x	x	
Lathyrus tuberosus	Knollen-Platterbse			x	
Lemna gibba	Bucklige Wasserlinse		x		
Leontodon hispidus	Rauer Löwenzahn	x	x		x
Lepidium campestre	Feld-Kresse			x	x
Lepidium draba	Pfeilkresse	x	x		x
Lepidium heterophyllum	Verschiedenblättrige Kresse			x	x
Leucanthemum ircutianum	Wiesen-Margerite	x		x	x
Leucanthemum vulgare	Frühe Margerite	x	x		
Ligustrum vulgare	Gewöhnlicher Liguster	x	x		x
Linaria vulgaris	Gewöhnliches Leinkraut			x	x
Lolium multiflorum	Vielblütiger Lolch			x	x
Lolium perenne	Ausdauernder Lolch	x	x	x	x
Lonicera periclymenum	Deutsches Geißblatt				x
Lonicera tatarica	Tataren-Heckenkirsche		x		
Lonicera xylosteum	Rote Heckenkirsche			x	x
Lotus corniculatus	Gewöhnlicher Hornklee	x	x	x	x
Lotus pedunculatus	Sumpf-Hornklee				x
Luzula multiflora	Vielblütiges Hasenbrot			x	
Lychnis coronaria	Kronen-Lichtnelke		x		
Lychnis flos-cuculi	Kuckucks-Lichtnelke	x		x	x
Lycopus europaeus	Ufer-Wolfstrapp	x	x	x	x
Lysimachia nummularia	Pfennigkraut	x	x		x
Lysimachia punctata	Tüpfelstern	x			
Lysimachia vulgaris	Gewöhnlicher Gilbweiderich		x		x
Lythrum salicaria	Blut-Weiderich	x	x	x	x
Mahonia aquifolium	Mahonie	x	x		
Malus domestica	Garten-Apfel	x	x		
Malva alcea	Rosen-Malve		x		
Malva moschata	Moschus-Malve	x	x		

Wissenschaftlicher Name	Deutscher Name	Nordpark Bonames 2017	Nordpark Bonames 2020	Monte Scherbelino 2017	Monte Scherbelino 2020
Malva neglecta	Gänse-Malve		x	x	
Malva sylvestris s. l.	Wilde Malve	x	x		
Matricaria discoidea	Strahlenlose Kamille	x	x	x	x
Matricaria recutita	Echte Kamille			x	x
Medicago × *varia*	Bastard-Luzerne	x	x	x	x
Medicago lupulina	Hopfenklee	x	x	x	x
Melilotus albus	Weißer Steinklee	x	x	x	x
Melilotus officinalis	Gewöhnlicher Steinklee	x	x	x	x
Melissa officinalis	Zitronen-Melisse				x
Mentha aquatica	Wasser-Minze	x	x		
Mentha longifolia	Ross-Minze			x	x
Mentha spicata	Ähren-Minze	x	x		
Mercuralis annua	Einjähriges Bingelkraut		x		
Milium effusum	Flattergras	x			
Moehringia trinervia	Wald-Nabelmiere			x	
Molinia arundinacea	Rohr-Pfeifengras			x	x
Mycelis muralis	Mauerlattich			x	x
Myosotis arvensis s. l.	Acker-Vergissmeinnicht	x	x	x	x
Myosotis ramosissima	Hügel-Vergissmeinnicht	x		x	x
Myosotis scorpioides	Sumpf-Vergissmeinnicht		x		
Myosotis stricta	Sand-Vergissmeinnicht		x		
Myosotis sylvatica	Wald-Vergissmeinnicht	x		x	x
Myriophyllum spec.	Tausendblatt		x		
Narcissus pseudonarcissus	Gelbe Narzisse	x			
Oenothera biennis	Gewöhnliche Nachtkerze			x	x
Oenothera braunii	Brauns Nachtkerze			x	
Oenothera fallax	Täuschende Nachtkerze	x		x	x
Oenothera spec.	Nachtkerze			x	x
Oenothera victorinii	Victorin-Nachtkerze			x	
Onobrychis viciifolia	Futter-Esparsette	x			
Origanum vulgare	Gewöhnlicher Dost	x	x		x
Ornithogalum umbellatum agg.	Artengruppe Dolden-Milchstern	x	x		
Oxalis acetosella	Wald-Sauerklee			x	
Oxalis corniculata	Hornfrüchtiger Sauerklee	x	x		
Oxalis stricta	Aufrechter Sauerklee	x	x	x	x
Panicum miliaceum subsp. *ruderale*	Unkraut-Hirse				x
Papaver confine	Verkannter Mohn			x	
Papaver lecoquii	Gelbmilchender Mohn			x	
Papaver rhoeas	Klatsch-Mohn	x			x
Papaver somniferum s. l.	Schlaf-Mohn	x			x
Parthenocissus inserta	Gewöhnlicher Wilder Wein	x	x		
Pastinaca sativa subsp. *sativa*	Gewöhnlicher Pastinak	x	x	x	x
Pastinaca sativa subsp. *urens*	Brenn-Pastinak				x
Persicaria amphibia	Wasser-Knöterich		x	x	x
Persicaria hydropiper	Wasserpfeffer	x	x		

Wissenschaftlicher Name	Deutscher Name	Nordpark Bonames 2017	Nordpark Bonames 2020	Monte Scherbelino 2017	Monte Scherbelino 2020
Persicaria lapathifolia subsp. *lapathifolia*	Gewöhnlicher Ampfer-Knöterich			x	x
Persicaria maculosa	Floh-Knöterich	x		x	x
Persicaria minor	Kleiner Knöterich			x	x
Persicaria mitis	Milder Knöterich		x	x	x
Phalaris arundinacea	Rohr-Glanzgras	x	x	x	x
Phedimus spurius	Kaukasus-Asienfetthenne	x	x		
Phleum pratense	Wiesen-Lieschgras	x	x	x	
Phragmites australis	Schilf	x	x	x	x
Picea abies	Gewöhnliche Fichte		x	x	x
Picris hieracioides	Gewöhnliches Bitterkraut	x	x	x	x
Pimpinella saxifraga	Kleine Bibernelle		x		
Pinus strobus	Strobe			x	x
Pinus sylvestris	Wald-Kiefer			x	x
Plantago arenaria	Sand-Wegerich				x
Plantago lanceolata	Spitz-Wegerich	x	x	x	x
Plantago major subsp. *major*	Breit-Wegerich	x	x	x	x
Plantago major subsp. *winteri*	Salz-Wegerich			x	
Plantago uliginosa	Vielsamiger Wegerich			x	x
Poa angustifolia	Schmalblättriges Wiesen-Rispengras	x	x		
Poa annua	Einjähriges Rispengras	x	x	x	x
Poa compressa	Zusammengedrücktes Rispengras			x	x
Poa nemoralis	Hain-Rispengras	x	x	x	x
Poa palustris	Sumpf-Rispengras			x	x
Poa pratensis	Gewöhnliches Wiesen-Rispengras	x	x	x	x
Poa trivialis	Gewöhnliches Rispengras	x		x	x
Polygonum arenastrum	Gleichblättriger Vogel-Knöterich	x	x	x	x
Polygonum aviculare	Gewöhnlicher Vogel-Knöterich	x	x	x	x
Populus × canadensis	Kanadische Pappel	x	x	x	x
Populus × canescens	Grau-Pappel				x
Populus alba	Silber-Pappel	x	x	x	x
Populus nigra	Schwarz-Pappel	x	x		
Populus tremula	Espe	x	x	x	x
Populus trichocarpa	Westliche Balsam-Pappel				x
Portulaca oleracea	Portulak	x	x		
Potamogeton lucens	Glänzendes Laichkraut			x	
Potamogeton pectinatus	Kamm-Laichkraut			x	
Potentilla anserina	Gänse-Fingerkraut	x	x	x	x
Potentilla argentea	Silber-Fingerkraut	x	x	x	x
Potentilla erecta	Blutwurz			x	
Potentilla intermedia	Mittleres Fingerkraut			x	
Potentilla norvegica	Norwegisches Fingerkraut			x	
Potentilla recta	Hohes Fingerkraut	x	x		

Wissenschaftlicher Name	Deutscher Name	Nordpark Bonames		Monte Scherbelino	
		2017	2020	2017	2020
Potentilla reptans	Kriechendes Fingerkraut	x	x	x	x
Potentilla supina	Niedriges Fingerkraut			x	x
Primula veris	Arznei-Schlüsselblume	x	x		
Prunella vulgaris	Kleine Braunelle	x	x	x	x
Prunus avium	Vogel-Kirsche	x	x	x	x
Prunus cerasifera	Kirschpflaume	x	x		x
Prunus padus	Gewöhnliche Trauben-Kirsche	x	x		x
Prunus serotina	Späte Trauben-Kirsche			x	x
Prunus spinosa	Schlehe	x	x		
Pteridium aquilinum	Adlerfarn			x	x
Pulicaria dysenterica	Großes Flohkraut				x
Pulmonaria officinalis	Echtes Lungenkraut	x	x		
Pyrus communis	Garten-Birne			x	x
Quercus petraea	Trauben-Eiche			x	x
Quercus robur	Stiel-Eiche	x	x	x	x
Quercus rubra	Rot-Eiche			x	
Ranunculus acris subsp. *acris*	Scharfer Hahnenfuß	x	x		
Ranunculus auricomus	Gold-Hahnenfuß		x		
Ranunculus peltatus	Schild-Wasser-Hahnenfuß			x	x
Ranunculus polyanthemos s. l.	Falscher Vielblütiger Hahnenfuß	x			
Ranunculus repens	Kriechender Hahnenfuß	x	x	x	x
Ranunculus sardous	Sardischer Hahnenfuß			x	
Ranunculus sceleratus	Gift-Hahnenfuß			x	x
Reseda lutea	Gelbe Resede	x			
Reseda luteola	Färber-Resede			x	x
Rhamnus cathartica	Echter Kreuzdorn	x	x		
Rhus typhina	Essigbaum			x	x
Ribes rubrum	Rote Johannisbeere	x	x		
Ribes uva-crispa	Stachelbeere	x			
Robinia pseudoacacia	Robinie	x	x	x	x
Rorippa austriaca	Österreichische Sumpfkresse	x	x	x	
Rorippa palustris	Gewöhnliche Sumpfkresse			x	x
Rosa canina agg.	Echte Hundsrose	x	x	x	x
Rubus amiantinus	Asbestschimmernde Brombeere			x	x
Rubus armeniacus	Armenische Brombeere	x	x	x	x
Rubus caesius	Kratzbeere	x	x	x	x
Rubus idaeus	Himbeere			x	x
Rubus macrophyllus	Großblättrige Brombeere			x	x
Rubus nessensis	Halbaufrechte Brombeere			x	x
Rubus plicatus	Falten-Brombeere			x	
Rubus pyramidalis	Pyramiden-Brombeere			x	x
Rubus vigorosus	Üppige Brombeere			x	x
Rumex acetosa	Wiesen-Sauerampfer	x	x	x	
Rumex acetosella	Kleiner Sauerampfer	x	x		

Wissenschaftlicher Name	Deutscher Name	Nordpark Bonames 2017	Nordpark Bonames 2020	Monte Scherbelino 2017	Monte Scherbelino 2020
Rumex conglomeratus	Knäuel-Ampfer		x	x	x
Rumex crispus	Krauser Ampfer			x	x
Rumex maritimus	Strand-Ampfer				x
Rumex obtusifolius s.l.	Stumpfblättriger Ampfer	x	x	x	x
Rumex sanguineus	Blut-Ampfer				x
Rumex x pratensis	Wiesen-Ampfer	x	x		
Sagina micropetala	Aufrechtes Mastkraut			x	
Sagina procumbens	Niederliegendes Mastkraut	x	x		
Salix x rubra	Blend-Weide	x			
Salix alba	Silber-Weide	x	x	x	x
Salix caprea	Sal-Weide	x	x	x	x
Salix cinerea	Grau-Weide		x	x	x
Salix viminalis	Korb-Weide	x	x		
Salix x fragilis	Bruch-Weide		x		
Salix x rubens	Fahl-Weide	x	x		
Salvia pratensis	Wiesen-Salbei	x	x		
Sambucus nigra	Schwarzer Holunder	x	x	x	x
Sanguisorba minor s.l.	Kleiner Wiesenknopf	x	x	x	x
Sanguisorba officinalis	Großer Wiesenknopf	x	x		
Saponaria officinalis	Gewöhnliches Seifenkraut			x	
Saxifraga granulata	Knöllchen-Steinbrech	x			
Saxifraga tridactylites	Dreifinger-Steinbrech			x	
Scilla siberica	Sibirischer Blaustern		x		
Scirpus sylvaticus	Wald-Simse		x		
Scorzoneroides autumnalis	Herbst-Schuppenlöwenzahn	x	x		x
Scrophularia nodosa	Knotige Braunwurz	x	x	x	x
Scrophularia umbrosa	Geflügelte Braunwurz	x			
Securigera varia	Bunte Kronwicke	x	x	x	x
Sedum album	Weiße Fetthenne				x
Senecio erucifolius	Raukenblättriges Greiskraut	x	x	x	x
Senecio inaequidens	Schmalblättriges Greiskraut	x	x	x	x
Senecio jacobaea	Jakobs-Greiskraut			x	x
Senecio vernalis	Frühlings-Greiskraut			x	x
Senecio viscosus	Klebriges Greiskraut			x	
Senecio vulgaris	Gewöhnliches Greiskraut	x	x		x
Setaria pumila	Fuchsrote Borstenhirse				x
Setaria verticillata	Quirlige Borstenhirse		x		
Setaria viridis	Grüne Borstenhirse		x		x
Sherardia arvensis	Ackerröte	x			
Silene dioica	Tag-Lichtnelke		x	x	
Silene latifolia subsp. alba	Weiße Lichtnelke	x	x	x	x
Silene vulgaris	Gewöhnlicher Taubenkropf	x	x		
Sinapis arvensis	Acker-Senf		x		
Sisymbrium altissimum	Ungarische Rauke				x

		Nordpark Bonames		Monte Scherbelino	
Wissenschaftlicher Name	Deutscher Name	2017	2020	2017	2020
Sisymbrium officinale	Weg-Rauke	x	x	x	x
Solanum decipiens	Täuschender Nachtschatten	x	x		x
Solanum dulcamara	Bittersüßer Nachtschatten	x	x	x	x
Solanum nigrum	Schwarzer Nachtschatten			x	
Solidago canadensis	Kanadische Goldrute	x	x	x	x
Solidago gigantea	Späte Goldrute			x	x
Sonchus arvensis	Acker-Gänsedistel			x	x
Sonchus asper	Raue Gänsedistel	x		x	x
Sonchus oleraceus	Kohl-Gänsedistel		x	x	x
Sorbus aucuparia	Gewöhnliche Vogelbeere	x	x		x
Sparganium emersum	Einfacher Igelkolben	x	x		
Spergula arvensis	Acker-Spörgel	x			
Spergularia rubra	Rote Schuppenmiere			x	
Spirodela polyrhiza	Vielwurzlige Teichlinse		x		
Stachys palustris	Sumpf-Ziest	x	x	x	x
Stachys sylvatica	Wald-Ziest		x	x	x
Stellaria aquatica	Wassermiere			x	x
Stellaria graminea	Gras-Sternmiere	x	x		
Stellaria holostea	Große Sternmiere		x	x	x
Stellaria media agg.	Gewöhnliche Vogelmiere	x	x		x
Stellaria nemorum	Hain-Sternmiere		x		
Symphoricarpos x *chenaultii*	Bastard-Korallenbeere	x	x		
Symphyotrichum lanceolatum	Lanzettblättrige Aster	x			
Symphyotrichum novi-belgii	Neu-Belgien-Aster				x
Symphytum officinale subsp. *officinale*	Arznei-Beinwell			x	x
Tanacetum vulgare	Rainfarn	x	x	x	x
Taraxacum sect. *Erythrosperma*	Rotfrucht-Löwenzahn		x	x	x
Taraxacum sect. *Ruderalia*	Wiesen-Löwenzahn	x	x	x	x
Taxus baccata	Eibe	x	x		
Teucrium scorodonia	Salbei-Gamander			x	x
Thlaspi arvense	Acker-Hellerkraut			x	
Tilia cordata	Winter-Linde	x	x		
Tilia platyphyllos	Sommer-Linde	x	x		
Torilis arvensis subsp. *recta*	Hoher Acker-Klettenkerbel	x			
Torilis japonica	Gewöhnlicher Klettenkerbel	x	x		x
Tragopogon pratensis	Gewöhnlicher Wiesen-Bocksbart	x			
Trifolium arvense	Hasen-Klee		x	x	
Trifolium aureum	Gold-Klee			x	x
Trifolium campestre	Feld-Klee	x	x	x	
Trifolium dubium	Kleiner Klee	x	x	x	x
Trifolium hybridum	Schweden-Klee		x	x	x
Trifolium incarnatum	Inkarnat-Klee		x		
Trifolium pratense	Wiesen-Klee	x	x	x	x
Trifolium repens	Weiß-Klee	x	x	x	x

		Nordpark Bonames		Monte Scherbelino	
Wissenschaftlicher Name	Deutscher Name	2017	2020	2017	2020
Tripleurospermum inodorum	Geruchlose Kamille	x	x	x	x
Trisetum flavescens	Gewöhnlicher Goldhafer	x	x	x	
Triticum aestivum	Saat-Weizen	x			
Tussilago farfara	Huflattich			x	x
Typha latifolia	Breitblättriger Rohrkolben			x	x
Typha shuttleworthii	Shuttleworths Rohrkolben				x
Ulmus glabra	Berg-Ulme		x		
Ulmus laevis	Flatter-Ulme	x	x		
Ulmus minor	Feld-Ulme	x	x		
Urtica dioica	Große Brennnessel	x	x	x	x
Valeriana officinalis agg.	Echter Arznei-Baldrian	x	x		x
Valerianella carinata	Gekielter Feldsalat			x	x
Valerianella locusta	Echter Feld-Salat	x	x		
Verbascum densiflorum	Großblütige Königskerze			x	x
Verbascum nigrum	Dunkle Königskerze			x	
Verbascum phlomoides	Windblumen-Königskerze			x	x
Verbascum thapsus	Kleinblütige Königskerze	x		x	x
Verbena officinalis	Gewöhnliches Eisenkraut		x	x	x
Veronica arvensis	Feld-Ehrenpreis	x	x	x	x
Veronica chamaedrys	Gamander-Ehrenpreis		x		
Veronica filiformis	Faden-Ehrenpreis	x			
Veronica hederifolia	Efeu-Ehrenpreis		x		
Veronica persica	Persischer Ehrenpreis	x	x	x	x
Veronica serpyllifolia	Quendel-Ehrenpreis			x	
Veronica sublobata	Hain-Ehrenpreis	x	x		
Viburnum lantana	Wolliger Schneeball	x	x		
Viburnum opulus	Gewöhnlicher Schneeball	x	x		
Vicia angustifolia	Schmalblättrige Futter-Wicke	x		x	x
Vicia glabrescens	Bunte Wicke			x	
Vicia hirsuta	Rauhaarige Wicke	x	x	x	x
Vicia sativa	Futter-Wicke		x		
Vicia sepium	Zaun-Wicke	x	x	x	x
Vicia tetrasperma	Vielsamige Wicke	x	x		
Vicia villosa	Zottel-Wicke		x	x	x
Vinca minor	Kleines Immergrün	x			
Viola arvensis	Ackerstiefmütterchen			x	
Viola odorata	März-Veilchen	x	x		
Viola riviniana	Hain-Veilchen			x	x
Vulpia bromoides	Trespen-Federschwingel			x	
Vulpia myuros	Mäuseschwanz-Federschwingel	x	x	x	x

Tab. A11: Gesamtliste der auf den Wildnisflächen am Nordpark Bonames und am Monte Scherbelino zwischen 2016 und 2021 nachgewiesenen Vogelarten. RL D = Rote Liste Deutschland (Grüneberg et al. 2015). RL HE = Rote Liste Hessen (VSW & HGON 2014). * = ungefährdet, n. b. = nicht bewertet, V = Vorwarnliste, 3 = gefährdet, 2 = stark gefährdet, 1 = vom Aussterben bedroht. EHZ = Erhaltungszustand in Hessen (Werner et al. 2014a), grün = günstig, gelb = ungünstig-unzureichend, rot = ungünstig-schlecht.

Wissenschaftlicher Name	Deutscher Name	Nordpark Bonames	Monte Scherbelino	RL D	RL HE	EHZ
Accipiter gentilis	Habicht		x	*	3	gelb
Accipiter nisus	Sperber	x	x	*	*	grün
Acrocephalus arundinaceus	Drosselrohrsänger	x		*	1	rot
Acrocephalus scirpaceus	Teichrohrsänger	x	x	*	*	rot
Actitis hypoleucos	Flussuferläufer	x		2	1	gelb
Aegithalos caudatus	Schwanzmeise	x	x	*	*	rot
Aix galericulata	Mandarinente		x	n. b.	n. b.	
Alauda arvensis	Feldlerche		x	3	V	gelb
Alcedo atthis	Eisvogel	x		*	V	gelb
Alopochen aegyptiaca	Nilgans	x	x	n. b.	n. b.	
Anas clypeata	Löffelente		x	3	1	rot
Anas crecca	Krickente		x	3	1	rot
Anas platyrhynchos	Stockente	x	x	*	V	gelb
Anas querquedula	Knäkente		x	2	1	rot
Anas-Hybride	Stockente-Hybride		x	n. b.	n. b.	
Anser anser	Graugans		x	*	*	gelb
Anthus pratensis	Wiesenpieper	x	x	2	1	rot
Anthus trivialis	Baumpieper	x	x	3	2	rot
Apus apus	Mauersegler	x	x	*	*	gelb
Ardea cinerea	Graureiher	x	x	*	*	gelb
Asio otus	Waldohreule	x		*	3	gelb
Aythya ferina	Tafelente		x	*	1	rot
Aythya fuligula	Reiherente		x	*	*	gelb
Branta canadensis	Kanadagans	x	x	n. b.	n. b.	
Branta leucopsis	Weißwangengans		x	*	n. b.	
Bubo bubo	Uhu		x	*	*	gelb
Buteo buteo	Mäusebussard	x	x	*	*	grün
Carduelis cannabina	Bluthänfling	x	x	3	3	rot
Carduelis carduelis	Stieglitz		x	*	V	gelb
Carduelis chloris	Grünfink	x		*	*	grün
Carduelis spinus	Erlenzeisig	x	x	*	*	grün
Certhia brachydactyla	Gartenbaumläufer	x		*	*	grün
Certhia familiaris	Waldbaumläufer		x	*	*	grün
Charadrius dubius	Flussregenpfeifer		x	*	1	rot
Ciconia ciconia	Weißstorch	x		3	V	gelb

Wissenschaftlicher Name	Deutscher Name	Nordpark Bonames	Monte Scherbelino	RL D	RL HE	EHZ
Circus aeruginosus	Rohrweihe	x		*	3	🟥
Coccothraustes coccothraustes	Kernbeißer	x	x	*	*	🟩
Columba livia f. domestica	Haustaube		x		n. b.	
Columba oenas	Hohltaube	x	x	*	*	🟨
Columba palumbus	Ringeltaube	x	x	*	*	🟩
Corvus corax	Kolkrabe		x	*	*	🟩
Corvus corone	Rabenkrähe	x	x	*	*	🟩
Cuculus canorus	Kuckuck	x		V	3	🟥
Cygnus olor	Höckerschwan	x		*	*	🟩
Delichon urbicum	Mehlschwalbe	x	x	3	3	🟨
Dendrocopos major	Buntspecht	x	x	*	*	🟩
Dendrocopos medius	Mittelspecht	x	x	*	*	🟨
Emberiza citrinella	Goldammer	x	x	V	V	🟨
Emberiza schoeniclus	Rohrammer		x	*	3	🟨
Erithacus rubecula	Rotkehlchen	x	x	*	*	🟩
Falco peregrinus	Wanderfalke		x	*	*	🟩
Falco tinnunculus	Turmfalke	x	x	*	*	🟩
Ficedula hypoleuca	Trauerschnäpper		x	3	V	🟨
Fringilla coelebs	Buchfink	x	x	*	*	🟩
Fringilla montifringilla	Bergfink	x		n. b.	n. b.	
Fulica atra	Blässhuhn		x	*	*	🟩
Gallinago gallinago	Bekassine		x	1	1	🟥
Gallinula chloropus	Teichhuhn	x	x	V	V	🟨
Garrulus glandarius	Eichelhäher	x	x	*	*	🟩
Hirundo rustica	Rauchschwalbe	x	x	3	3	🟨
Jynx torquilla	Wendehals		x	2	1	🟥
Lanius collurio	Neuntöter		x	*	V	🟨
Locustella naevia	Feldschwirl		x	3	V	🟨
Loxia curvirostra	Fichtenkreuzschnabel		x	*	*	🟩
Luscinia megarhynchos	Nachtigall	x		*	*	🟩
Lymnocryptes minimus	Zwergschnepfe		x	n. b.	n. b.	
Milvus migrans	Schwarzmilan	x	x	*	*	🟨
Milvus milvus	Rotmilan	x	x	V	V	🟨
Motacilla alba	Bachstelze	x	x	*	*	🟩
Motacilla cinerea	Gebirgsstelze	x	x	*	*	🟩
Motacilla flava	Schafstelze	x		*	*	🟩
Muscicapa striata	Grauschnäpper	x		V	*	🟩
Oenanthe oenanthe	Steinschmätzer		x	1	1	🟥
Oriolus oriolus	Pirol	x	x	V	V	🟨

Wissenschaftlicher Name	Deutscher Name	Nordpark Bonames	Monte Scherbelino	RL D	RL HE	EHZ
Parus ater	Tannenmeise	x		*	*	🟩
Parus caeruleus	Blaumeise	x	x	*	*	🟩
Parus major	Kohlmeise	x	x	*	*	🟩
Parus montanus	Weidenmeise		x	*	V	🟨
Passer domesticus	Haussperling	x		V	V	🟨
Phalacrocorax carbo	Kormoran	x	x	*	*	🟨
Phasianus colchicus	Fasan	x		n.b.	n.b.	
Phoenicurus ochruros	Hausrotschwanz	x	x	*	*	🟩
Phoenicurus phoenicurus	Gartenrotschwanz	x		V	2	🟥
Phylloscopus collybita	Zilpzalp	x	x	*	*	🟩
Phylloscopus sibilatrix	Waldlaubsänger	x	x	*	3	🟨
Phylloscopus trochilus	Fitis	x	x	*	*	🟥
Pica pica	Elster	x		*	*	🟩
Picus viridis	Grünspecht	x	x	*	*	🟩
Prunella modularis	Heckenbraunelle	x	x	*	*	🟩
Pyrrhula pyrrhula	Gimpel	x	x	*	*	🟩
Regulus ignicapilla	Sommergoldhähnchen	x	x	*	*	🟩
Regulus regulus	Wintergoldhähnchen	x		*	*	🟩
Riparia riparia	Uferschwalbe		x	V	2	🟥
Saxicola rubetra	Braunkehlchen		x	2	1	🟥
Saxicola rubicola	Schwarzkehlchen		x	*	*	🟨
Scolopax rusticola	Waldschnepfe		x	V	V	🟨
Serinus serinus	Girlitz	x	x		*	🟨
Sitta europaea	Kleiber	x	x	*	*	🟩
Sturnus vulgaris	Star	x	x	3	*	🟩
Sylvia atricapilla	Mönchsgrasmücke	x	x	*	*	🟩
Sylvia borin	Gartengrasmücke	x	x	*	*	🟩
Sylvia communis	Dorngrasmücke	x	x	*	*	🟩
Sylvia curruca	Klappergrasmücke		x	*	V	🟨
Tachybaptus ruficollis	Zwergtaucher	x	x	*	3	🟨
Tringa nebularia	Grünschenkel		x	n.b.	n.b.	
Tringa ochropus	Waldwasserläufer		x	*	0	🟥
Troglodytes troglodytes	Zaunkönig	x	x	*	*	🟩
Turdus iliacus	Rotdrossel	x	x	n.b.	n.b.	
Turdus merula	Amsel	x	x	*	*	🟩
Turdus philomelos	Singdrossel	x	x	*	*	🟩
Turdus pilaris	Wacholderdrossel	x	x	*	*	🟨
Turdus torquatus	Ringdrossel		x	*	0	🟥
Turdus viscivorus	Misteldrossel		x	*	*	🟩
Upopa epops	Wiedehopf		x	3	1	🟥

Tab. A12: Gesamtartenliste der Wildbienen, die auf den Wildnis-Flächen am Nordpark Bonames und Monte Scherbelino zwischen 2016 und 2020 nachgewiesen worden sind. Wissenschaftliche und deutsche Namen gemäß Scheuchl (2018). RL D = Rote Liste Deutschlands (Westrich et al. 2012), RL HE = Rote Liste Hessen (Tischendorf et al. 2009). Kategorien der Roten Liste: * = ungefährdet, n. b. = nicht bewertet, D = Datenlage unzureichend, R = extrem selten, V = Vorwarnliste, G = Gefährdung unbekannten Ausmaßes, 3 = gefährdet, 2 = stark gefährdet.

Wissenschaftlicher Name	Deutscher Name	RL D	RL HE	Nordpark Bonames	Monte Scherbelino
Andrena anthrisci	Kerbel-Zwergsandbiene	n. b.	n. b.	x	
Andrena barbilabris	Bärtige Sandbiene	V	G	x	x
Andrena bicolor	Zweifarbige Sandbiene	*	*	x	x
Andrena carantonica	Gesellige Sandbiene	*	*	x	
Andrena chrysosceles	Gelbbeinige Kielsandbiene	*	*	x	
Andrena cineraria	Grauschwarze Düstersandbiene	*	*	x	
Andrena dorsata	Rotbeinige Körbchensandbiene	*	*		x
Andrena flavipes	Gewöhnliche Bindensandbiene	*	*	x	x
Andrena florea	Zaunrüben-Sandbiene	*	*	x	
Andrena fulva	Fuchsrote Lockensandbiene	*	*	x	
Andrena gelriae	Esparsetten-Sandbiene	3	3		x
Andrena gravida	Weiße Bindensandbiene	*	*	x	x
Andrena haemorrhoa	Rotschopfige Sandbiene	*	*	x	
Andrena hattorfiana	Knautien-Sandbiene	3	V	x	
Andrena helvola	Schlehen-Lockensandbiene	*	*	x	
Andrena labialis	Rotklee-Sandbiene	V	V		x
Andrena labiata	Rote Ehrenpreis-Sandbiene	*	*	x	x
Andrena lagopus	Zweizellige Sandbiene	*	*	x	x
Andrena lathyri	Zaunwicken-Sandbiene	*	*	x	
Andrena minutula	Gewöhnliche Zwergsandbiene	*	*	x	x
Andrena minutuloides	Glanzrücken-Zwergsandbiene	*	*	x	x
Andrena mitis	Auen-Lockensandbiene	V	V	x	
Andrena nitida	Glänzende Düstersandbiene	*	*	x	
Andrena ovatula	Ovale Kleesandbiene	*	*	x	x
Andrena pilipes	Schwarze Köhlersandbiene	3	*		x
Andrena proxima	Frühe Doldensandbiene	*	*	x	
Andrena pusilla	Winzige Zwergsandbiene	D	G	x	
Andrena strohmella	Leisten-Zwergsandbiene	*	*	x	x
Andrena subopaca	Glanzlose Zwergsandbiene	*	*	x	x
Andrena synadelpha	Breitrandige Lockensandbiene	*	*		x
Andrena vaga	Große Weiden-Sandbiene	*	*	x	
Andrena wilkella	Grobpunktierte Kleesandbiene	*	*	x	
Anthidellum strigatum	Zwergharzbiene	V	*	x	
Anthidium manicatum	Garten-Wollbiene	*	*	x	
Anthidium punctatum	Weißfleckige Wollbiene	V	V		x
Anthophora bimaculata	Dünen-Pelzbiene	3	2		x

Wissenschaftlicher Name	Deutscher Name	RL D	RL HE	Nordpark Bonames	Monte Scherbelino
Anthophora plumipes	Frühlings-Pelzbiene	*	*	x	
Bombus lapidarius	Steinhummel	*	*	x	x
Bombus pascuorum	Ackerhummel	*	*	x	x
Bombus pratorum	Wiesenhummel	*	*	x	
Bombus sylvarum	Bunte Hummel	V	V	x	
Bombus terrestris	Dunkle Erdhummel	*	*	x	x
Bombus vestalis	Gefleckte Kuckuckshummel	*	*	x	
Ceratina chalybea	Metallische Keulhornbiene	3	3	x	
Ceratina cyanea	Gewöhnliche Keulhornbiene	*	*		x
Chelostoma florisomne	Hahnenfuß-Scherenbiene	*	*	x	x
Colletes cunicularius	Frühlings-Seidenbiene	*	*	x	x
Colletes daviesanus	Buckel-Seidenbiene	*	*	x	x
Colletes fodiens	Filzbindige Seidenbiene	3	*	x	x
Colletes hederae	Efeu-Seidenbiene	*	*		x
Colletes similis	Rainfarn-Seidenbiene	V	*	x	x
Epeolus variegatus	Gewöhnliche Filzbiene	V	*	x	
Eucera nigrescens	Mai-Langhornbiene	*	*	x	
Halictus langobardicus	Langobarden-Furchenbiene	*	G	x	x
Halictus maculatus	Dickkopf-Furchenbiene	*	*	x	
Halictus quadricinctus	Vierbindige Furchenbiene	3	2	x	
Halictus scabiosae	Gelbbindige Furchenbiene	*	*	x	x
Halictus sexcinctus	Sechsbindige Furchenbiene	3	3		x
Halictus simplex agg.	Gewöhnliche Furchenbiene	*	*	x	
Halictus subauratus	Dichtpunktierte Goldfurchenbiene	*	*	x	x
Halictus tumulorum	Gewöhnliche Goldfurchenbiene	*	*	x	x
Heriades truncorum	Gewöhnliche Löcherbiene	*	*	x	
Hoplitis adunca	Gewöhnliche Natternkopfbiene	*	*		x
Hoplitis leucomelana	Schwarzspornige Stängelbiene	*	*	x	
Hylaeus annularis	Geringelte Maskenbiene	R	n.b.	x	x
Hylaeus communis	Gewöhnliche Maskenbiene	*	*	x	x
Hylaeus cornutus	Gehörnte Maskenbiene	*	*		x
Hylaeus difformis	Beulen-Maskenbiene	*	*		x
Hylaeus gredleri	Gredlers Maskenbiene	*	*	x	x
Hylaeus hyalinatus	Mauer-Maskenbiene	*	*	x	x
Hylaeus nigritus	Rainfarn-Maskenbiene	*	*	x	
Hylaeus styriacus	Steierische Maskenbiene	*	*	x	
Lasioglossum albipes	Weißbeinige Schmalbiene	*	*		x
Lasioglossum calceatum	Gewöhnliche Schmalbiene	*	*	x	x
Lasioglossum glabriusculum	Dickkopf-Schmalbiene	*	G	x	x
Lasioglossum intermedium	Mittlere Schmalbiene	3	V		x
Lasioglossum laticeps	Breitkopf-Schmalbiene	*	*	x	x

Wissenschaftlicher Name	Deutscher Name	RL D	RL HE	Nordpark Bonames	Monte Scherbelino
Lasioglossum leucopus	Hellfüßige Schmalbiene	*	*		x
Lasioglossum leucozonium	Weißbinden-Schmalbiene	*	*	x	x
Lasioglossum malachurum	Feldweg-Schmalbiene	*	*	x	
Lasioglossum minutissimum	Winzige Schmalbiene	*	*	x	x
Lasioglossum minutulum	Kleine Schmalbiene	3	3	x	
Lasioglossum morio	Dunkelgrüne Schmalbiene	*	*	x	
Lasioglossum pallens	Frühlings-Schmalbiene	*	*	x	
Lasioglossum parvulum	Dunkle Schmalbiene	V	*		x
Lasioglossum pauxillum	Acker-Schmalbiene	*	*	x	x
Lasioglossum politum	Polierte Schmalbiene	*	*	x	x
Lasioglossum punctatissimum	Punktierte Schmalbiene	*	*		x
Lasioglossum sexstrigatum	Sechsstreifige Schmalbiene	*	*		x
Lasioglossum villosulum	Zottige Schmalbiene	*	*	x	x
Lasioglossum zonulum	Breitbindige Schmalbiene	*	*	x	
Macropis fulvipes	Wald-Schenkelbiene	*	*	x	
Megachile centuncularis	Rosen-Blattschneiderbiene	V	*		x
Megachile ericetorum	Platterbsen-Mörtelbiene	*	V	x	x
Megachile ligniseca	Holz-Blattschneiderbiene	2	3		x
Megachile pilidens	Filzzahn-Blattschneiderbiene	3	V		x
Megachile rotundata	Luzerne-Blattschneiderbiene	*	*	x	
Megachile willughbiella	Garten-Blattschneiderbiene	*	*	x	x
Melitta nigricans	Blutweiderich-Sägehornbiene	*	*	x	x
Nomada bifasciata	Rotbäuchige Wespenbiene	*	*	x	
Nomada flava	Gelbe Wespenbiene	*	*	x	
Nomada flavoguttata	Gelbfleckige Wespenbiene	*	*	x	
Nomada fucata	Gewöhnliche Wespenbiene	*	*	x	x
Nomada goodeniana	Feld-Wespenbiene	*	*	x	
Nomada lathburiana	Rothaarige Wespenbiene	*	*	x	
Nomada panzeri	Panzers Wespenbiene	*	*	x	
Nomada signata	Stachelbeer-Wespenbiene	*	*	x	
Osmia aurulenta	Goldene Schneckenhausbiene	*	*		x
Osmia bicornis	Zweifarbige Schneckenhausbiene	*	*	x	
Osmia brevicornis	Schöterich-Mauerbiene	G	G	x	
Osmia caerulescens	Blaue Mauerbiene	*	*	x	
Osmia cornuta	Gehörnte Mauerbiene	*	*	x	
Sphecodes albilabris	Riesen-Blutbiene	*	*	x	x
Sphecodes ephippius	Gewöhnliche Blutbiene	*	*	x	
Sphecodes gibbus	Buckel-Blutbiene	*	*	x	
Sphecodes monilicornis	Dickkopf-Blutbiene	*	*	x	x
Sphecodes pseudofasciatus	Spanische Blutbiene	D	n. b.	x	
Xylocopa violacea	Blauschwarze Holzbiene	*	*		x

Tab. A13: Gesamtartenliste der in den Jahren 2017 bis 2020 auf den Wildnisflächen am Nordpark Bonames und am Monte Scherbelino nachgewiesenen Libellen-Arten. Alle Arten sind in Deutschland besonders geschützt. Da die Roten Listen für diese Artengruppe veraltet sind und wenig Aussagekraft haben, wird auf die Darstellung des Rote-Liste-Status bei dieser Artengruppe verzichtet.

Wissenschaftlicher Name	Deutscher Name	Nordpark Bonames	Monte Scherbelino
Aeshna affinis	Südliche Mosaikjungfer		x
Aeshna cyanea	Blaugrüne Mosaikjungfer		x
Aeshna isoceles	Keilfleck-Mosaikjungfer		x
Aeshna mixta	Herbst-Mosaikjungfer		x
Anax imperator	Große Königslibelle	x	x
Anax parthenope	Kleine Königslibelle		x
Calopteryx splendens	Gebänderte Prachtlibelle	x	
Calopteryx virgo	Blauflügel-Prachtlibelle	x	
Coenagrion puella	Hufeisen-Azurjungfer	x	x
Cordulia aenea	Falkenlibelle		x
Crocothemis erythraea	Feuerlibelle		x
Enallagma cyathigerum	Gemeine Becherjungfer		x
Erythromma viridulum	Kleines Granatauge		x
Gomphus pulchellus	Westliche Keiljungfer		x
Ischnura elegans	Große Pechlibelle		x
Lestes barbatus	Südliche Binsenjungfer		x
Lestes dryas	Glänzende Binsenjungfer		x
Lestes sponsa	Gemeine Binsenjungfer		x
Lestes virens vestalis	Kleine Binsenjungfer		x
Libellula depressa	Plattbauch		x
Libellula quadrimaculata	Vierfleck		x
Onychogomphus forcipatus	Kleine Zangenlibelle		x
Orthetrum cancellatum	Großer Blaupfeil		x
Platycnemis pennipes	Blaue Federlibelle	x	
Pyrrhosoma nymphula	Frühe Adonislibelle		x
Somatochlora metallica	Glänzende Smaragdlibelle		x
Sympecma fusca	Gemeine Winterlibelle		x
Sympetrum fonscolombii	Frühe Heidelibelle		x
Sympetrum meridionale	Südliche Heidelibelle		x
Sympetrum sanguineum	Blutrote Heidelibelle		x
Sympetrum striolatum	Große Heidelibelle		x

Tab. A14: Gesamtartenliste der auf den Wildnisflächen am Nordpark Bonames und am Monte Scherbelino zwischen 2017 und 2019 nachgewiesenen Laufkäferarten. RL HE = Rote Liste Hessen (Malten 1997). RL D = Rote Liste Deutschland (Schmidt et al. 2016). R = extrem selten, D = Datenlage ungenügend, G = Gefährdung anzunehmen, V = Vorwarnliste, 3 = gefährdet, 2 = stark gefährdet, 1 = vom Aussterben bedroht.

Wissenschaftlicher Name	Deutscher Name	Nordpark Bonames	Monte Scherbelino	RL D	RL HE
Abax parallelepipedus	Großer Brettläufer		x	*	*
Abax parallelus	Schmaler Brettläufer		x	*	*
Acupalpus dubius	Moor-Buntschnellläufer		x	V	3
Acupalpus flavicollis	Nahtstreifen-Buntschnellläufer		x	*	*
Acupalpus maculatus	Gefleckter Buntschnellläufer		x	*	2
Acupalpus meridianus	Feld-Buntschnellläufer		x	*	*
Acupalpus parvulus	Rückenfleckiger Buntschnellläufer		x	*	3
Agonum emarginatum	Dunkler Glanzflachläufer		x	*	*
Agonum marginatum	Gelbrandiger Glanzflachläufer		x	*	*
Agonum muelleri	Gewöhnlicher Glanzflachläufer		x	*	*
Agonum sexpunctatum	Sechspunkt-Glanzflachläufer		x	*	*
Agonum viduum	Grünlicher Glanzflachläufer		x	*	*
Agonum viridicupreum	Bunter Glanzflachläufer		x	3	R
Amara aenea	Erzfarbener Kamelläufer	x	x	*	*
Amara apricaria	Enghals-Kamelläufer		x	*	*
Amara aulica	Kohldistel-Kamelläufer	x	x	*	*
Amara bifrons	Brauner Punkthals-Kamelläufer		x	*	*
Amara communis	Schmaler Wiesen-Kamelläufer		x	*	*
Amara convexior	Gedrungener Wiesen-Kamelläufer	x		*	*
Amara eurynota	Großer Kamelläufer		x	*	*
Amara familiaris	Gelbbeiniger Kamelläufer		x	*	*
Amara fulva	Gelber Kamelläufer		x	*	3
Amara lunicollis	Dunkelhörniger Kamelläufer	x		*	*
Amara ovata	Ovaler Kamelläufer	x	x	*	*
Amara plebeja	Dreifingriger Kamelläufer		x	*	*
Amara similata	Gewöhnlicher Kamelläufer		x	*	*
Amara tibialis	Zwerg-Kamelläufer		x	*	3
Anisodactylus binotatus	Gewöhnlicher Rotstirnläufer		x	*	*
Anisodactylus signatus	Schwarzhörniger Rotstirnläufer		x	V	3
Anthracus consputus	Herzhals-Buntschnellläufer		x	V	3
Asaphidion flavipes	Gewöhnlicher Haarahlenläufer		x	*	*
Badister bullatus	Gewöhnlicher Wanderläufer	x	x	*	*
Badister sodalis	Kleiner Gelbschulter-Wanderläufer		x	*	*

Wissenschaftlicher Name	Deutscher Name	Nordpark Bonames	Monte Scherbelino	RL D	RL HE
Bembidion articulatum	Hellfleckiger Ufer-Ahlenläufer		x	*	*
Bembidion femoratum	Kreuzgezeichneter Ahlenläufer		x	*	*
Bembidion genei illigeri	Illigers Ahlenläufer		x	*	*
Bembidion lampros	Gewöhnlicher Ahlenläufer		x	*	*
Bembidion lunulatum	Sumpf-Ahlenläufer		x	*	*
Bembidion minimum	Kleiner Ahlenläufer		x	*	*
Bembidion obtusum	Schwachgestreifter Ahlenläufer		x	*	*
Bembidion properans	Feld-Ahlenläufer		x	*	*
Bembidion quadrimaculatum	Vierfleck-Ahlenläufer		x	*	*
Bembidion stephensii	Großer Lehmwand-Ahlenläufer		x	*	*
Bembidion tetracolum	Gewöhnlicher Ufer-Ahlenläufer		x	*	*
Bembidion varium	Veränderlicher Ahlenläufer		x	*	*
Brachinus explodens	Kleiner Bombardierkäfer		x	V	*
Bradycellus csikii	Csikis Rundbauchläufer		x	*	*
Calathus ambiguus	Breithalsiger Kahnläufer		x	*	*
Calathus cinctus	Sand-Kahnläufer		x	*	*
Calathus melanocephalus	Rothalsiger Kahnläufer		x	*	*
Carabus granulatus	Gekörnter Laufkäfer		x	*	*
Carabus nemoralis	Hain-Laufkäfer	x	x	*	*
Carabus violaceus	Violettrandiger Laufkäfer		x	V	*
Chlaenius nigricornis	Sumpfwiesen-Sammetläufer		x	*	3
Chlaenius vestitus	Gelbspitziger Sammetläufer		x	*	*
Cicindela campestris	Feld-Sandlaufkäfer		x	*	*
Cicindela hybrida	Dünen-Sandlaufkäfer		x	*	D/G
Clivina fossor	Gewöhnlicher Grabspornläufer		x	*	*
Dyschirius angustatus	Schmaler Ziegelei-Handläufer		x	V	3
Dyschirius intermedius	Mittlerer Ziegelei-Handläufer		x	*	3
Elaphropus parvulus	Schlanker Zwergahlenläufer		x	*	*
Elaphrus cupreus	Glänzender Uferläufer		x	*	*
Elaphrus riparius	Kleiner Uferläufer		x	*	*
Elaphrus uliginosus	Dunkler Uferläufer		x	2	2
Harpalus affinis	Haarrand-Schnellläufer	x	x	*	*
Harpalus anxius	Seidenmatter Schnellläufer	x	x	*	*
Harpalus distinguendus	Düstermetallischer Schnellläufer	x	x	*	*
Harpalus laevipes	Vierpunktiger Schnellläufer		x	*	*
Harpalus latus	Breiter Schnellläufer	x		*	*
Harpalus luteicornis	Zierlicher Schnellläufer	x	x	*	*
Harpalus pumilus	Zwerg-Schnellläufer	x		*	*
Harpalus rubripes	Metallglänzender Schnellläufer	x	x	*	*
Harpalus rufipalpis	Rottaster-Schnellläufer		x	*	*

Wissenschaftlicher Name	Deutscher Name	Nordpark Bonames	Monte Scherbelino	RL D	RL HE
Harpalus rufipes	Gewöhnlicher Haarschnellläufer		X	*	*
Harpalus signaticornis	Kleiner Haarschnellläufer		X	*	3
Leistus ferrugineus	Gewöhnlicher Bartläufer	X	X	*	*
Limodromus assimilis	Schwarzer Enghalsläufer		X	*	*
Loricera pilicornis	Borstenhornläufer		X	*	*
Microlestes maurus	Gedrungener Zwergstutzläufer		X	*	*
Microlestes minutulus	Schmaler Zwergstutzläufer		X	*	*
Nebria brevicollis	Gewöhnlicher Dammläufer		X	*	*
Nebria salina	Feld-Dammläufer	X		*	*
Notiophilus biguttatus	Zweifleckiger Laubläufer	X	X	*	*
Notiophilus palustris	Gewöhnlicher Laubläufer		X	*	*
Notiophilus rufipes	Rotbeiniger Laubläufer	X	X	*	*
Notiophilus substriatus	Schwachgestreifter Laubläufer		X	*	1
Omophron limbatum	Grüngestreifter Grundläufer		X	V	3
Ophonus ardosiacus	Blauer-Haarschnellläufer		X	*	*
Ophonus laticollis	Grüner Haarschnellläufer	X		*	*
Ophonus puncticeps	Feinpunktierter Haarschnellläufer	X	X	*	*
Oxypselaphus obscurus	Sumpf-Enghalsläufer		X	*	*
Paranchus albipes	Ufer-Enghalsläufer		X	*	*
Parophonus maculicornis	Geflecktfühleriger Haarschnellläufer	X	X		3
Poecilus cupreus	Gewöhnlicher Buntgrabläufer	X	X	*	*
Poecilus versicolor	Glatthalsiger Buntgrabläufer	X	X	*	*
Pterostichus anthracinus	Kohlschwarzer Grabläufer		X	*	*
Pterostichus melanarius	Gewöhnlicher Grabläufer		X	*	*
Pterostichus niger	Großer Grabläufer		X	*	*
Pterostichus nigrita	Schwärzlicher Grabläufer		X	*	*
Pterostichus oblongopunctatus	Gewöhnlicher Wald-Grabläufer		X	*	*
Pterostichus strenuus	Kleiner Grabläufer		X	*	*
Stenolophus mixtus	Dunkler Scheibenhals-Schnellläufer		X	*	*
Stenolophus teutonus	Bunter Scheibenhals-Schnellläufer		X	*	*
Stomis pumicatus	Spitzzangenläufer		X	*	*
Syntomus foveatus	Sand-Zwergstreuläufer	X		*	*
Syntomus truncatellus	Gewöhnlicher Zwergstreuläufer	X		*	*
Tachys bistriatus	Zweistreifiger Zwergahlenläufer		X	*	*
Trechus obtusus	Schwachgestreifter Flinkläufer		X	*	*
Trechus quadristriatus	Gewöhnlicher Flinkläufer	X	X	*	*

Tab. A15: Gesamtartenliste der auf den Wildnisflächen am Nordpark Bonames und am Monte Scherbelino zwischen 2017 und 2020 nachgewiesenen Tagfalter-Arten. RL D = Rote Liste Deutschland (Reinhardt & Bolz 2011). RL HE = Rote Liste Hessen (Lange & Brockmann 2009). RL RP DA = Rote Liste Regierungspräsidium Darmstadt. * = ungefährdet, V = Vorwarnliste, D = Datenlage ungenügend, 3 = gefährdet, 2 = stark gefährdet, n. b. = nicht bewertet. BArtSchV = Bundesartenschutzverordnung. § = besonders geschützt gemäß BArtSchV.

Wissenschaftlicher Name	Deutscher Name	Nordpark Bonames	Monte Scherbelino	RL D	RL HE	RL RP DA	BArt SchV
Aglais urticae	Kleiner Fuchs	x	x	*	*	*	
Anthocharis cardamines	Aurorafalter	x	x	*	*	*	
Apatura iris	Großer Schillerfalter			D	V	V	V	§
Aphantopus hyperantus	Schornsteinfeger		x	*	*	*	
Argynnis paphia	Kaisermantel	x	x	*	V	V	§
Aricia agestis	Kleiner Sonnenröschen-Bläuling	x	x	*	V	*	
Brintesia circe	Weißer Waldportier		x	3	2	2	§
Carterocephalus palaemon	Gelbwürfeliger Dickkopffalter		x	*	V	V	
Celastrina argiolus	Faulbaum-Bläuling	x	x	*	*	*	
Coenonympha pamphilus	Kleines Wiesenvögelchen	x	x	*	*	*	§
Colias croceus	Wander-Gelbling		x	*	*	*	§
Colias hyale	Weißklee-Gelbling		x	*	*	*	§
Cupido argiades	Kurzschwänziger Bläuling	x	x	V	D	D	
Gonepteryx rhamni	Zitronenfalter	x	x	*	*	*	
Inachis io	Tagpfauenauge	x	x	*	*	*	
Issoria lathonia	Kleiner Perlmutterfalter	x		*	*	*	
Leptidea juvernica	Unechter Tintenfleck-Weißling	x	x	D	n. b.	n. b.	
Lycaena phlaeas	Kleiner Feuerfalter	x	x	*	*	*	§
Maniola jurtina	Großes Ochsenauge	x	x	*	*	*	
Melanargia galathea	Schachbrettfalter	x	x	*	*	*	
Nymphalis polychloros	Großer Fuchs	x	x	V	3	V	§
Ochlodes sylvanus	Rostfarbiger Dickkopffalter	x	x	*	*	*	
Papilio machaon	Schwalbenschwanz		x	*	V	V	§
Pararge aegeria	Waldbrettspiel	x	x	*	*	*	
Pieris brassicae	Großer Kohl-Weißling	x		D	*	*	
Pieris napi	Grünader-Weißling	x	x	*	*	*	
Pieris rapae	Kleiner Kohl-Weißling	x	x	*	*	*	
Polygonia c-album	C-Falter	x	x	*	*	*	
Polyommatus icarus	Hauhechel-Bläuling	x	x	*	*	*	§
Polyommatus semiargus	Rotklee-Bläuling		x	D	*	V	V	§
Thymelicus lineola	Schwarzkolbiger Braun-Dickkopffalter	x	x	*	*	*	
Thymelicus sylvestris	Braunkolbiger Braun-Dickkopffalter		x	*	*	*	
Vanessa atalanta	Admiral	x	x	*	*	*	
Vanessa cardui	Distelfalter	x	x	*	*	*	

Tab. A16: Zufallsbeobachtungen von Tierarten auf den Wildnisflächen am Nordpark Bonames und am Monte Scherbelino zwischen 2016 und 2021. Neobiota = Art ist im Gebiet ein Neueinwanderer. BArtSchV = Schutzstatus gemäß Bundesartenschutzverordnung. § = besonders geschützt, §§ = streng geschützt.

Wissenschaftlicher Name	Deutscher Name	Nordpark Bonames	Monte Scherbelino	Neobiota	BArtSchV
Aceria campestricola	Ulmenbeutel-Gallmilbe	x			
Agriphila tristella	Gestreifter Graszünsler	x			
Anguis fragilis	Blindschleiche	x	x		§
Arion rufus	Rote Wegschnecke	x			
Autographa gamma	Gammaeule	x			
Bombylius major	Großer Wollschweber	x	x		
Camptogramma bilineata	Ockergelber Blattspanner	x	x		
Castor fiber	Biber	x			§§
Cercopis vulnerata	Gemeine Blutzikade	x			
Chiasmia clathrata	Gitterspanner	x	x		
Coccinella septempunctata	Siebenpunkt		x		
Corbicula spec.	Asiatische Körbchenmuschel	x		N	
Crambus perlella	Weißer Graszünsler	x			
Cucullia verbasci	Königskerzen-Mönch		x		
Cynips longiventris	Gestreifte Eichengallwespe	x			
Cynips quercusfolii	Gemeine Eichengallwespe	x			
Dama dama	Damwild		x	N	
Deltote bankiana	Silbereulchen		x		
Diacrisia sannio	Rotrandbär	x			
Ectobius vittiventris	Bernstein-Waldschabe	x			
Ematurga atomaria	Heidespanner		x		
Epirrhoe alternata	Graubinden-Labkrautspanner	x	x		
Epistrophe eligans	Zweiband-Wiesenschwebfliege	x			
Eriophyes tiliae	Linden-Gallmilbe	x			
Euclidia glyphica	Braune Tageule	x	x		
Euclidia mi	Scheck-Tageule				
Eurydema oleraceum	Kohlwanze	x			
Sympetrum fonscolombii	Frühe Heidelibelle		x		
Sympetrum meridionale	Südliche Heidelibelle		x		
Sympetrum sanguineum	Blutrote Heidelibelle		x		
Sympetrum striolatum	Große Heidelibelle		x		
Graphosoma italicum italicum	Europäische Streifenwanze	x			
Helix pomatia	Gewöhnliche Weinbergschnecke	x	x		§
Helophilus pendulus	Gemeine Sumpfschwebfliege	x			
Homoeosoma sinuella	Zünsler		x		

Wissenschaftlicher Name	Deutscher Name	Nordpark Bonames	Monte Scherbelino	Neobiota	BArtSchV
Lacerta viridis	Zauneidechse	x	x		§§
Lamprohiza splendidula	Kleiner Leuchtkäfer	x	x		
Ledra aurita	Ohrenzikade	x			
Lepus europaeus	Feldhase	x			
Macroglossum stellatratum	Taubenschwänzchen	x	x		
Macrothylacia rubi	Brombeerspinner		x		
Mustela erminea	Hermelin	x			
Mustela nivalis	Mauswiesel	x	x		
Myocastor coypus	Nutria	x		N	
Neovison vison	Mink	x		N	
Neuroterus numismalis	Seidenknopf-Gallwespe	x			
Neuroterus quercusbaccarum	Eichenlinsen-Gallwespe	x			
Oncocera semirubella	Rhabarber-Zünsler		x		
Oxythyrea funesta	Trauer-Rosenkäfer	x			
Procyon lotor	Waschbär		x	N	
Protaetia cuprea	Kupfer-Rosenkäfer	x			§
Pyrochroa coccinea	Scharlachroter Feuerkäfer		x		
Pyrrhocoris apterus	Feuerwanze	x			
Rhaphigaster nebulosa	Gartenwanze	x			
Rhopalomyia tanaceticola	Rainfarn-Gallmücke	x			
Sciurus vulgaris	Eichhörnchen	x			§
Siona lineata	Hartheuspanner	x	x		
Sorex minutus	Zwerg-Spitzmaus		x		§
Strictocephala bisonia	Büffelzikade	x	x		
Trachemys scripta elegans	Rotwangenschmuckschildkröte	x		N	
Vespa crabro	Hornisse	x	x		§
Vulpes vulpes	Fuchs		x		
Yponomeuta cagnagella	Pfaffenhütchen-Gespinstmotte	x	x		
Yponomeuta evonymella	Traubenkirschen-Gespinstmotte	x			
Zygaena trifolii	Sumpfhornklee-Widderchen		x		

ABBILDUNGSNACHWEIS

(NACH ABBILDUNGSNUMMERN)

anetteffm, iNaturalist: 179.
Dirk Bönsel: 14, 15, 18, 19, 24, 25, 85, 87–90, 96.
DeLorme world basemap, © Garmin 2018 (Kartengrundlage): 177.
Thomas Hartmanshenn: 279, 281, 285.
iStock.com/Adrian Baumgarten: 93.
iStock.com/artsandra: 92.
iStock.com/Ian_Redding: 113.
iStock.com/ilbusca: 108.
iStock.com/Mickis-Fotowelt: 107.
Marko König http://www.koenig-naturfotografie.com: 116, 125.
Julia Krohmer: 152.
Andreas C. Lange: 228, 237, 239, 240, 247, 249, 256–259, 265, 267.
Andreas Malten: 91, 214, 253, 271.
Martin Müller & Karin Schmidt: 176.
© Dietmar Nill: 119, 120, 122, 124.
Janina Püschel: 63–65, 68–70, 73, 79, 81–82, 84, 117.
Massimo Recchiuti: 160.
Fabian Schrauth: 27, 29, 31, 33, 35–41, 71, 72, 95, 200, 201, 204, 206–212, 215, 218–220, 221, 275.
Senckenberg Gesellschaft für Naturforschung, Abteilung Botanik und Molekulare Evolutionsforschung: 51.
Stadt Frankfurt am Main, © Institut für Stadtgeschichte: 5 oben links, 5 oben rechts.
Stadt Frankfurt am Main, © Luftbild Stadtvermessungsamt: 5 unten links (Befliegungsjahr [Bj] 2017), 5 unten rechts (Bj 2021), 11 (Bj 2017), 13 (Bj 2016), 17 (Bj 2020), 26 (Bj 2017), 32 (Bj 2017), 34 (Bj 2017), 42 (Bj 2017), 67 (Bj 2017), 86 (Bj 2012), 118 (Bj 2017), 121 (Bj 2017), 123 (Bj 2018).
Stadt Frankfurt am Main, © Umweltamt: 6, 270, 273.
Indra Starke-Ottich: 1–3, 7–10, 12, 16, 20–23, 28, 30, 43, 53, 61, 66, 74–78, 80, 83, 94, 97–106, 109, 110–112, 114, 115, 126, 128–132, 134–141, 143, 144, 147–151, 153, 154, 156–159, 166, 168, 170, 172, 173, 175, 180–199, 202, 203, 205, 213, 216, 217, 222, 224–226, 229, 230, 233, 235, 238, 241–246, 248, 250, 252, 254, 260–264, 266, 268, 269, 272, 274, 276–278, 282–284.
Stefan Tischendorf: 223, 227, 231-232, 234, 236.
Sven Tränkner: 4, 44–50, 52, 54–60, 62, 251, 255.
Georg Zizka: 127, 133, 142, 145, 146, 155, 161–165, 167, 169, 171, 174, 178, 280.

SENCKENBERG-BUCH 87

Herausgeber Prof. Dr. Klement Tockner, Senckenberg Gesellschaft für Naturforschung, Senckenberganlage 25, 60325 Frankfurt am Main

Autor/in des Bandes Dr. Indra Starke-Ottich, Biegenstr. 5, 35096 Weimar (Lahn)
Prof. Dr. Georg Zizka, Institut Ökologie, Evolution und Diversität, Goethe Universität und Abteilung Botanik und molekulare Evolutionsforschung, Senckenberg Forschungsinstitut und Naturmuseum Frankfurt, Senckenberganlage 25, 60325 Frankfurt am Main

Mit Beiträgen von Dirk Bönsel, Dr. Thomas Hartmanshenn, Andreas C. Lange, Andreas Malten, Lydia Pichotta, Janina Püschel, Fabian Schrauth, Jonas Sommer, Marleen Steinbeisser, Stefan Tischendorf, Franziska Walther

Lektorat Susanne Warmuth, Lektorat und Redaktion, Darmstadt

Layout, Satz und Lithografie Sandra Seibert, simply-s, Frankfurt am Main

Druck und Buchbinderische Verarbeitung Druck- und Verlagshaus Zarbock GmbH & Co. KG, Frankfurt am Main

Vertrieb E. Schweizerbart'sche Verlagsbuchhandlung (Nägele u. Obermiller), Johannesstraße 3A, 70176 Stuttgart, E-Mail: mail@schweizerbart.de, www.schweizerbart.de

Informationen zu diesem Titel: www.schweizerbart.de/9783510614226

© 2022 E. Schweizerbart'sche Verlagsbuchhandlung und Senckenberg Gesellschaft für Naturforschung

Alle Rechte, auch das der Übersetzung, des auszugsweisen Nachdrucks, der Herstellung von Mikrofilmen und der Übernahme in Datenverarbeitungsanlagen vorbehalten.

Die Autor*innen sind für den Inhalt des Bandes verantwortlich.

www.senckenberg.de

ISBN 978-3-510-61422-6
ISSN 0341-4108

Printed in Germany